한국산업인력공단 새 출제기준 적용!!

자동차정비기능사
필기 CBT
총정리문제

이론과 문제, 둘 다 잡는다!!

들어가는 말

자격증 공부는 동기 부여와 해당 학문의 감(感)을 익힘에 있어서 아주 좋은 공부 방법입니다. 왜냐하면 구체적인 목표가 생기고, 점수화하여 나의 실력을 객관화 할 수 있으므로 노력에 대한 결과가 가시화되기 때문입니다. 그러나 오로지 합격 커트라인을 넘는데 초점을 두다 보니 깊이 있는 공부가 어려울 수도 있습니다. 따라서, 수험서 집필은 자격증 수험서로서 전공 이론 및 문제의 핵심을 함축적으로 잘 요약함과 동시에 전공서적으로서 내용이 빈약하지 않도록 해야 하기에 고민을 많이 해야 합니다. 일종의 trade-off 경향을 띈다고 볼 수 있습니다.

따라서 이 수험서는,

1. 시험문제와 관련된 전공이론만 선별하여 핵심이론으로 요약하였고 시험과 관계없는 불필요한 이론 및 그림들을 과감히 삭제하였습니다.

2. 각 단원별로 출제예상문제를 구성함으로써 핵심이론을 공부한 후 문제를 통해 바로 머릿속에 정리할 수 있도록 하였습니다.

3. 실전모의고사 6회분을 구성함으로써 시험 전, 종합적인 체킹을 할 수 있도록 하였습니다.

4. 실전모의고사에서 문제 페이지와 문제풀이 페이지를 구분함으로써 문제에 답 또는 해설이 같이 수록되어있어 문제 풀 때 계속 신경 쓰였던 점을 깔끔하게 해결하였습니다.

저자가 좋아하는 문구가 하나 있습니다.
'씨앗 너무 애쓰지마 너는 본디 꽃이 될 운명이니...'

이 수험서 한권으로 모든 분들이 꽃을 피우길 바라며, 이번 집필이 학계의 발전에도 작은 보탬이 되었으면 좋겠습니다.
끝으로, 이 책의 필요성에 대해 공감해주시고 출판에 이르기까지 성심껏 도와주신 (주)크라운출판사 관계자 분들께 감사드립니다.

CONTENTS

1. 이 책을 펴내며

PART 1 핵심이론요약 및 출제예상문제

제1장 자동차 엔진 정비

① 엔진 기초 ·········· 010
   출제예상문제 ·········· 013

② 열기관 ·········· 015
   출제예상문제 ·········· 019

③ 엔진 본체 및 흡기장치 ·········· 021
   출제예상문제 ·········· 027

④ 냉각장치 및 윤활장치 ·········· 032
   출제예상문제 ·········· 035

⑤ 연료장치 ·········· 038
   출제예상문제 ·········· 042

⑥ LPG, LPI 및 CNG 엔진 ·········· 050
   출제예상문제 ·········· 052

⑦ 배출가스 제어 ·········· 054
   출제예상문제 ·········· 057

⑧ 디젤 엔진 ·········· 062
   출제예상문제 ·········· 066

+α 계산문제 한눈에 보기 ·········· 071
   출제예상문제

제2장 자동차 섀시 정비

1. 동력전달장치 ···· 076
   출제예상문제 ···· 086
2. 현가장치 ···· 094
   출제예상문제 ···· 098
3. 조향장치 ···· 101
   출제예상문제 ···· 106
4. 제동장치 ···· 111
   출제예상문제 ···· 114
+α 계산문제 한눈에 보기 ···· 119
   출제예상문제

제3장 자동차 전기 · 전자장치 정비

1. 전기 기초 ···· 124
   출제예상문제 ···· 126
2. 반도체 ···· 128
   출제예상문제 ···· 132
3. 배터리 및 점화장치 ···· 134
   출제예상문제 ···· 140
4. 시동장치 및 충전장치 ···· 144
   출제예상문제 ···· 147
5. 냉방장치, 편의장치 및 등화장치 ···· 150
   출제예상문제 ···· 154
+α 계산문제 한눈에 보기 ···· 157
   출제예상문제

제4장 안전관리

1. 자동차 안전기준 ···· 160
2. 등화장치 ···· 161
3. 자동차 소음 검사 ···· 163
4. 운행차 배출가스 정기검사 ···· 163
5. 산업안전보건법 ···· 164
   출제예상문제 ···· 168

PART 2 CBT 실전모의고사

1회 CBT 실전모의고사
   문제 ···· 186
   정답 및 해설 ···· 192

2회 CBT 실전모의고사
   문제 ···· 197
   정답 및 해설 ···· 203

3회 CBT 실전모의고사
   문제 ···· 209
   정답 및 해설 ···· 215

4회 CBT 실전모의고사
   문제 ···· 220
   정답 및 해설 ···· 226

5회 CBT 실전모의고사
   문제 ···· 232
   정답 및 해설 ···· 238

6회 CBT 실전모의고사
   문제 ···· 244
   정답 및 해설 ···· 250

자동차정비기능사
CBT 총정리문제

PART 1 | 핵심이론요약 및 출제예상문제

※ 안내사항
기존의 책들과 달리 보기의 내용과 중복되는 불필요한 해설을 모두 삭제하였습니다.
따라서, 바로 답을 풀이한 것도 있지만 문제의 난이도를 고려하여 답이 아니라 문제를 푸는데
도움이 되는 내용을 풀이한 것도 있으므로 정답과 해설을 비교해가며 문제를 푸십시오.

제1장 자동차 엔진 정비

1 엔진 기초

(1) 엔진의 각종 효율

① **열효율** : 열기관이 하는 유효한 일과 공급한 열량(연료의 발열량)의 비

$$\text{열효율} = \frac{\text{열기관이 하는 유효한 일}}{\text{공급한 열량}}$$

② **기계효율** : 제동마력과 지시마력의 비

$$\text{기계효율} = \frac{\text{제동마력(BHP)}}{\text{지시마력(IHP)}} = \frac{\text{정미 평균유효압력}}{\text{도시 평균유효압력}}$$

③ **제동 열효율** : 열기관이 한 유효한 일을 공급한 열량(연료의 발열량)으로 나눈 값

㉠ 제동열효율 공식

$$\eta_e = \frac{632.3 \times B_{PS}}{H_r \times G \times \gamma} \times 100 = \frac{632.3}{H_r \times B_e \times \gamma} \times 100$$

(여기서, η_e : 제동 열효율(%), 632.3 : 상수(1PS = 632.3kcal/h), B_{PS} : 제동마력(PS), H_r : 단위 중량당 연료 저위 발열량(kcal/kgf), G : 단위 시간당 연료 소비량(kgf/h), γ : 연료 비중, B_e : 제동 연료 소비율(kgf/PS·h))

㉡ 유도 과정

$$\frac{1}{B_e} = \frac{B_{PS}}{G},$$

$$B_e = \frac{G}{B_{PS}}[kgf/PS \cdot h]$$

$$\left(\therefore \frac{B_{PS}}{G} \rightarrow \frac{PS}{\frac{1}{\frac{kgf}{h}}} = \frac{PS \cdot h}{kgh} \right)$$

㉢ 제동 연료 소비율을 낮추는 방법
- 제동 연료 소비율을 낮추려면 제동마력을 높여야 한다(단위 시간당 연료소비량이 일정한 경우).
- 제동마력을 높이기 위해서는 압축비를 증가시키고 배기 압력과 마찰 손실을 줄여 흡기관의 유동 저항을 줄임으로써 제동 평균 유효압력을 높여야 한다.

(2) 엔진의 각종 마력

① **마력(Power)의 정의**
㉠ 출력을 말하며 일률을 표시한다.
㉡ 1마력은 1초 동안 75kg의 물체를 1m 이동시킬 수 있는 능력이다.

② **지시마력(Indicated Horse Power)** : 엔진의 실린더 내의 폭발 압력을 직접 측정한 마력이다.
㉠ 출력 = 상수 × 토크 × 회전수

ⓛ 평균유효압력 = 비 토크(Specific Torque)
ⓒ 비 토크(Specific Torque) = 토크 ÷ 총 배기량
ⓔ 출력 = 상수 × 토크 × 회전수
     = 상수 × (비 토크 × 총 배기량) × 회전수
     = 상수 × (평균유효압력 × 총 배기량) × 회전수
ⓜ 지시마력 공식

$$I_{PS} = \left(\frac{1}{75 \times 100 \times 60 \times n_R}\right) \times \left[imep \times \left(\frac{\pi d^2}{4} \times \ell \times n\right)\right] \times N = \frac{imep \times \left(\frac{\pi d^2}{4} \times \ell \times n\right) \times N}{75 \times 100 \times 60 \times n_R}$$

(여기서, I_{PS} : 지시마력(PS), imep : 지시 평균유효압력(kgf/cm²), d : 실린더 지름(cm), ℓ : 실린더 행정(cm), n : 실린더 수, N : 엔진 회전수(rpm), n_R : 상수(4행정 = 2, 2행정 = 1), 1/75 : 상수(1kgf · m/sec = 1/75PS), 1/60 : 상수(1rps = 1/60rpm), 1/100 : 상수(1kgf · cm/sec = 1/100kgf · m/sec), $\frac{\pi d^2}{4} \times \ell \times n$: 총 배기량)

③ **제동마력(Brake Horse Power)** : 실마력을 말하며 실제 일로 변화하는 마력으로 크랭크축에서 직접 측정한 마력
  ㉠ 제동마력 = 도시마력$_{net}$ - 손실마력
  ㉡ 제동마력 = 지시마력 × 기계효율
④ **마찰마력(Friction horse Power)** : 손실마력을 말하며, 엔진이 작동하면서 실제 일로 변환되지 못하고 손실된 마력

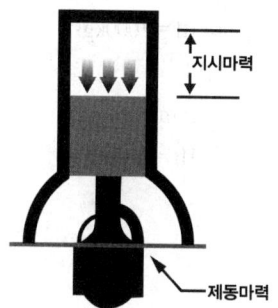

【 지시마력과 제동마력의 측정 】

> **Tip**
> • 정격마력 : 정해진 운전 조건에서 일정 시간의 운전을 보증하는 엔진 마력
> • 경제마력 : 연료효율이 가장 좋은 상태일 때의 엔진 마력
> • SAE 마력

㉠ inch 단위 : $SAE = \frac{D^2 N}{2.5}$
   (여기서, D : 실린더 내경(inch), N : 기통 수)

㉡ mm 단위 : $SAE = \frac{M^2 N}{1613}$
   (여기서, M : 실린더 내경(mm), N : 기통 수)

(3) 단위 변환
① 온도
  ㉠ 0K = -273℃   ㉡ 1℉ ≒ -17.2℃   ㉢ 1K = -272.15℃
② 일(에너지)
  ㉠ 1Nm = 1J   ㉡ 1J = 0.24cal   ㉢ 1kgf · m = 7.2ft · lbf

③ 일률
  ㉠ 1PS(불마력) = 75kgf · m/s = 736W = 0.736kW
  ㉡ 1HP(영마력) = 550ft-1b/s = 746W = 0.746kW
  ㉢ 1kW = 102kgf · m/s

④ 압력
  ㉠ 1kgf/cm² = 14.2psi
  ㉡ 1kgf/cm² ≒ 0.98bar
  ㉢ 1atm ≒ 1.033kgf/cm²
  ㉣ 1atm = 760mmHg
  ㉥ 1N/m² = 1Pa = 10^{-3}kPa = 10^{-6}MPa = 10^{-9}GPa
  ㉧ 1N/mm² = 10^6N/m² = 10^6Pa = 10^3kPa = 1MPa

⑤ 부피
  ㉠ 1cm³ = 1cc
  ㉡ 1ℓ = 1000cc
  ㉢ 1m³ = 1000ℓ

⑥ 무게
  ㉠ 1lbf ≒ 0.45kgf
  ㉡ 1kgf ≒ 9.8N
  ㉢ 1tf = 1000kgf

⑦ 거리
  ㉠ 1cm ≒ 0.4inch
  ㉡ 1m = 1000mm
  ㉢ 1ft = 30.48cm
  ㉣ 1mile ≒ 1.6km

출제예상문제

1 엔진의 성능에 영향을 미치는 인자에 대한 설명으로 옳은 것은?
① 냉각수 온도, 마찰은 제외한다.
② 점화 시기는 엔진의 성능에 영향을 미치지 못한다.
③ 압축비는 엔진 성능에 영향을 미치지 못한다.
④ 흡입효율, 체적효율, 충전효율이 있다.

 해설
- 냉각수 온도, 마찰을 포함한다.
- 점화 시기는 엔진의 성능에 영향을 미친다.
- 압축비는 엔진 성능에 영향을 미친다.

2 가솔린 엔진의 고속회전에서 토크가 낮아지는 원인은?
① 이론공연비에 가까워지기 때문에
② 점화 시기가 진각되기 때문에
③ 체적효율이 감소하기 때문에
④ 화염 전파 속도가 빨라지기 때문에

해설
- 사람도 빨리 뛰면 숨이 차죠? 엔진도 마찬가지입니다. 엔진 회전수가 높아질수록 그만큼 많은 공기량이 필요한데, 흡·배기 밸브 개폐 속도도 같이 빨라지다 보니 실린더로 들어오는 공기량이 적어집니다. 이런 현상을 극복하기 위해 만든 것이 바로 가변 밸브 타이밍(Variable Valve Timing, VVT) 엔진과 같은 것입니다.

3 엔진 실린더 내부에서 실제로 발생한 마력을 무엇이라 하는가?
① 정격마력   ② 경제마력
③ 도시마력   ④ 제동마력

 해설
- 정격마력 : 정해진 운전 조건에서 일정 시간의 운전을 보증하는 엔진 마력
- 경제마력 : 연료효율이 가장 좋은 상태일 때의 엔진 마력
- 도시마력 : 지시마력을 말한다.
- 제동마력 : 정미마력을 말하며 엔진이 실제로 외부에 출력하는 마력(도시마력_net - 손실마력)

4 제동마력(BHP)을 지시마력(IHP)로 나눈 값은?
① 체적효율   ② 전달효율
③ 열효율   ④ 기계효율

 해설
- 제동마력 = 지시마력 × 기계효율
- 기계효율(%) = (제동마력 ÷ 지시마력) × 100

5 엔진의 총 배기량을 구하는 공식은?
① (피스톤의 길이) × (행정) × (실린더 수)
② (피스톤 단면적) × (행정) × (실린더 수)
③ (피스톤 단면적) × (행정)
④ (피스톤의 길이) × (행정)

 해설
- 어렵게 생각하지 마세요. 부피(Volume)를 구하는 공식입니다. 다만, 총 배기량을 묻고 있으니 실린더 1개의 부피를 구한 후 실린더 수를 곱하면 됩니다.

$$V_{totd.} = V_d \times n = \left(\frac{\pi d^2}{4} \times \ell\right) \times n$$

[여기서, $V_{totd.}$: 총 배기량(총 행정체적), V_d : 배기량(행정체적), d : 실린더 내경, ℓ : 실린더 행정, n : 실린더 수]

6 다음 중 단위 환산으로 틀린 것은?
① -40°F = -40℃
② 1Nm = 1J
③ 1.42psi = 1kgf/cm²
④ 0K = -273℃

 해설
- 14.2psi = 1kgf/cm²

7 다음 중 단위 환산이 올바른 것은?
① 1lb = 1.55kg
② 1mile = 2km
③ 9.81J = 9.81N·m
④ 1kgf·m = 1.42ft·lbf

 해설
- 1lb = 0.45kg
- 1mile = 1.6km
- 1kgf·m = 7.2ft·lbf

정답 1 ④ 2 ③ 3 ③ 4 ④ 5 ② 6 ③ 7 ③

8 단위에 대한 설명으로 옳은 것은?

① 초속 1m/s는 시속 36km/h와 같다.
② 1kW는 1,000kgf · m/s의 일률이다.
③ 1J은 0.24cal이다.
④ 1PS는 75kgf · m/h의 일률이다.

해설
- 초속 1m/s는 시속 3.6km/h와 같다.
- 1kW는 102kgf · m/s의 일률이다.
- 1PS는 75kgf · m/s의 일률이다.

※ 참고

$$1m/s = \frac{1m}{1s} = \frac{\frac{1}{1000}km}{\frac{1}{3600}h} = 3.6km/h$$

9 176°F는 몇 °C인가?

① 75 ② 80
③ 143 ④ 156

해설
c = (f−32) ÷ 1.8
여기서, c : 섭씨온도(°C), f : 화씨온도(°F)

따라서,
c = (176−32) ÷ 1.8
 = 80(°C)

※ 참고
- f = (c × 1.8) + 32
- k = c + 273.15

여기서, c : 섭씨온도(°C), f : 화씨온도(°F), k : 켈빈온도(K)

정답 8 ③ 9 ②

② 열기관

열기관이란 열에너지를 기계적 에너지로 바꿔서 동력을 얻는 장치를 말한다.

(1) 기계학적 사이클에 의한 분류
① **4행정 사이클 엔진**
  ㉠ 1사이클 : 크랭크축 2회전 당 캠축 1회전
  ㉡ 순서 : 흡입행정 → 압축행정 → 연소 · 팽창(동력, 폭발)행정 → 배기행정
② **2행정 사이클 엔진**
  ㉠ 1사이클 : 크랭크축 1회전 당 캠축 1회전
  ㉡ 상승행정(흡입 · 압축) → 하강행정(동력 · 배기 · 소기)

(2) 열역학적 사이클에 의한 분류
① **이론 공기 사이클(공기 표준 사이클)**
  ㉠ 동작 유체는 이상기체 방정식을 만족하는 일정한 공기(이상 유체)만으로 구성되며, 비열은 온도와 관계없이 일정하다.
  ㉡ 급열은 외부의 고온 열원으로, 연소 생성물은 저온 열원으로 열이 전달된다.
  ㉢ 압축행정과 팽창행정은 단열 등 엔트로피 과정이다.
  ㉣ 펌프 일은 무시하고 흡 · 배기 과정은 생략한다.
  ㉤ 사이클의 각 과정에서 마찰은 발생하지 않는다.
  ㉥ 운동에너지와 위치에너지는 무시한다.
  ㉦ 연소과정 중 열해리 현상 등에 따른 열손실은 없다.
② **오토 사이클(정적 사이클)** : 가솔린 엔진의 연소 사이클이다.
  ㉠ 열효율

  $$\eta_{otto.} = 1 - \left(\frac{1}{\varepsilon^{k-1}}\right)$$ (여기서, ε : 압축비, k : 비열비)

  따라서 오토 사이클의 열효율은 압축비와 비열비가 증가할수록 열효율이 좋다.

  ㉡ 사이클 과정 : 압축비 = $\dfrac{V_c + V_s}{V_c} = \dfrac{V_1}{V_2}$

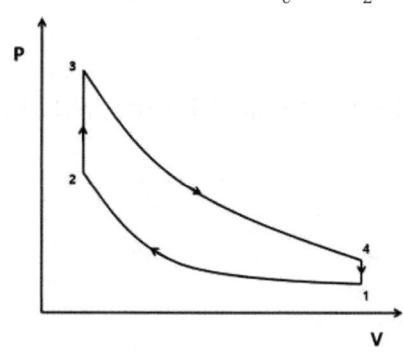

- 1→2 과정 : 단열 압축 과정(등 엔트로피 과정)
- 2→3 과정 : 정적 가열 과정
- 3→4 과정 : 단열 팽창 과정(등 엔트로피 과정)
- 4→1 과정 : 정적 방열 과정
  (여기서, Vc : 연소실 체적(틈새 체적), Vs : 행정 체적(배기량), 등 엔트로피 과정 = 등온 과정(엔탈피 불변))

③ **디젤 사이클(정압 사이클)** : 저속 디젤 엔진의 연소 사이클이다.
  ㉠ 열효율
  $$\eta_d = 1 - \left[\frac{1}{\varepsilon^{k-1}} \times \frac{\sigma^k - 1}{k(\sigma - 1)} \right]$$ (여기서, ε : 압축비, k : 비열비, σ : 단절비 또는 체절비)

  ㉡ 사이클 과정 : $\sigma = \dfrac{V_3}{V_2}$

  σ(연료의 단절비 또는 체절비)는 연소 중 일어나는 체적 변화로, 이 비율이 높을수록 열효율이 저하된다.

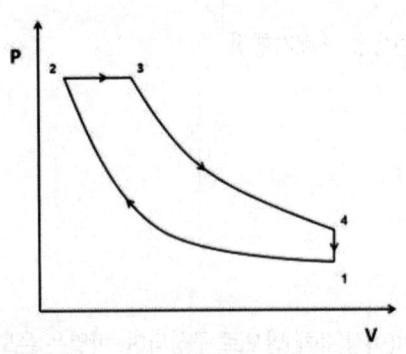

- 1→2 과정 : 단열 압축 과정
- 2→3 과정 : 정압 가열 과정
- 3→4 과정 : 단열 팽창 과정
- 4→1 과정 : 정적 방열 과정

④ **사바테 사이클(복합 사이클)** : 고속 디젤 엔진의 연소 사이클이다.
  ㉠ 열효율
  $$\eta_s = 1 - \left[\frac{1}{\varepsilon^{k-1}} \times \frac{\rho\sigma^k - 1}{(\rho - 1) + k\rho(\sigma - 1)} \right]$$

  (여기서, ε : 압축비, k : 비열비, σ : 단절비 또는 체절비, ρ : 압력비)

  ㉡ 사이클 과정 : $\rho = \dfrac{P_3}{P_2}$

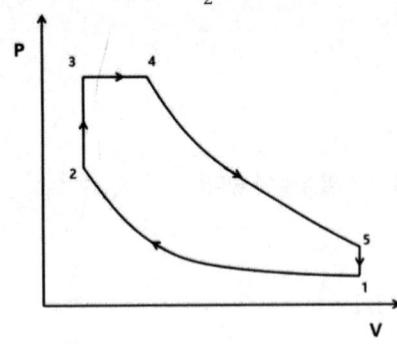

- 1→2 과정 : 단열 압축 과정
- 2→3 과정 : 정적 가열 과정
- 3→4 과정 : 정압 가열 과정
- 4→5 과정 : 단열 팽창 과정
- 5→1 과정 : 정적 방열 과정

⑤ **브레이튼(Brayton) 사이클** : 가스 터빈의 연소 사이클로, 2개의 정압 과정과 2개의 단열 과정으로 이루어진 사이클이다.
  ㉠ 열효율
  $$\eta_{bra} = 1 - \left(\frac{1}{\rho} \right)^{\frac{k-1}{k}}$$ (여기서, k : 비열비, ρ 압력비)

ⓛ 사이클 과정

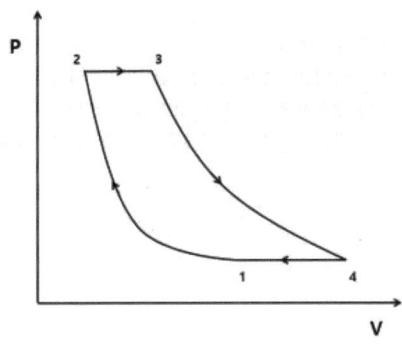

- 1→2 과정 : 단열 압축 과정
- 2→3 과정 : 정압 가열 과정
- 3→4 과정 : 단열 팽창 과정
- 4→1 과정 : 정압 방열 과정

⑥ 카르노 사이클 : 이상적인 열기관 사이클로, 이론적으로는 사이클 중에서 가장 효율이 좋은 연소 사이클이다.

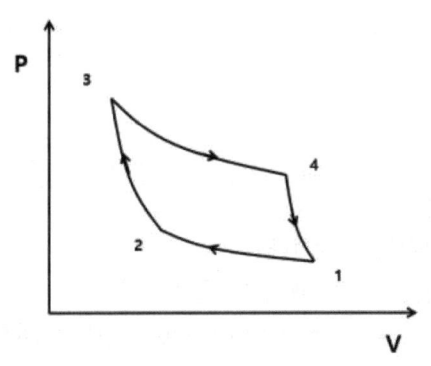

- 1→2 과정 : 등온 압축 과정
- 2→3 과정 : 단열 압축 과정
- 3→4 과정 : 등온 팽창 과정
- 4→1 과정 : 단열 팽창 과정

⑦ 각 사이클 열효율 비교
  ㉠ 공급 열량 및 압축비가 일정할 때 : $\eta_{otto.} > \eta_{s.} > \eta_{d.}$
  ㉡ 공급 열량 및 최고 압력이 일정할 때 : $\eta_{d.} > \eta_{s.} > \eta_{otto.}$
  ※ 실제 가솔린 엔진(오토 사이클)은 가솔린 노킹으로 인해 압축비를 높이는 데 한계가 있어 비교적 압축비가 낮다.

(3) 점화 방식에 따른 분류
① **불꽃 점화 엔진** : 스파크 플러그에서 전기 불꽃으로 점화하는 방식으로 가솔린 엔진과 LPG 엔진이 속한다.
② **압축 착화 엔진** : 흡입 공기를 고온·고압으로 압축한 후 거기에 고압의 연료를 분사해서 착화하는 방식으로 디젤 엔진이 속한다.

(4) 실린더 행정(S, Storke)과 내경(B, Bore)의 비율에 따른 분류
① **장 행정 엔진(언더 스퀘어 엔진)** : 행정 > 내경, S/B 비 > 1
② **정방형 엔진(스퀘어 엔진)** : 행정 = 내경, S/B 비 = 1
③ **단 행정 엔진(오버 스퀘어 엔진)** : 행정 < 내경, S/B 비 < 1

단 행정 엔진의 장점	단 행정 엔진의 단점
• 단위 체적 당 엔진 출력을 높일 수 있다. • 피스톤 평균속도를 높이지 않고 엔진 회전수를 높일 수 있다. • 직렬형 엔진에서는 엔진 높이가 낮아진다. • V형 엔진에서는 엔진 폭이 좁아진다. • 흡·배기 밸브의 지름을 크게 할 수 있다. • 체적 효율을 높일 수 있다.	• 피스톤이 과열되기 쉽다. • 연소 압력이 커서 엔진 베어링 폭이 커야 한다. • 실린더 내경이 커서 엔진 길이가 길어진다. • 엔진 회전수가 높아질수록 회전 부분의 진동이 커진다.

(5) 실린더 배열에 따른 분류

① 수평형 엔진
② V형 엔진
③ 직렬형 엔진

(6) 밸브 배열에 따른 분류

① I 헤드형 : 실린더 헤드에 흡·배기 밸브를 모두 설치한다.
② L 헤드형 : 실린더 블록에 흡·배기 밸브를 나란히 설치한다.
③ F 헤드형 : 실린더 헤드에 흡기 밸브, 실린더 블록에 배기 밸브를 설치한다.
④ T 헤드형 : 실린더 블록에 실린더를 중심으로 양쪽으로 이웃하게 흡·배기 밸브를 설치한다.
 ※ OHC형(Over Head Cam shaft type) : 실린더 헤드에 캠축을 설치하고 캠이 흡·배기 밸브를 개폐한다.

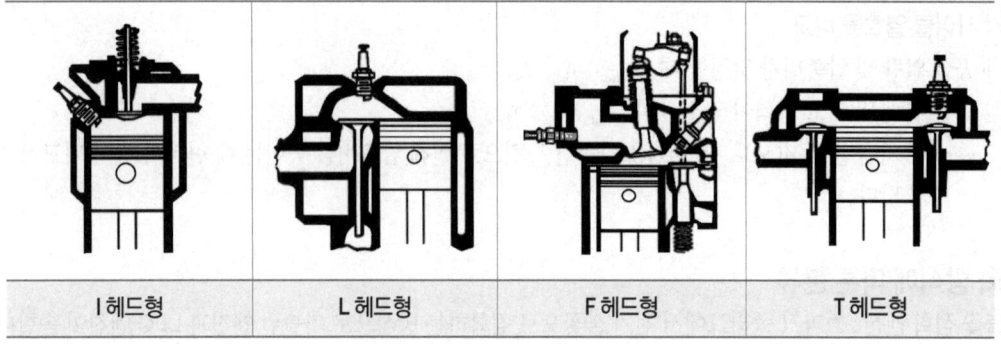

| I 헤드형 | L 헤드형 | F 헤드형 | T 헤드형 |

Tip
DOHC(Double Over Head Cam shaft) 방식의 특징
• 구조가 복잡하고 가격이 비싸다.
• 흡입효율이 향상된다.
• 연소 효율이 높다.
• 허용 최고 회전수가 향상된다.

출제예상문제

1 다음 중 내연기관의 일반적인 내용으로 옳은 것은?
① 크롬 도금한 라이너에는 크롬 도금된 피스톤 링을 사용하지 않는다.
② 엔진오일은 계절마다 교환한다.
③ 2행정 사이클 엔진의 인젝션 펌프 회전속도는 크랭크축 회전속도의 2배이다.
④ 가압식 라디에이터 부압 밸브가 밀착 불량이면 라디에이터가 손상되는 원인이 된다.

- 엔진오일은 일정 주행거리마다 교환한다.
- 2행정 사이클 엔진의 인젝션 펌프 회전속도는 크랭크축 회전속도와 같다.
- 가압식 라디에이터 부압 밸브가 열리지 않으면 라디에이터가 손상되는 원인이 된다.

2 내연기관을 사용하는 자동차와 비교하여 전기자동차의 장점이 아닌 것은?
① 마찰열 손실이 적다.
② 에너지 효율이 낮다.
③ 변속기가 없어도 후진이 가능하다.
④ 소음 및 진동이 적다.

해설
- 에너지 효율이 높다.

3 화석연료를 사용하는 자동차의 대체에너지에 해당하지 않는 것은?
① 수소   ② 전기
③ 알코올 ④ 중유

- 중유(Heavy Oil)는 주로 보일러와 선박 연료로 쓰이는 석유죠? 따라서 화석연료입니다.

4 고속 디젤 엔진의 기본 사이클에 해당하는 것은?
① 정적 사이클   ② 정압 사이클
③ 복합 사이클   ④ 디젤 사이클

해설
- 정적 사이클 : 오토 사이클, 가솔린 기관의 표준 사이클
- 정압 사이클 : 디젤 사이클, 저속 디젤 기관의 표준 사이클
- 복합 사이클 : 사바테 사이클, 고속 디젤 기관의 표준 사이클
- 디젤 사이클 : 정압 사이클, 저속 디젤 기관의 표준 사이클

5 자동차용 내연기관의 기본 사이클이 아닌 것은?
① 사바테 사이클
② 오토 사이클
③ 역 브레이튼 사이클
④ 디젤 사이클

해설
- 사바테 사이클 : 열기관에 적용
- 오토 사이클 : 열기관에 적용
- 역 브레이튼 사이클 : 냉동기관에 적용(냉동 사이클)
- 디젤 사이클 : 열기관에 적용

6 실린더 배열 형식에 따른 엔진의 분류에 포함되지 않는 것은?
① 수평형 엔진   ② T형 엔진
③ V형 엔진   ④ 직렬형 엔진

7 4행정 사이클 엔진 대비 2행정 사이클 엔진의 장점은?
① 연료소비율이 적다.
② 엔진오일 소비량이 적다.
③ 단위체적당 출력이 크다.
④ 각 행정의 작동이 확실하여 효율이 좋다.

- 연료소비율이 적다. : 4행정 사이클 엔진의 장점
- 엔진오일 소비량이 적다. : 4행정 사이클 엔진의 장점
- 각 행정의 작동이 확실하여 효율이 좋다. : 4행정 사이클 엔진의 장점

8 4행정 사이클 엔진의 행정(Stroke)과 관련이 없는 것은?
① 배기행정   ② 소기행정
③ 압축행정   ④ 흡입행정

정답 1① 2② 3④ 4③ 5③ 6② 7③ 8②

- 소기행정 : 2행정 사이클 엔진과 관련이 있다.
※ 참고
- 4행정 사이클 엔진 : 흡입행정 - 압축행정 - 동력행정 - 배기행정
- 2행정 사이클 엔진 : 상승행정(흡입·압축) - 하강행정(동력·배기·소기)

9 V6 4행정 사이클 엔진에서 6개의 실린더가 모두 1회씩의 연소·팽창행정을 완료하였다면 크랭크축이 몇 회전하였는가?
① 1회전　　② 2회전
③ 3회전　　④ 6회전

- 기통 수와 상관없이 4행정이냐, 2행정이냐가 중요합니다.
- 4행정은 크랭크축 2회전에 1사이클 완료, 2행정은 크랭크축 1회전에 1사이클 완료입니다.

10 4행정 사이클 엔진의 크랭크축이 6회전할 때 캠축은 몇 회전하는가?
① 1회전　　② 2회전
③ 3회전　　④ 4회전

- 4행정 사이클 엔진 : 캠축 1회전, 크랭크축 2회전 → 동력행정 1회
  캠축 3회전, 크랭크축 6회전 → 동력행정 3회
- 2행정 사이클 엔진 : 캠축 1회전, 크랭크축 1회전 → 동력행정 1회

11 피스톤의 평균속도를 올리지 않으면서 엔진 회전수를 높이고 단위 체적당 출력을 크게 할 수 있는 엔진은?
① 단행정 엔진　　② 장행정 엔진
③ 정방형 엔진　　④ 고속형 엔진

- 단행정 엔진
  오버 스퀘어 엔진, 스트로크(S) < 보어(B), S/B 비 < 1
- 장행정 엔진
  언더 스퀘어 엔진, 스트로크(S) > 보어(B), S/B 비 > 1
- 정방형 엔진
  스퀘어 엔진, 스트로크(S) = 보어(B), S/B 비 = 1

12 내연기관에서 언더 스퀘어 엔진은 어느 것인가?
① (실린더 행정 ÷ 실린더 내경) ≤ 1
② (실린더 행정) ÷ (실린더 내경) > 1
③ (실린더 행정) ÷ (실린더 내경) < 1
④ (실린더 행정) ÷ (실린더 내경) = 1

- (실린더 행정) ÷ (실린더 내경) > 1 : 장행정 엔진(언더 스퀘어 엔진)
- (실린더 행정) ÷ (실린더 내경) < 1 : 단행정 엔진(오버 스퀘어 엔진)
- (실린더 행정) ÷ (실린더 내경) = 1 : 정방형 엔진(스퀘어 엔진)

13 피스톤 평균속도를 높이지 않고 엔진 회전속도를 높일 수 있는 방법은?
① 행정을 크게 한다.
② 행정을 작게 한다.
③ 실린더 지름을 작게 한다.
④ 실린더 지름을 크게 한다.

- 행정을 크게 한다. : 장행정 엔진(언더 스퀘어 엔진)에 대한 설명
- 행정을 작게 한다. : 단행정 엔진(오버 스퀘어 엔진)에 대한 설명
※ 참고
- 피스톤 평균속도를 높이지 않고 엔진 회전수와 단위체적당 출력을 높일 수 있는 방법은 단행정 엔진입니다.

14 DOHC 엔진의 특징이 아닌 것은?
① 구조가 간단하고 가격이 저렴하다.
② 연소 효율이 높다.
③ 흡입효율이 향상된다.
④ 허용 최고 회전수가 향상된다.

- 구조가 복잡하고 가격이 비싸다.

(2) 실린더 블록
① **일체식** : 실린더 블록과 실린더를 일체로 제작하며, 실린더 벽이 마모되면 보링을 해야 한다.
② **라이너식** : 실린더 블록에 실린더를 끼울 수 있게 별도로 제작한다.
    ㉠ 습식 : 냉각수가 라이너에 직접 닿는다.
    ㉡ 건식 : 냉각수가 라이너에 직접 닿지 않는다.

(3) 피스톤
① **피스톤의 종류**
    ㉠ 특수 주철
    ㉡ 알루미늄 합금
- 특징
  - 가볍고 강도가 낮다.
  - 열전도성과 열팽창계수가 크다.
  - 고속·고압축비 엔진에 적합
- 재질에 따른 분류
  - 구리계 Y 합금 : Al, Cu, Mg, Ni(로엑스 피스톤에 비해 비중과 열팽창계수가 크다)
  - 규소계 로엑스(Lo-Ex) : Al, Cu, Mg, Ni + Si, Fe

② **스커트 형상에 따른 피스톤의 분류**
    ㉠ 캠 연마 피스톤   ㉡ 슬리퍼 피스톤
    ㉢ 스플릿 피스톤   ㉣ 오프셋 피스톤
    ㉤ 인바 스트럿 피스톤   ㉥ 솔리드 피스톤

③ **피스톤의 구비조건**
    ㉠ 각 피스톤의 무게 차이가 적을 것   ㉡ 고온·고압가스에 충분히 견딜 것
    ㉢ 열전도율이 좋을 것   ㉣ 블로 바이 가스가 없을 것
    ㉤ 열팽창률이 적을 것   ㉥ 가벼울 것

④ **피스톤 간극** : 실린더 내경과 피스톤 스커트부의 지름(피스톤 최대 외경)과의 차이

피스톤 간극이 작을 때	피스톤 간극이 클 때
소결, 융착	• 실린더 압축 압력 저하 • 엔진 출력 저하 • 블로 바이 가스 발생 • 연소실에 엔진오일 유입 • 피스톤 슬랩(피스톤이 실린더를 때리는 현상) 발생

⑤ 실린더 내경 수정값 및 피스톤 오버 사이즈 규격 선정(예시)

- 문제 : 실린더 내경의 규정값이 75mm인 실린더를 실린더 보어 게이지로 측정한 결과 0.45mm가 마모되었다. 실린더 내경을 얼마로 수정해야 하는가?
- 정답 : 75.75mm

㉠ 풀이 과정
- 실린더 내경 최대 측정값은 75mm + 0.45mm = 75.45mm이다.
- 여기서, 실린더 내경의 규정값이 70mm 이상이므로 수정 한계값은 '최대 측정값 + 0.2mm'가 되어 75.45mm + 0.2mm = 75.65mm이다.
- 실린더를 깎으면 내경이 커지므로 피스톤도 더 큰 것으로 바꿔야 하는데 피스톤도 규격이 정해져서 나온다.
- 실린더 내경 수정값이 75.65mm이므로 피스톤 오버 사이즈 규격에 맞추려면 한 치수 큰 3단계(0.75mm)를 적용한다.
- 따라서 최종 실린더 내경 수정값은 75.75mm이다.

㉡ 참고값

수정 한계값		오버 사이즈 한계값		피스톤 오버 사이즈 규격			
실린더 지름	수정 한계값	실린더 지름	수정 한계값	1단계	0.25mm	4단계	1.00mm
70mm 이상	0.20mm	70mm 이상	1.50mm	2단계	0.50mm	5단계	1.25mm
70mm 이하	0.15mm	70mm 이하	1.25mm	3단계	0.75mm	6단계	1.50mm

(4) 피스톤 링(압축링 2개, 오일링 1개)

① 피스톤 링의 작용
   ㉠ 밀봉작용(기밀 유지)
   ㉡ 냉각작용(열전도 작용)
   ㉢ 오일제어작용(오일 긁어내리기)

② 피스톤 링의 재질
   ㉠ 조직이 치밀한 특수 주철 : 원심주조법으로 제작한다.
   ㉡ 크롬 도금(1번 압축링, 오일링) : 내마모성이 향상된다.

③ 피스톤 링의 구비조건
   ㉠ 고온에서도 탄성을 유지할 것
   ㉡ 열팽창률이 적을 것
   ㉢ 링 본체 또는 실린더 벽의 마모가 적을 것
   ㉣ 실린더 벽에 동일한 압력을 가할 것

(5) 피스톤 핀

① 피스톤 핀의 고정방식 : 고정식, 반부동식(요동식), 전부동식

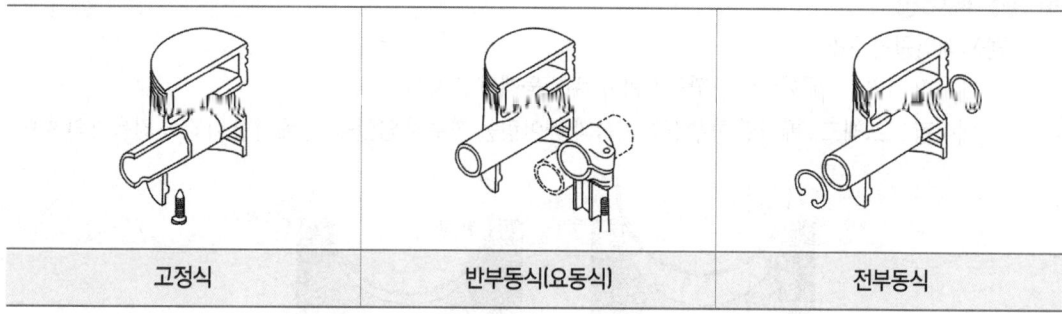

| 고정식 | 반부동식(요동식) | 전부동식 |

> **Tip**
> 구동장치에서 액슬축의 고정 방식
> • 전부동식, 반부동식, 3/4부동식

② 피스톤 핀의 재질 : 저탄소 침탄강, 니켈-크롬강

(6) 커넥팅 로드
① 커넥팅 로드의 길이
  ㉠ 소단부 중심에서 대단부 중심까지의 길이   ㉡ 피스톤 행정의 약 1.5~2.3배

(7) 크랭크축
① 크랭크축의 재질 : 고탄소강, 니켈-크롬강, 크롬-몰리브덴강
② 크랭크축의 형식
  ㉠ 직렬 4기통
   • 각 크랭크 핀은 180° 위상차   • 점화 순서 : 1-3-4-2 / 1-2-4-3
  ㉡ 직렬 6기통
   • 각 크랭크 핀은 120° 위상차
   • 점화 순서
    - 좌수식 : 1-4-2-6-3-5
    - 우수식 : 1-5-3-6-2-4
     ※ 1, 6번 크랭크 핀을 상사점에 맞추고 엔진 앞쪽에서 봤을 때 3, 4번 크랭크 핀이 왼쪽에 있으면 좌수식, 오른쪽에 있으면 우수식이다.
③ 점화순서를 정할 때 유의사항
  ㉠ 동력이 같은 간격으로 발생해야 한다.
  ㉡ 크랭크축에 비틀림 진동이 발생하지 않아야 한다.
  ㉢ 인접한 실린더에 연이어 폭발이 발생하지 않아야 한다.
④ 크랭크축의 구비조건
  ㉠ 정적·동적 평형이 좋을 것   ㉡ 강도·강성이 좋을 것
  ㉢ 내마멸성이 클 것

(8) 엔진 베어링
① 엔진 베어링의 구조
  ㉠ 베어링 크러시 : 베어링의 바깥둘레와 하우징 둘레와의 차이
  ㉡ 베어링 스프레드 : 베어링 하우징의 지름과 베어링을 끼우지 않았을 때 베어링 바깥쪽 지름과의 차이

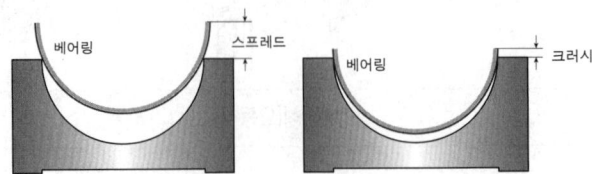

② 재질에 따른 분류
  ㉠ 베빗 메탈(백 메탈 또는 화이트 메탈) : Sn(80~90%), Sb(3~12%), Cu(3~7%)
  ㉡ 켈밋 메탈(적 메탈) : Cu(60~70%), Pb(30~40%)
  ㉢ 포드 메탈 : Sn, Al
  ㉣ 트리 메탈 : 강재, 베빗 메탈(표면), 켈밋 메탈(중)
③ 엔진 베어링의 구비조건
  ㉠ 마찰저항이 적을 것
  ㉡ 내부식성 및 내마멸성이 클 것
  ㉢ 매입성이 있을 것
  ㉣ 고온 강도가 크고 길들임성이 좋을 것
  ㉤ 내피로성이 클 것
  ㉥ 폭발 압력에 견딜 수 있는 하중 부담 능력이 좋을 것
  ㉦ 추종 유동성이 있을 것

(9) 밸브 기구
① 캠축의 구동 방식에 따른 분류
  ㉠ 기어 구동 방식 : 크랭크축 기어와 캠축 기어의 물림에 의해 구동한다.
  ㉡ 벨트 구동 방식 : 타이밍 벨트로 캠축을 구동한다.
  ㉢ 체인 구동 방식 : 타이밍 체인으로 캠축을 구동한다.
② **밸브의 재질** : 페라이트 계열, 오스트나이트 계열
③ 밸브의 구비조건
  ㉠ 열전도율이 클 것
  ㉡ 가볍고 내구성이 클 것
  ㉢ 내부식성이 좋을 것
④ **밸브 스프링의 재질** : 니켈강, 규소-크롬강
⑤ 밸브 스프링 서징 현상
  ㉠ 정의 : 밸브 스프링의 고유 진동수와 캠 회전수 공명에 의해 스프링이 튕기는 현상
  ㉡ 방지 방법 : 이중 스프링, 부등 피치 스프링, 원뿔형 스프링
⑥ **밸브 시트** : 밸브 면과 밸브 시트 사이에는 열팽창을 고려하여 0.25~1° 정도의 간섭각을 둔다.
⑦ 유압식 밸브 리프터의 특징
  ㉠ 오토래시 어저스터, 제로래시 어저스터
  ㉡ 구조가 복잡하다.
  ㉢ 밸브 간극 조정이 불필요하다.
  ㉣ 오일 펌프가 작동할 때 항상 밸브 간극을 0으로 유지한다.
⑧ VVT(가변 밸브 타이밍)
  ㉠ CVVT : 흡입 밸브의 캠 위상을 변환하여 밸브 오버랩을 변화시키는 장치
  ㉡ 듀얼 CVVT : 흡·배기 밸브의 캠 위상을 변환하는 장치
⑨ VVL(가변 밸브 리프트)
  ㉠ 밸브 캠축의 작동각, 양정, 중심각을 모두 가변 제어한다.
  ㉡ 신속한 반응을 위해 흡기 밸브는 전기 모터를 이용해 전자 제어하고, 배기 밸브는 유압으로 제어한다.

(10) 흡기 장치

① 흡기 진공도 시험 측정 전 준비
  ㉠ 엔진을 워밍업한다.
  ㉡ 흡기 매니폴드의 연결부에 진공 게이지 호스를 연결한다.
  ㉢ 엔진 공회전 상태에서 측정한다.

② 흡기 진공도 판정 방법
  ㉠ 정상 : 엔진 공회전 상태에서 게이지 눈금이 450~500mmHg 사이에 정지하거나 조용히 움직인다.
  ㉡ 실린더 벽 또는 피스톤 링 마멸 : 정상보다 다소 낮은 300~400mmHg를 나타낸다.
  ㉢ 점화 시기 지연 : 정상보다 50~80mmHg 낮거나 많이 흔들리지 않는다.
  ㉣ 배기 라인 막힘 : 처음에는 정상 범위지만 곧 0mmHg로 내려갔다가 다시 정상 범위로 돌아온다.

③ 밸브 불량
  ㉠ 밸브 개폐 시기가 틀어졌을 때 : 200~400mmHg 사이에 정지되어 있다.
  ㉡ 밸브 밀착이 불량할 때 : 50~80mmHg 정도 낮다.
  ㉢ 밸브가 손상되었을 때 : 정상보다 50~100mmHg 정도 낮다.
  ㉣ 밸브가 완전히 닫히지 않았을 때 : 350~400mmHg 사이에서 흔들린다.
  ㉤ 밸브 가이드가 마멸되었을 때 : 350~500mmHg 사이를 빠르게 움직인다.
  ㉥ 밸브 스프링 장력이 약할 때 : 250~550mmHg 사이에서 흔들리며, 엔진 회전수가 증가할수록 게이지 바늘이 과도하게 흔들린다.

④ VIS(Variable Intake System)
  ㉠ 가변 흡기 제어 시스템으로, 다양한 엔진 회전수 범위에서 최적의 흡기를 할 수 있도록 흡기 포트를 제어한다.
  ㉡ 저속에서는 흡기 포트를 가늘고 길게 제어하여 흡기의 관성력을 향상시킨다.
  ㉢ 고속에서는 흡기 포트를 넓고 짧게 제어하여 다량의 공기를 흡입한다.
  ㉣ 효과 : 체적효율 향상, 연소 개선, 출력 향상, 연료 소비율과 유해 배기가스 감소

(11) 체적효율, 충진효율

① 체적효율(η_v)
  ㉠ 흡기행정 중 실린더에 흡입된 공기 질량과 행정 체적에 상당하는 대기질량과의 비를 말한다.
  ㉡ 엔진 운전 당시 대기상태의 압력과 온도를 기준으로 한다.
  ㉢ 동일 용적 기관의 흡입 능력을 비교할 수 있다.

$$\eta_v = \frac{1\text{사이클 중 실린더 내에 흡입된 공기 질량}}{\text{이론 흡기 질량}}$$

② 충진효율(η_c)
  ㉠ 행정 체적에 해당하는 만큼의 표준대기상태의 건조 공기 질량과 운전 중 1사이클당 실제 실린더에 흡입된 공기 질량 간의 비를 말한다.
  ㉡ 표준대기상태(20℃, 760mmHg 대기압, 상대습도 65%, 밀도 1.188kg/㎥)를 기준으로 한다.
  ㉢ 서로 다른 엔진의 흡입 능력을 비교할 수 있다.

$$\eta_c = \frac{1\text{사이클 중 실린더 내에 흡입된 공기 질량}}{\text{표준대기상태에서의 이론 흡기 질량}}$$

출제예상문제

1 실린더 헤드를 알루미늄 합금으로 제작하는 이유는?

① 부식성이 높기 때문이다.
② 가볍고 열전도율이 높기 때문이다.
③ 연소실 온도를 높여 체적효율을 낮출 수 있기 때문이다.
④ 주철에 비해 열팽창계수가 작기 때문이다.

- 부식성이 적기 때문이다.
- 연소실 온도를 낮춰 체적효율을 높일 수 있기 때문이다.
- 주철에 비해 열팽창계수가 크기 때문이다.

2 실린더 블록이나 실린더 헤드의 평면도 측정에 알맞은 게이지는?

① 필러게이지와 직각자 ② 버니어캘리퍼스
③ 다이얼 게이지 ④ 마이크로미터

- 필러게이지 = 시그니스 게이지 = 간극 게이지입니다.

3 엔진 이상 시 분해 수리 여부를 결정하기 위한 점검은?

① 점화 코일 용량 점검
② 실린더 압축압력 점검
③ 배기가스 점검
④ 실린더 마모량 점검

4 실린더 압축압력의 단위로 쓰이는 것은?

① kgf/cm²   ② PS
③ mm   ④ rpm

- 압력의 단위를 고르면 되겠죠? 압력 = 힘 ÷ 면적입니다.

5 엔진 압축 압력 측정 방법에 대한 설명으로 틀린 것은?

① 엔진오일을 넣고도 측정한다.
② 엔진을 정상 작동 온도로 한다.
③ 엔진 회전수를 1000rpm으로 한다.
④ 스파크 플러그를 모두 탈거한다.

- 엔진 회전수를 200~300rpm으로 한다.(크랭킹 상태)

6 실린더 압축압력이 규정압력보다 높을 때의 원인은?

① 옥탄가가 지나치게 높음
② 연소실 내 카본 퇴적
③ 압축비가 작아짐
④ 연소실 내 돌출부가 없어짐

- 옥탄가가 지나치게 높음 : 실린더 압축압력 점검할 때는 연료를 분사하지 않으므로 관계없다.
- 압축비가 작아짐 : 압축비가 작아지면 압축압력이 낮아진다.
- 연소실 내 돌출부가 없어짐 : 돌출부 형성은 연소실 내 와류 형성과 관계가 있다.
※ 참고
- 실린더 마모, 헤드개스킷 찢어짐, 밸브시트 밀착불량 등이 발생하면 압축압력이 낮아집니다.

7 실린더 압축압력이 저하되는 원인이 아닌 것은?

① 밸브 시트 마모   ② 밸브 스템 씰 마모
③ 헤드 개스킷 찢어짐   ④ 피스톤 링 마모

- 밸브 스템 씰 마모 : 엔진오일이 연소실로 유입되는 원인(압축압력과 관계없다)

8 엔진 실린더 헤드를 탈거할 때, 볼트를 올바르게 푸는 방법은?

① 바깥쪽에서 안쪽으로 향하여 대각선으로 푼다.
② 중앙에서 바깥쪽을 향하여 대각선으로 푼다.
③ 풀기 쉬운 것부터 푼다.
④ 실린더 보어를 먼저 탈거하고 실린더 헤드를 탈거한다.

정답 1② 2① 3② 4① 5③ 6② 7② 8①

제1장 자동차 엔진 정비

- 실린더 헤드 뿐만 아니라 넓은 면적으로 된 부품 또는 어떤 샤프트를 탈거할 때는 부품의 변형이나 파손을 방지하기 위해 바깥쪽에서 안쪽으로 대각선 방향으로 하여 지그재그로 골고루 풀어줍니다. 반대로 조립할 때는 안쪽에서 바깥쪽으로 대각선 방향으로 하여 지그재그로 골고루 조여줍니다.

9 실린더 헤드 볼트를 규정대로 조이지 않았을 때 발생할 수 있는 현상이 아닌 것은?
① 냉각수 누수
② 압축가스 누설
③ 실린더 헤드 변형
④ 스로틀밸브 고착

10 실린더 마멸량이란?
① 실린더 안지름의 최대 마멸량과 최소 마멸량의 평균값
② 실린더 안지름의 최대 마멸량
③ 실린더 안지름의 최대 마멸량과 최소 마멸량의 차이값
④ 실린더 안지름의 최소 마멸량

- 실린더 마멸량 = 실린더 최대 안지름 - 실린더 신품 상태 안지름

11 실린더 벽 마모량이 가장 큰 부분은?
① 실린더 하단 ② 실린더 중간
③ 실린더 상단 ④ 실린더 헤드

- 실린더 상단에서 연소압력이 가장 높고 피스톤 슬랩 현상이 발생하기 때문에 마모량이 가장 큽니다.
- 실린더 마모량이 가장 작은 부분은 실린더 하단부입니다.

12 실린더 벽이 마모되었을 때 나타나는 현상으로 옳지 않은 것은?
① 압축 압력 저하 및 블로바이 가스 과다
② 연료 소모 저하 및 엔진 출력 저하
③ 엔진오일 희석
④ 피스톤 슬랩 현상

- 연료 소모 증가 및 엔진 출력 저하
※ 참고
- 실린더 벽이 마모되면 피스톤 간극이 커지기 때문에 피스톤 슬랩, 블로바이 가스 과다, 압축 압력 저하 현상이 발생합니다.

13 실린더 마멸량 및 실린더 내경 측정에 사용되는 게이지가 아닌 것은?
① 내측 마이크로미터
② 버니어캘리퍼스
③ 실린더(보어) 게이지
④ 텔레스코핑 게이지, 외측 마이크로미터

14 디젤엔진의 습식 라이너(Wet Type Liner)에 대한 설명이 아닌 것은?
① 냉각수와 직접적으로 접촉하지 않는다.
② 냉각효율이 좋다.
③ 조립 시 라이너 바깥둘레에 비눗물을 바른다.
④ 실링(Sealing)이 손상되면 크랭크 케이스로 냉각수가 유입된다.

- 냉각수와 직접적으로 접촉하지 않는다. : 건식 라이너(Dry Type Liner)에 대한 설명

15 시동모터(Starting Motor)가 정상적으로 회전하지만 엔진 시동이 되지 않는다면 그 원인은?
① 산소 센서가 고장일 때
② 현가장치에 문제가 있을 때
③ 밸브 타이밍이 맞지 않을 때
④ 조향 핸들 유격이 클 때

- 산소 센서는 삼원 촉매의 정화율을 높이기 위해 이론 공연비 제어에 필요한 피드백 신호만 제공합니다. 고장이 나도 연료·공기 혼합비에는 영향을 미치지만 엔진 시동을 방해하지는 않습니다.

16 크랭크축 저널베어링의 구비조건이 아닌 것은?
① 피로성이 있을 것
② 하중 부담 능력이 있을 것
③ 내식성이 있을 것
④ 매입성이 있을 것

- 내피로성이 있을 것

정답 9④ 10③ 11③ 12② 13② 14① 15③ 16①

17 베어링이 하우징 내에서 움직이는 것을 방지하기 위해 베어링 바깥둘레를 하우징 둘레보다 조금 크게 하여 차이를 두는 것은?

① 베어링 돌기
② 베어링 오일 구멍
③ 베어링 크러시
④ 베어링 스프레드

- 베어링 스프레드 : 베어링을 조립할 때 크러시가 압축되면서 안쪽으로 찌그러지는 것을 방지하기 위해 베어링을 끼우지 않았을 때 베어링 바깥쪽 지름과 베어링 하우징 안지름에 차이를 두는 것을 말한다.

18 크랭크축 메인저널 베어링의 마모를 점검하는 방법은?

① 직각자 방법
② 플라스틱 게이지 방법
③ 필러 게이지 방법
④ 심(Shim)방법

- 크랭크축 메인저널 베어링 마모 점검은 크랭크축 메인저널 오일 간극 점검입니다. 따라서 텔레스코핑 게이지 또는 플라스틱 게이지를 이용하여 측정할 수 있습니다.

19 크랭크 핀 축받이 오일 간극이 커졌을 때 나타나는 현상으로 옳은 것은?

① 오일 압력이 낮아진다.
② 오일 압력이 높아진다.
③ 실린더 벽에 뿌려지는 오일이 부족해진다.
④ 연소실로 유입되는 오일 양이 적어진다.

- 오일 압력이 낮아진다.
- 실린더 벽에 뿌려지는 오일이 많아진다.
- 연소실로 유입되는 오일 양이 많아진다.
※ 참고
- 축받이는 베어링(Bearing)을 말하므로 저널 베어링 오일 간극이 커지면 유압이 낮아지겠죠? 오일 간극이 커지면 그 틈으로 오일이 많이 들어가고, 그 오일은 커넥팅로드를 타고 올라가게 됩니다. 그럼 실린더로 뿌려지는 오일이 과다해지기 때문에 연소실로도 많이 유입됩니다.

20 크랭크축과 캠축의 타이밍 전동방식이 아닌 것은?

① 벨트 전동방식
② 체인 전동방식
③ 유압 전동방식
④ 기어 전동방식

21 크랭크축이 회전하는 도중 받는 모멘트(Moment)가 아닌 것은?

① 전단
② 관통
③ 휨
④ 비틀림

22 피스톤의 구비조건이 아닌 것은?

① 고온강도가 높아야 한다.
② 무게가 작아야 한다.
③ 열팽창계수가 커야 한다.
④ 내마모성이 좋아야 한다.

- 열팽창계수가 작아야 한다.

23 피스톤 옵셋(Off Set)을 두는 목적은?

① 피스톤의 측압을 감소시키기 위해
② 피스톤의 열팽창을 방지하기 위해
③ 피스톤 마멸을 방지하기 위해
④ 피스톤 간격을 크게 하기 위해

24 피스톤 핀 고정방식에 해당하지 않는 것은?

① 전부동식
② 3/4부동식
③ 반부동식
④ 고정식

- 피스톤 핀 고정방식 : 전부동식, 반부동식, 고정식
- 액슬축 고정방식 : 전부동식, 반부동식, 3/4부동식

25 피스톤 커넥팅로드의 비틀림 현상이 엔진 성능에 미치는 영향 중 틀린 것은?

① 엔진 회전에 무리를 준다.
② 크랭크축 메인저널 베어링이 마멸된다.
③ 최종감속 기어의 백래시를 초래한다.
④ 압축압력이 저하된다.

정답 17 ③ 18 ② 19 ① 20 ③ 21 ② 22 ③ 23 ① 24 ② 25 ③

제1장 · 자동차 엔진 정비

26 피스톤 간극이 클 때 발생하는 현상이 아닌 것은?
① 실린더 압축압력이 높아진다.
② 엔진 시동이 어려워진다.
③ 블로바이가스(Blow-by Gas)가 발생한다.
④ 피스톤 슬랩 현상이 발생한다.

• 실린더 압축압력이 낮아진다.

27 피스톤 링의 기능이 아닌 것은?
① 열전도작용   ② 감마작용
③ 오일제어작용 ④ 기밀작용

해설
• 감마작용 : 마찰을 작게 하여 기계의 마모를 줄여주는 작용을 말하며 윤활유의 기능입니다.

28 피스톤 링의 3대 작용이 아닌 것은?
① 오일제어작용 ② 열전도작용
③ 와류작용   ④ 기밀작용

29 엔진을 조립할 때 피스톤 링 절개구 방향은?
① 피스톤 사이드 스러스트 방향으로 두는 것이 좋다.
② 피스톤 사이드 스러스트 방향을 피하는 것이 좋다.
③ 크랭크축 방향으로 두는 것이 좋다.
④ 절개구 방향은 관계없다.

해설
• 피스톤 사이드 스러스트 방향을 피하는 것이 좋다.
• 측압 방향을 피해서 두는 것이 좋다.
• 절개구 방향에 주의해야 한다.
※ 참고
• 사이드 스러스트(Side Thrust)는 측압으로서 피스톤의 상승·하강 행정 때 피스톤이 실린더 벽과 접하여 발생하는 압력을 말합니다. 피스톤 링은 압축링 2개, 오일링 1개로 구성되는데, 조립 시 피스톤 사이드 스러스트 방향을 피하면서 3개의 절개부 방향이 일치하지 않도록 Y자처럼 120~180°로 조립해야 됩니다. 만약 링 3개의 절개부 방향이 일치하면 압축할 때나 연소할 때 가스가 누설됩니다.

30 엔진 피스톤 링 이음간극 측정에 적합한 게이지는?
① 다이얼게이지   ② 마이크로미터
③ 버니어캘리퍼스 ④ 필러게이지

• 필러게이지 = 시크니스 게이지 = 간극 게이지

31 실린더 헤드에 흡·배기 밸브가 총 3개인 경우 옳은 것은?
① 흡기 밸브 2개, 흡기 밸브보다 직경이 작은 배기 밸브 1개
② 흡기 밸브 2개, 흡기 밸브보다 직경이 큰 배기 밸브 1개
③ 배기 밸브 2개, 배기 밸브보다 직경이 같은 배기 밸브 1개
④ 배기 밸브 2개, 배기 밸브보다 직경이 큰 흡기 밸브 1개

32 밸브 오버랩(Overlap)에 대한 설명으로 옳은 것은?
① 밸브 시트와 면의 접촉 면적
② 밸브 스프링을 이중으로 사용
③ 로커암에 의해 밸브가 열리기 시작할 때
④ 흡기 밸브와 배기 밸브가 동시에 열려 있는 상태

33 밸브스프링의 서징(Surging)현상에 대한 설명으로 옳은 것은?
① 엔진이 고속에서 저속으로 변할 때 밸브 스프링의 장력 차가 발생하는 현상
② 밸브 스프링의 고유 진동수와 캠 회전수의 공명에 의해 밸브 스프링이 공진하는 현상
③ 밸브가 열릴 때 천천히 열리는 현상
④ 흡·배기 밸브가 동시에 열리는 현상

• 밸브 서징현상 방지방법 : 부등 피치 스프링, 2중 스프링, 원뿔 스프링 사용

34 밸브 스프링의 점검항목 및 기준으로 틀린 것은?
① 장력 - 스프링 장력의 감소는 표준 값의 10% 이내일 것
② 접촉면의 상태는 2/3 이상 수평일 것

정답 26 ① 27 ② 28 ③ 29 ② 30 ④ 31 ① 32 ④ 33 ② 34 ①

③ 자유고 - 자유고의 낮아짐 변화량은 3% 이내일 것
④ 직각도 - 직각도는 자유높이 100mm당 3mm 이내일 것

- 스프링 장력의 감소는 표준값의 15% 이내일 것

35 밸브 스프링 자유높이의 감소는 표준값에 대하여 몇 % 이내이어야 정상인가?
① 3%
② 8%
③ 12%
④ 15%

- 자유높이 : 표준값의 3% 이내이면 정상
- 장력 : 표준값의 15% 이내이면 정상
- 직각도 : 자유길이 100mm당 3mm 이내이면 정상

36 기계식 밸브 리프트에 대비해서 유압식 밸브 리프트의 장점은?
① 오일펌프와 상관없다.
② 엔진 웜업 전 밸브간극 조정이 필요하다.
③ 구조가 간단하다.
④ 밸브 간극 조정이 필요 없다.

- 오일펌프와 상관있다.
- 엔진 웜업 전 밸브간극 조정이 필요 없다.
- 구조가 간단하다. : 기계식 밸브 리프트의 장점에 대한 설명
※ 참고
- 유압식 밸브 리프트는 제로 래시 어저스터(Zero Lash Adjuster) 또는 오토 래시 어저스터(Auto Lash Adjuster)라고 합니다. 엔진이 작동하여 오일펌프가 돌고 엔진 오일 압력이 발생하면 밸브 간극을 항상 0으로 유지합니다.

37 엔진 흡기계통의 구성품이 아닌 것은?
① 에어클리너(Air Cleaner)
② 레조네이터(Resonator)
③ 촉매장치
④ 서지탱크

- 촉매장치 : 엔진 배기계통의 구성품

38 가솔린 엔진의 서지탱크(Surge Tank)에 대한 설명으로 틀린 것은?
① 흡입공기 충진효율 향상
② 실린더 간의 흡입공기 간섭 방지
③ 배기가스 흐름 제어
④ 연소실에 균일한 공기 공급

39 흡기계통의 압력에 대한 설명 중 옳은 것은?
① 외부 펌프에서 만들어진다.
② 스로틀 밸브의 개도에 따라 달라진다.
③ 흡기압력은 항상 일정하다.
④ 흡기압력은 대기압에 의해 변한다.

40 다음은 흡기계통의 동적효과 특성을 설명한 것이다. (   ) 안에 들어갈 말로 적절한 것은?

> 흡입행정 말에 흡기 밸브가 닫히면 새로운 공기의 흐름이 갑자기 차단되어 (a)가 발생한다. 이 압력파는 음속으로 흡기다기관 입구를 향해서 진행하고 입구에서 반사되므로 (b)가 되어 흡기 밸브 쪽을 향해 음속으로 되돌아온다.

① a : 유도파, b : 간섭파
② a : 정압파, b : 서지파
③ a : 서지파, b : 정압파
④ a : 정압파, b : 부압파

41 흡기다기관의 진공시험 결과 진공 게이지의 바늘이 20~40cmHg 사이에 정지되었다. 가장 올바른 분석은?
① 엔진이 정상이다.
② 밸브 타이밍이 맞지 않는다.
③ 밸브가 소손되었다.
④ 피스톤링이 마멸되었다.

- 엔진이 정상이다. : 45~50cmHg 사이에 정지하거나 조용히 움직인다.
- 밸브가 소손되었다. : 정상보다 5~10cmHg 정도 낮다.
- 피스톤링이 마멸되었다. : 정상보다 다소 낮은 30~40cmHg를 나타낸다.

4 냉각장치 및 윤활장치

(1) 냉각장치
① 냉각장치의 분류
  ㉠ 공랭식
  ㉡ 수랭식
    • 자연 순환 방식   • 강제 순환 방식
    • 압력 순환 방식   • 밀봉 압력 방식
② 부동액
  ㉠ 성분 : 에틸렌글리콜, 글리세린, 메탄올 등이 있으며 주로 에틸렌글리콜을 사용
  ㉡ 첨가제 : 부식 방지제, 거품 방지제, 염료 색상(녹색 또는 청록색 등)
③ 라디에이터
  ㉠ 코어가 20% 이상 막히면 교환한다.

  $$코어 막힘률(\%) = \frac{신품\ 용량 - 사용품\ 용량}{신품\ 용량} \times 100$$

  ㉡ 압력식 캡 : 게이지 압력 $0.2 \sim 0.9 \text{kgf/cm}^2$, 끓는점 $110 \sim 120℃$
  ㉢ 라디에이터의 구비조건
    • 작고 가벼우며 강도가 클 것   • 단위 면적당 방열량이 클 것
    • 공기 흐름 저항이 적을 것   • 냉각수 흐름 저항이 적을 것
④ 써모스탯(수온조절기)의 종류
  ㉠ 펠릿형 : 현재는 거의 펠릿형만 사용   ㉡ 벨로즈형
  ㉢ 바이메탈형
⑤ 전동팬의 특징
  ㉠ 일정한 풍량을 얻을 수 있다.   ㉡ 라디에이터 설치가 용이하다.
  ㉢ 냉각 효율이 좋다.   ㉣ 가격이 비싸다.
  ㉤ 히터 난방이 빠르다.   ㉥ 소음과 소비전력이 크다.
⑥ 유체 커플링식 냉각팬에서 팬 클러치의 역할
  ㉠ 팬 벨트의 내구성 향상   ㉡ 냉각 팬에서 발생하는 소음 방지
  ㉢ 엔진 동력 손실 감소
⑦ 엔진이 과열되는 원인
  ㉠ 워터재킷 내에 물때가 많이 끼었을 때   ㉡ 라디에이터 코어 및 호스가 파손되었을 때
  ㉢ 라디에이터 코어가 20% 이상 막혔을 때 ㉣ 워터펌프 작동이 불량할 때
  ㉤ 써모스탯이 닫힌 채로 고장이 났을 때   ㉥ 팬벨트의 장력이 과소할 때
  ㉦ 냉각팬이 파손되었을 때

(2) 윤활장치
① SAE
  ㉠ 점도에 따라 분류한 것으로 수치가 클수록 점도가 높다.

ⓒ 10W-30으로 표기하며, W는 겨울철 조건(-17.8℃)에서, 나머지는 고온 조건(98.9℃)에서 측정한다.

② **SAE 신분류**
  ㉠ 가솔린 엔진용
    - S 등급을 사용하며 뒷자리는 오일의 질을 알파벳으로 표기한다.
    - SA 〈 SB 〈 SC 〈 SD 〈 SE 〈 SF 〈 SG 순으로 등급이 좋다.
  ㉡ 디젤 엔진용
    - C 등급을 사용하며 뒷자리는 오일의 질을 알파벳으로 표기한다.
    - CA 〈 CB 〈 CC 〈 CD 〈 CE 〈 CF 〈 CG 순으로 등급이 좋다.

③ **API**
  ㉠ 가솔린 엔진용
    - ML(Motor Light) : 고속도로용
    - MM(Motor Moderate) : 일반도로용
    - MS(Motor Severe) : 비포장도로용
  ㉡ 디젤 엔진용
    - DG(Diesel General) : 경부하용
    - DM(Diesel Moderate) : 중하용
    - DS(Diesel Severe) : 고하중 / 고출력용

④ **ACEA 등급** : 성능과 연비, 환경 등 종합적인 여건을 고려한 품질 기준으로, 숫자가 높을수록 내구성과 연비가 좋다.
  ㉠ A 등급 : 가솔린 엔진
  ㉡ B 등급 : 디젤 엔진
  ㉢ C 등급 : 후처리 장치가 장착된 엔진(DPF 등)

⑤ **엔진오일의 작용**
  ㉠ 감마작용 : 마찰 감소, 마모 방지
  ㉡ 밀봉작용 : 실린더 내 가스 누출 방지
  ㉢ 세척작용 : 청정작용
  ㉣ 냉각작용 : 열전도 작용
  ㉤ 방청작용 : 부식 방지
  ㉥ 응력분산작용 : 완충작용
  ㉦ 소음완화작용

⑥ **엔진오일의 구비조건**
  ㉠ 비중과 점도가 적당할 것
  ㉡ 점도지수가 클 것 : 점도지수가 클수록 점도 변화가 적다.
  ㉢ 발화점이 높을 것
  ㉣ 응고점이 낮을 것
  ㉤ 카본 생성 및 기포 발생에 대한 저항력이 클 것
  ㉥ 산화 안정성이 있을 것
  ㉦ 청정 분산성이 있을 것
  ㉧ 부식 및 마모 방지성이 있을 것

⑦ **엔진오일 공급 방법**
  ㉠ 비산식 : 크랭크축의 디퍼로 오일을 실린더 벽으로 뿌려서 윤활하는 방식
  ㉡ 압송식 : 오일펌프를 구동하여 오일을 압송하여 윤활하는 방식
  ㉢ 비산압송식 : 압송식과 비산식을 조합한 방식으로 자동차용 엔진에서 가장 많이 사용한다.

> **Tip**
> - 효율은 압송식이 가장 좋다.
> - 비산압송식은 압송식에 비해 효율은 떨어지나 경제적이어서 많이 사용하고 있다.

⑧ 엔진오일의 여과 방식
   ㉠ 분류식 : 오일을 엔진 각 윤활부에 직접 공급하며 바이 패스되는 오일은 여과시킨 후 오일팬으로 보낸다.
   ㉡ 전류식 : 오일 전량을 여과시킨 후 공급하는 방식으로, 소형 승용차 엔진에 가장 많이 사용한다.
   ㉢ 복합식(샨트식) : 오일의 일부를 여과시킨 후 공급하고 일부는 오일팬으로 보낸다.

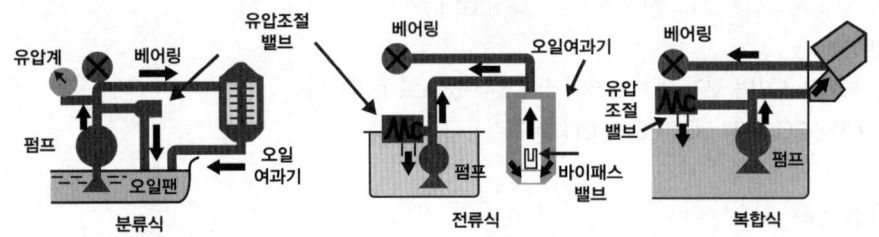

⑨ 엔진오일의 압력 점검

오일 압력이 높아지는 원인	오일 압력이 낮아지는 원인
• 릴리프 밸브의 스프링 장력이 클 때 • 릴리프 밸브가 닫힌 채로 고착되었을 때 • 오일 점도가 지나치게 높을 때	• 오일 간극이 클 때 • 릴리프 밸브가 열린 채로 고착되었을 때 • 오일 점도가 지나치게 낮을 때 • 베어링 또는 오일펌프가 마멸되었을 때 • 오일량이 부족할 때 • 윤활회로 내에 공기 또는 연료가 유입되었을 때

⑩ 엔진 오일의 색깔 점검
   ㉠ 검은색 : 심하게 오염된 경우   ㉡ 우유색 : 냉각수가 유입된 경우

> **Tip**
> 배기가스의 색깔 점검
> • 무색 : 정상
> • 백색 : 연소실에 엔진 오일이 유입되어 같이 연소한 경우
> • 청색 : 정상(옅은 청색)
> • 흑색 : 에어클리너가 막힌 경우

⑪ 엔진오일 소모 측정 방법 : 중량 측정법, 유면 측정법, 배기가스 분석법
⑫ 윤활유의 마찰 형태
   ㉠ 건조 마찰 : 2면의 고체와 고체가 접촉하여 미끄러지는 마찰로 쿨롱의 법칙에 따른다.
   ㉡ 유체 마찰 : 2면의 고체 사이에 두터운 윤활막이 존재하며 뉴턴의 법칙에 따른다.
   ㉢ 경계 마찰 : 2면의 고체 사이에 윤활제에 의한 분자막이 존재한다.
⑬ 윤활유의 성분에 따른 분류
   ㉠ 광유계 : 원유에서 추출하며 물리화학적으로 특성이 균일하지 못하다.
   ㉡ 화학합성계 : 화학합성유를 이용하며 분자구조를 단순화하여 윤활유 요구조건을 충족하는 데 유리하다.
   ㉢ 고점도지수계 : 광유계 윤활유를 재정제해서 불순물을 최소화하고 점도지수를 높인 것이다.
   ㉣ 반화학합성계 : 화학합성계와 고점도지수계를 혼합하여 성능과 경제성을 고려한 것이다.

 # 출제예상문제

1 엔진의 냉각장치에 대한 설명으로 틀린 것은?
① 냉각회로에 물때가 많이 끼면 엔진 과열 원인이 된다.
② 엔진이 과열되면 라디에이터 캡을 즉시 열고 냉각수를 보충한다.
③ 주로 강제 순환식이 사용된다.
④ 써모스탯에 의해 냉각수 흐름이 조절된다.

> 해설
> • 엔진이 과열되면 라디에이터 캡을 충분히 식힌 후에 열고 냉각수를 보충한다.

2 엔진이 과열되는 원인이 아닌 것은?
① 냉각팬 고장
② 써모스탯 불량
③ 과다한 냉각수
④ 라디에이터 캡 불량

> 해설
> • 과소한 냉각수
> ※ 참고
> • 엔진이 과열된다는 것은 통상적으로 냉각이 잘 안 된다는 뜻이겠죠? 혹은 비정상적인 연소로 연소열이 과도하게 높아도 냉각 성능이 못 따라가 엔진이 과열될 수 있습니다.

3 엔진이 과열하는 원인이 아닌 것은?
① 냉각수 흐름 저항 감소
② 엔진 과부하
③ 냉각수 내 이물질 유입
④ 냉각 팬 고장

> 해설
> • 냉각수 흐름 저항 증가

4 엔진이 과열되는 원인이 아닌 것은?
① 전동팬 릴레이의 고장
② 써모스탯이 열린 상태로 고장
③ 라디에이터 코어 막힘
④ 냉각수 부족

> 해설
> • 써모스탯이 열린 상태로 고장 : 엔진이 과냉되는 원인
> ※ 참고
> • 엔진이 과열된다는 것은 냉각이 잘 안 되거나 비정상적인 연소로 연소열이 과도하게 높아도 냉각 성능이 못 따라가서 엔진이 과열될 수 있습니다.

5 엔진이 과냉되었을 때 나타나는 현상으로 옳은 것은?
① 엔진오일 열화
② 엔진 출력 저하, 연료소비율 증가
③ 연료 및 흡입 공기량 과잉
④ 점화 불량과 압축 과대

> 해설
> • 엔진오일 냉각
> • 연료 및 흡입 공기량 과잉 : 엔진이 과냉되면 엔진 내부 온도 저하로 연소실 내 연료 및 흡입공기의 체적이 감소하여 밀도가 높아지므로 체적효율이 다소 높아질 수 있으나 질량 과잉은 안 된다.
> • 점화 불량은 발생할 수 있으나 압축은 관계없다.

6 자동차 부동액으로 사용되는 화합물로 응고점이 -50℃, 비등점이 197.2℃인 글리콜(Glycol)류 화합물은?
① 에탄올
② 메탄올
③ 글리세린
④ 에틸렌글리콜

7 냉각수의 비등점을 올리기 위한 라디에이터 캡 방식으로 옳은 것은?
① 밀봉캡식
② 순환캡식
③ 압력캡식
④ 진공캡식

> 해설
> • 비등점은 액체의 증기압이 외부 압력과 같아지는 온도로, 외부 압력에 따라 변합니다. 그러니 외부 압력이 높아지면 비등점도 높아지겠죠? 고산지대에서 밥을 할 때 냄비 뚜껑 위에 돌을 올려놓는 것과 같은 원리입니다.

정답 1② 2③ 3① 4② 5② 6④ 7③

제1장 자동차 엔진 정비

8 라디에이터 압력식 캡의 장점과 거리가 먼 것은?

① 라디에이터를 소형화할 수 있다.
② 라디에이터 무게를 크게 할 수 있다.
③ 냉각장치의 압력을 약 0.3~1.05kgf/cm² 정도로 올릴 수 있다.
④ 비등점을 올려 냉각 효율을 높일 수 있다.

- 라디에이터 무게를 작게 할 수 있다.
※ 참고
- 라디에이터 압력식 캡은 냉각장치의 압력을 높여서 냉각수 비등점을 올리는 것입니다. 보기 ①에 따르면 압력식 캡으로 인해 라디에이터를 소형화할 수 있으니 무게 또한 줄일 수 있겠죠?

9 라디에이터(Radiator)의 코어 튜브 파손 원인으로 옳은 것은?

① 써모스탯이 제 기능을 발휘하지 못할 때
② 오버플로 파이프가 막혔을 때
③ 물 펌프에서 냉각수가 누수될 때
④ 팬 벨트가 헐거울 때

- 써모스탯이 제 기능을 발휘하지 못할 때 : 닫힌 채로 고장 나면 엔진 과열 및 오버히트 현상, 열린 채로 고장 나면 엔진 과냉이 발생한다.
- 물 펌프에서 냉각수가 누수될 때 : 냉각수가 누수되면 냉각회로 압력이 낮아진다.
- 팬 벨트가 헐거울 때 : 팬 벨트가 헐거우면 펌프 유량이 작아져서 냉각회로 압력이 낮아진다.
※ 참고
- 코어 튜브는 라디에이터 및 냉각회로 압력이 과도하게 높을 때 파손됩니다.

10 전동식 냉각팬의 장점이 아닌 것은?

① 주행 중 엔진 온도를 균일하게 유지
② 자동차 정차 및 서행 시 냉각 성능 향상
③ 엔진 최고출력 향상
④ 냉각수 정상온도 도달 시간 단축

- 전동식 냉각팬을 적용하면 냉각효율이 높아져 연비가 향상되고 실린더 웜업과 냉각수 웜업이 개선됩니다. 엔진 출력 향상에 도 직·간접적으로 영향을 줄 수 있겠지만, 거의 없다고 보는 것이 맞습니다. 따라서 엔진 최고출력 향상과는 관계가 없습니다.

11 윤활유의 구비조건이 아닌 것은?

① 인화점 및 발화점이 낮을 것
② 비중이 적당할 것
③ 카본 생성이 적고 강한 유막을 형성할 것
④ 점성과 온도 관계가 양호할 것

- 인화점 및 발화점이 높을 것

12 윤활유가 갖춰야 할 조건으로 틀린 것은?

① 발화점이 낮을 것
② 기포 발생이 적을 것
③ 점도지수가 적당할 것
④ 산화 안정성이 좋을 것

- 발화점이 높을 것

13 윤활유의 기능으로 틀린 것은?

① 세척작용, 소음 감소작용
② 냉각작용, 윤활작용
③ 방수작용, 마찰작용
④ 방청작용, 밀봉작용

14 윤활유 역할이 아닌 것은?

① 팽창작용 ② 방청작용
③ 밀봉작용 ④ 냉각작용

- 윤활유의 역할에는 방청, 밀봉, 냉각작용 외에 응력 분산, 마멸 방지, 세척작용 등이 있습니다.

15 윤활유 점도지수 또는 점도에 대한 설명 중 틀린 것은?

① 온도 변화에 따른 점도의 변화가 적을수록 점도지수가 높다.
② 점도지수는 온도 변화에 대한 점도의 변화를 표기한 것이다.
③ 점도란 윤활유의 끈적끈적한 정도를 나타내는 척도이다.
④ 추운지역에서는 점도가 높을수록 좋다.

정답 8② 9② 10③ 11① 12① 13③ 14① 15④

- 추운지역에서는 점도가 낮을수록 좋다.
※ 참고
- 점도가 높으면 뻑뻑하고 점도가 낮으면 묽습니다. 그리고 점도지수가 높을수록 점도는 잘 변하지 않습니다.

16 엔진오일 압력이 높아지는 원인이 아닌 것은?

① 릴리프 밸브의 스프링 장력이 클 때
② 회로의 일부가 막혔을 때
③ 베어링과 샤프트의 간극이 클 때
④ 오일의 점도가 높을 때

- 베어링과 샤프트의 간극이 클 때 : 오일 압력이 낮아지는 원인

17 윤활회로에서 오일 압력이 높아지는 원인으로 옳은 것은?

① 엔진오일과 가솔린의 희석
② 릴리프 밸브 스프링의 장력이 과다할 때
③ 오일펌프 마멸
④ 베어링 마멸

- 릴리프 밸브 스프링의 장력이 과다할 때 : 오일 압력이 높아지는 원인

18 엔진 윤활회로 내의 유압이 낮아지는 원인이 아닌 것은?

① 릴리프 밸브 스프링 장력이 크다.
② 오일라인에 공기가 유입되었다.
③ 윤활유량이 적다.
④ 크랭크축 저널 베어링의 오일 간극이 크다.

- 릴리프 밸브 스프링 장력이 크다. : 유압이 높아지는 원인

19 윤활장치 내 오일 압력이 낮아지는 원인이 아닌 것은?

① 엔진 오일이 부족하다.
② 릴리프 밸브의 스프링 장력이 크다.
③ 엔진 오일 스트레이너가 막혔다.
④ 크랭크축 저널베어링 마멸로 오일 간극이 커졌다.

- 릴리프 밸브의 스프링 장력이 크다. : 오일 압력이 높아지는 원인

20 윤활장치의 압력이 과다하게 상승하는 것을 방지하여 회로 내의 유압을 일정하게 유지하는 것은?

① 오일펌프   ② 유압 조절기
③ 오일 여과기   ④ 오일 냉각기

- 릴리프밸브는 유압이 규정값 보다 높아질 때 작동하여 회로를 보호하는 밸브를 말합니다.

21 윤활회로 내 오일 압력이 과도하게 상승하는 것을 방지하는 기구는?

① 오일필터   ② 체크 밸브
③ 오일쿨러   ④ 릴리프 밸브

- 체크 밸브 : 잔압 유지, 역류 방지

22 전자제어 가솔린 엔진에서 엔진 정지 후 연료 라인 압력이 급격히 저하되는 원인으로 가장 적절한 것은?

① 연료 펌프의 릴리프 밸브가 불량할 때
② 연료 리턴 파이프가 막혔을 때
③ 연료 펌프의 체크 밸브가 고장 났을 때
④ 연료 필터가 막혔을 때

- 엔진 정지 후 연료 압력이 급격히 저하된다는 말은 잔압 유지가 안 된다는 말과 같습니다. 체크 밸브는 잔압을 유지하고 역류를 방지하는 역할을 하므로, 체크 밸브가 고장 나면 연료 라인 압력이 급격이 저하됩니다.

23 엔진윤활장치를 점검해야 할 시기가 아닌 것은?

① 오일을 주기적으로 교환했을 때
② 오일 압력이 낮을 때
③ 오일 압력이 높을 때
④ 오일이 계속 줄어들 때

정답 16③ 17② 18① 19② 20② 21④ 22③ 23①

제1장 자동차 엔진 정비

5 연료 장치

(1) 가솔린 엔진의 연료
① 주요 물질 : 옥탄(C_8H_{18})
② 가솔린의 구비조건
  ㉠ 연소 속도가 빠를 것
  ㉡ 옥탄가가 높을 것
  ㉢ 단위 체적당 발열량이 클 것(연료의 밀도가 높을 것)
  ㉣ 온도에 관계없이 유동성이 좋을 것

(2) 가솔린 엔진의 연소
① 가솔린 노킹(스파크 노킹)의 발생원인
  ㉠ 엔진이 과열된 경우
  ㉡ 엔진에 과부하가 걸린 경우
  ㉢ 점화 시기가 너무 빠른 경우
  ㉣ 저옥탄가 연료를 사용한 경우
② 가솔린 노킹(스파크 노킹) 방지 방법
  ㉠ 압축비와 혼합기, 냉각수 온도를 낮춘다.
  ㉡ 혼합기에 와류를 증대시킨다.
  ㉢ 점화시기를 적절하게 조정한다.
  ㉣ 고옥탄가의 연료를 사용한다.
  ㉤ 화염 전파 속도를 빠르게 한다.
  ㉥ 연소실에 퇴적된 카본을 제거한다.
  ㉦ 화염 전파 거리를 단축한다.
③ 옥탄가
  ㉠ 가솔린의 앤티 노크성(내폭성)을 표시하는 수치이다.
  ㉡ 노크가 발생하기 쉬운 노멀헵탄(C_7H_{16})과 노크가 발생하지 않는 이소옥탄(C_8H_{18})을 혼합하여 동등의 앤티 노크성을 가지는 표준연료를 만들어 이소옥탄의 체적비율(%)로 표기한다.

$$\text{옥탄가}(\%) = \frac{\text{이소옥탄}(C_8H_{18})}{\text{이소옥탄}(C_8H_{18}) + \text{정헵탄}(C_7H_{16})} \times 100$$

  ※ 옥탄가 향상 첨가제 : 납 화합물, MTBE, ETBE
④ 인화점, 연소점, 발화점
  ㉠ 인화점 : 가연성 물질의 기체와 산소의 혼합에 의해 형성된 가연 한계 범위 내의 혼합 기체가 점화원에 의해 인화될 때, 화염이 생기는 최저 온도
  ㉡ 연소점 : 화염이 지속적으로 유지될 수 있는 최저 온도로서, 인화점에 비해 약 10℃ 정도 높다.
  ㉢ 착화점 : 화염이 유지되면서 최초의 점화원이 없어도 스스로 착화하여 연소가 시작되는 최저 온도이다.
    ※ 인화점 → 연소점 → 착화점 순으로 온도가 높아지면서 연소가 진행
    ※ 비등점 : 끓는점과 같은 말이며, 액체의 증기압이 외부 압력과 같아지는 온도이다.

(3) 전자제어 연료 분사 방식
① MPI(Multi Point Injection) 방식
  ㉠ 각종 센서에서 ECU로 입력되는 차량의 주행상태 및 엔진 부하상태 신호로 최적의 연료 분사량을 계산하여 인젝터를 통해 각 흡기 포트에 분사하는 방식이다.
  ㉡ 연료 분사량를 최적화했을 때의 장점(기화식과 비교)

- 유해 배출가스와 연료 소비율이 감소한다.
- 출력 및 주행 성능, 저온 시동성, 응답성이 향상된다.
- 각 실린더에 동일한 양의 연료를 공급할 수 있다(MPI 방식).
- 구조가 복잡하고 값이 비싸다.

② GDI(Gasoline Direct Injection) 방식
  ㉠ 연소실 내로 연료를 직접 분사하는 방식이다.
  ㉡ 고효율 · 초희박 연소의 효과(MPI와 비교)
    - 높은 응답성과 정밀도로 연료를 제어할 수 있다.
    - 충진 효율과 압축비가 증가한다.
    - 배출가스가 감소하고 연비 및 출력이 향상된다.

③ 전자제어 연료 분사의 제어 방식에 따른 분류
  ㉠ K-제트로닉 : 기계식
  ㉡ D-제트로닉 : 흡입 공기량 간접 계측 방식(맵 센서)
  ㉢ L-제트로닉 : 흡입 공기량 직접 계측 방식
    - 체적 유량 계측 : 베인식, 칼만 와류식
    - 질량 유량 계측 : 열선(막)식
  ㉣ LH-제트로닉 : L-제트로닉과 기본 시스템 동일(단, 베인식 대신 열선(막)식 적용)

④ 인젝터
  ㉠ 제어 방식
    - 전압 제어 방식
      - 직렬로 외부 저항을 설치해 회로 임피던스가 비교적 높고 인젝터 전류가 낮다.
      - 인젝터 전류 감소로 니들 밸브가 늦게 열려 동적 특성상 불리하다.
      - 코일 권수를 줄일 수 있다.
    - 전류 제어 방식
      - 외부 저항을 사용하지 않아 회로 임피던스가 비교적 낮고 인젝터 전류가 높다.
      - 인젝터 전류를 공급할 때 곧바로 니들 밸브가 열려 동적 특성상 유리하다.
      - 니들 밸브가 완전히 열린 후 전류제어 회로에 의해 솔레노이드 코일의 발열량이 적어진다.
  ㉡ 인젝터가 분사량과 분사 시간에 미치는 영향
    - 배터리 전압이 낮으면 무효 분사 시간이 길어진다.
    - 배기가스가 농후하면 분사 시간이 짧아진다(산소 센서 출력 전압이 약 1V로 출력될 때).
    - 급가속 시 순간적으로 분사 시간이 길어진다.
    - 급감속 시 순간적으로 분사가 정지된다.

⑤ 컴퓨터에 의한 분사 시기 제어
  ㉠ 동기 분사(순차 분사 또는 독립 분사) : 1사이클에 1회, 1개 실린더만 점화 시기에 동기하여 분사한다.
  ㉡ 동시 분사(비동기 분사)
    - 피스톤의 작동과 관계없이 크랭크축 1회전에 1회씩 모든 실린더에 동시에 분사한다.
    - 필요한 연료량을 50%로 나누어 1사이클당 2회씩 분사한다.
    - 그룹 분사 : 각 실린더에 그룹을 지어(1-3번, 2-4번) 1회 분사할 때 2개 실린더씩 그룹지어 분사한다.

⑥ 분사량 제어
  ㉠ 기본 분사량 제어
    • 분사 횟수는 크랭크각 센서 신호 및 흡입 공기량에 비례한다.
    • 제어와 관련된 센서 : 크랭크각 센서(CAS), 공기 유량 센서(AFS)
  ㉡ 시동 시 분사량 제어
    • 크랭킹 신호 및 냉각 수온 센서 신호에 따라 분사량을 증량하여 시동 성능을 향상시킨다.
    • 제어와 관련된 센서 : 크랭크각 센서(CAS), 냉각 수온 센서(WTS), 시동 스위치 ST 신호, 점화 1차 코일 TR 베이스 신호
  ㉢ 시동 후 분사량 제어
    • 엔진 시동 직후 공회전 상태의 안정화를 위해 일정 시간 동안 증량 보정한다.
    • 증량비는 시동 시 최대이며, 시동 후 시간이 흐를수록 점차 감소한다.
    • 증량 지속 시간은 냉각 수온 센서 신호에 따라 결정된다.
    • 제어와 관련된 센서 : 냉각 수온 센서(WTS)
  ㉣ 냉각수 온도에 따른 제어
    • 냉각수 온도 80℃ 이하 : 증량 보정
    • 냉각수 온도 80℃ 이상 : 기본 분사량
    • 제어와 관련된 센서 : 냉각 수온 센서(WTS)
  ㉤ 엔진 고부하 시 분사량 제어
    • 스로틀 밸브가 규정값 이상으로 열렸을 때 분사량을 증량한다.
    • 분사량 증량은 냉각수 온도와는 관계가 없고, 스로틀 포지션 센서의 신호에 의해 제어한다.
    • 제어와 관련된 센서 : 스로틀 포지션 센서(TPS)
  ㉥ 흡기 온도에 따른 제어
    • 흡기 온도 20℃ 이하 : 증량 보정
    • 흡기 온도 20℃ 이상 : 감량 보정
    • 제어와 관련된 센서 : 흡기 온도 센서(ATS)
  ㉦ 가속 시 분사량 제어 : 증량비는 가속 순간 최대이며 시간이 흐를수록 점차 낮아진다.
  ㉧ 배터리 전압에 따른 제어 : 배터리 전압이 낮아질 경우 분사 시간을 길게 하여 실제 분사량이 변화하지 않도록 제어한다.
  ㉨ 감속 시 분사량 제어(대시포트 제어)
    • 스로틀 밸브가 닫혀 공전 스위치가 ON일 때 연료 분사를 일시 차단한다.
    • 시동 꺼짐과 삼원 촉매 과열, 탄화수소(HC) 과다 발생을 방지한다.
    • 연료를 저감한다.
  ㉩ 피드백 제어
    • 배기가스 중의 산소 농도를 검출한 후 ECU로 피드백하여 분사량을 증감한다(Closed Loop 제어).
    • 항상 이론 혼합비가 되도록 분사량을 제어한다.
    • 피드백 제어 정지 조건(Open Loop 제어)
      - 시동 시

- 시동 후 분사량 증량 시
- 가속 시
- 냉각수 온도가 낮을 시
- 연료 공급 차단 시(희박 또는 농후 신호가 길게 지속될 때)
• 제어와 관련된 센서 : 산소(O_2) 센서
⑦ **공회전 속도 조절장치**
㉠ 주요 기능
• 공회전 속도 조절
• 대시포트 기능 : 급감속 시 스로틀 밸브가 갑자기 닫히는 것을 방지하여 흡입 공기량을 제어한다.
㉡ 공회전 속도 조절장치의 종류 : ISC-서보 방식, ISA 방식, 스텝모터 방식

출제예상문제

1 연료(Fuel)의 구비조건이 아닌 것은?
① 점도가 커야 한다.
② 저장 및 취급이 용이해야 한다.
③ 상온에서 기화가 용이해야 한다.
④ 단위중량 또는 단위체적당 발열량이 커야 한다.

> **해설**
> • 보기 ②, ④ 내용은 에너지 밀도가 높아야 한다는 뜻입니다. 연료는 에너지 밀도가 높아야 합니다.

2 가솔린(Gasoline)은 주로 어떤 원소로 구성되어 있는가?
① 탄소와 4-에틸 납 ② 탄소와 수소
③ 산소와 수소 ④ 탄소와 황

> **해설**
> • 가솔린뿐 아니라 디젤, LPG 등도 탄소와 수소로 구성되어 있으며, 모든 화석연료가 탄화수소계 연료로서 C_nH_m 구조입니다.

3 탄소 1g이 완전 연소하는 데 필요한 산소의 양은?
① 약 2.67g ② 약 3.67g
③ 약 1.89g ④ 약 2.56g

> **해설**
> $C + O_2 \rightarrow CO_2$
> 위 식은 탄소(C) 1몰과 산소(O_2) 1몰이 만나서 완전연소하면 이산화탄소(CO_2) 1몰이 생성됨을 의미합니다. 탄소(C) 1몰의 원자량은 약 12g이고, 산소원자(O) 1몰의 원자량은 약 16g이므로 산소(O_2) 1몰의 분자량은 약 32g(∵ 16 × 2 = 32) 입니다.
> 따라서, 탄소(C) 1g이 완전연소 하는데 산소(O_2)는 약 2.67g(∵ 32 ÷ 12 ≒ 2.67) 필요합니다.

4 가솔린 엔진 연소실 설계 시 고려사항으로 옳지 않은 것은?
① 연소실의 표면적이 최대가 되게 한다.
② 압축행정에서 혼합기의 와류를 일으키게 한다.
③ 가열되기 쉬운 돌출부를 두지 않는다.
④ 화염 전파에 소요되는 시간을 가능한 한 짧게 한다.

> **해설**
> • 연소실의 표면적이 적절하게 되게 한다.
> • 압축행정에서 혼합기의 와류를 일으키게 한다. : 압축행정에서 혼합기의 와류는 혼합기 믹싱(Mixing)을 위함이다.
> • 가열되기 쉬운 돌출부를 두지 않는다. : 가열되기 쉬운 돌출부에 비정상적인 열점이 형성될 수 있다.
> • 화염 전파에 소요되는 시간을 가능한 한 짧게 한다. : 화염 전파에 소요되는 시간을 가능한 한 짧게 하여 노킹을 방지한다(말단 가스 자발화 방지).
> ※ 참고
> • 연소실 표면적이 너무 커서 방열되는 열이 많아지면 실화(Misfire)가 발생하고 열손실이 커집니다. 그러나 표면적이 너무 작아도 문제입니다. 적절하게 방열돼야 열적 부하가 누적되는 것을 방지할 수 있습니다.

5 가솔린 노킹(Gasoline Knocking) 방지 대책에 대한 설명으로 틀린 것은?
① 압축비를 낮춘다.
② 착화지연을 짧게 한다.
③ 화염전파 거리를 짧게 한다.
④ 냉각수의 온도를 낮춘다.

> **해설**
> • 착화지연을 짧게 한다. : 디젤 노크(Diesel Knock) 방지 대책에 대한 설명
> ※ 참고
> • 보기 ①, ③, ④를 반대로 하면 가솔린 노킹 발생 조건이 되겠죠? 한 가지만 알아두면 나머지는 자동으로 외워지니 암기할 때 훨씬 수월합니다. 다소 공학적이지 못한 표현이지만 디젤 노크를 방지하려면 불이 빨리 붙어야 하고, 가솔린 노킹을 방지하려면 불이 늦게 붙어야 합니다.

6 가솔린 노킹(Gasoline Knocking) 방지 대책으로 틀린 것은?
① 냉각수 온도를 낮춘다.
② 화염 전파 속도를 빠르게 한다.
③ 혼합가스의 와류를 방지한다.
④ 옥탄가가 높은 연료를 사용한다.

> **해설**
> • 혼합가스의 와류를 발생시킨다.

정답 1③ 2② 3① 4① 5② 6③

7 가솔린 연료에서 앤티 노크성(Anti-knock Quality)을 나타내는 수치는?
① 옴(Ω) ② 옥탄가
③ 볼트(V) ④ 세탄가

- 가솔린 항노크성은 옥탄가, 디젤 발화성은 세탄가입니다.

8 가솔린의 옥탄가를 측정하기 위한 가변 압축비 엔진은?
① 린번 엔진 ② 오토사이클 엔진
③ CFR 엔진 ④ 디젤사이클 엔진

9 점화 지연의 원인이 아닌 것은?
① 전기적 지연 ② 화염 전파 지연
③ 기계적 지연 ④ 점성적 지연

10 연료온도가 높아져서 외부에서 불꽃을 가까이 하지 않아도 자연발화하는 최저 온도를 무엇이라 하는가?
① 연소점 ② 착화점
③ 인화점 ④ 비등점

- 연소점 : 화염이 지속적으로 유지될 수 있는 최저 온도로, 인화점에 비해 약 10℃ 정도 높다.
- 착화점 : 화염이 유지되면서 최초의 점화원이 없어도 스스로 착화하여 연소가 시작되는 최저 온도이다.
- 인화점 : 가연성 물질의 기체와 산소의 혼합에 의해 형성된 가연한계 범위 내의 혼합 기체가 점화원에 의해 인화될 때, 화염이 생기는 최저 온도이다.
- 비등점 : 끓는점을 말하며, 액체의 증기압이 외부 압력과 같아지는 온도이다.
※ 참고
- 인화점 → 연소점 → 착화점 순으로 온도가 높아지면서 연소가 진행됩니다.

11 가솔린 엔진에서 연소에 직접적인 영향을 주는 요소가 아닌 것은?
① 공기·연료 혼합비
② 배기가스 유동 및 난류
③ 연소실 형상
④ 연소 온도 및 압력

- 배기가스 유동 및 난류 : 배기가스는 연소 생성물이기 때문에 비교적 영향이 작다.

12 전자제어 분사방식을 적용하는 목적으로 거리가 먼 것은?
① 연료소비율 저감 ② 신속한 응답성
③ 배출가스 저감 ④ 고속 회전수 향상

- '전자제어'는 전자화를 뜻합니다. 제어라는 말이 들어가면 더 정밀해 보이고, 차도 잘 나갈 것 같고, 연비도 좋고, 배출가스도 적게 나올 것 같은 느낌이 들지 않나요?

13 기계식 연료분사장치에 대비해 전자제어 연료분사장치의 특징이 아닌 것은?
① 연비가 좋아진다.
② 유해 배기가스 배출이 감소한다.
③ 공기 흐름에 따른 관성 질량이 커서 응답성이 향상된다.
④ 구조가 복잡하고 가격이 비싸다.

- 공기 흐름에 따른 관성 질량이 작아서 응답성이 향상된다.

14 기화기(Carburetor) 방식과 대비하여 전자제어 가솔린 연료분사장치의 장점으로 틀린 것은?
① 연료공기 혼합비를 최적 제어하여 유해 배출가스가 증가한다.
② 고출력 및 혼합비 제어에 유리하다.
③ 연료소비율이 낮다.
④ 응답성이 좋다.

- 연료공기 혼합비를 최적 제어하여 유해 배출가스가 감소한다.

15 흡기 계통의 압력 변화를 측정하여 흡입 공기량을 간접으로 검출하는 방식은?
① K-제트로닉 ② L-제트로닉
③ D-제트로닉 ④ LH-제트로닉

- K-제트로닉 : 기계식
- L-제트로닉 : 흡입 공기량 직접 계측 방식(베인식, 칼만와류식, 열선(막)식 에어플로센서 적용)
- D-제트로닉 : 흡입 공기량 간접 계측 방식(맵 센서 적용)
- LH-제트로닉 : L-제트로닉과 기본 시스템은 동일하지만 베인식 에어플로센서 대신 열선(막)식 에어플로센서 적용

정답 7② 8③ 9④ 10② 11② 12④ 13③ 14① 15③

제1장 자동차 엔진 정비

16 흡입 공기량을 계측하는 센서는?
① 대기압 센서   ② 크랭크각 센서
③ 에어플로센서   ④ 흡기온도 센서

해설
- 대기압 센서 : 대기압을 측정하여 연료 분사량 및 점화시기를 보정
- 크랭크각 센서 : 엔진 회전수를 감지하여 에어플로센서와 함께 연료 기본 분사량 산출에 사용
- 흡기온도 센서 : 흡입 공기 온도를 측정하여 연료 분사량 및 점화시기 보정

17 흡기 라인에 설치되어 칼만 와류(Karman Vortex) 현상을 이용하여 흡입 공기량을 직접 계측하는 장치는?
① 대기압 센서   ② 공기 유량 센서
③ 스로틀 포지션 센서   ④ 흡기 온도 센서

해설
- 대기압 센서 : 대기압을 측정하여 연료 분사량 및 점화시기 보정
- 스로틀 포지션 센서 : 스로틀 밸브의 개도량을 검출하여 엔진 부하 산출
- 흡기 온도 센서 : 흡입 공기 온도를 측정하여 연료 분사량 및 점화시기 보정

18 전자제어 가솔린 엔진의 흡입공기량 계측 방식 중 출력신호가 디지털 펄스(Pulse) 신호인 것은?
① 핫 와이어 방식   ② 베인 방식
③ 맵 센서 방식   ④ 칼만 와류 방식

19 에어플로우 센서(Air Flow Sensor)의 형식 중에서 공기와 발열체 사이의 열전달(Heat Transfer) 현상을 응용한 것은?
① 맵 센서
② 열선(막)식 에어플로우 센서
③ 칼만와류식 에어플로우 센서
④ 베인식 에어플로우 센서

20 공기 유량 센서 중 열선(막)식 방식의 흡입 공기 유량 계측 원리는?
① 간접 계측   ② 흡기 압력 계측
③ 체적 유량 계측   ④ 질량 유량 계측

해설
- 간접 계측 : 맵 센서의 원리
- 흡기 압력 계측 : 맵 센서의 원리
- 체적 유량 계측 : 칼만와류식 공기 유량 센서, 베인식 공기 유량 센서의 원리

21 열선(막)식 에어 플로우 센서(Hot-wire(film) Air Flow Sensor)에서 흡입 공기량이 많아지면 변화하는 물리량은?
① 주파수   ② 열량시간
③ 전류   ④ 열량

해설
- 열선(막)에 일정한 전류를 공급하여 백금선의 온도를 일정하게 유지하고 있는데, 흡입 공기량이 많아지면 백금선이 냉각되어 온도가 떨어집니다. 그럼 백금선의 온도를 일정하게 유지하기 위해 또 열선(막)에 전류를 공급하기 때문에, 이렇게 변화하는 전류값으로 흡입 공기량의 많고 적음을 계측하는 원리입니다.

22 전자제어 엔진에서 흡입 공기량을 직접 계측하는 방식이 아닌 것은?
① 베인식   ② 칼만와류식
③ 맵 센서식   ④ 열선(막)식

해설
- 맵 센서식 : 흡입 공기량을 간접 계측하는 방식

23 피에조(Piezo) 저항효과를 응용한 센서는?
① 맵 센서   ② 냉각수온센서
③ 크랭크각 센서   ④ 차속센서

해설
- 피에조 하면 압력입니다. 따라서 압력 측정과 관련된 센서를 고르면 되겠죠?

24 엔진 회전수를 감지하는 센서는?
① 맵 센서   ② 스로틀 포지션 센서
③ 노크 센서   ④ 크랭크각 센서

해설
- 맵 센서 : 흡기 압력을 검출하여 흡입 공기량을 간접 계측
- 스로틀 포지션 센서 : 스로틀 밸브의 개도량을 검출하여 엔진 부하산출
- 노크 센서 : 노킹을 감지

정답 16 ③ 17 ② 18 ④ 19 ② 20 ④ 21 ③ 22 ③ 23 ① 24 ④

25 아날로그 신호(Analog Signal)가 출력되는 센서가 아닌 것은?

① 스로틀 포지션 센서
② 냉각수 온도 센서
③ 크랭크각 센서(옵티컬 방식)
④ 흡기 온도 센서

- 크랭크각 센서(옵티컬 방식) : 디지털 신호(Digital Signal)
※ 참고
- 아날로그 신호는 주로 가변저항, 써미스터를 응용한 센서라고 보면 됩니다.

26 전자제어 가솔린 엔진에서 크랭크각 센서의 역할이 아닌 것은?

① 점화 시기 결정　② 냉각수 온도 검출
③ 피스톤 위치 결정　④ 연료 분사 시기 결정

- 냉각수 온도 검출 : 냉각 수온 센서(WTS)의 역할

27 부특성(Negative Temperature Coefficient) 가변저항을 이용한 센서는?

① 수온 센서　② 산소 센서
③ TDC 센서　④ 조향각 센서

- 부특성 써미스터의 특징은 온도가 높아지면 저항값이 낮아지는 것입니다. 그럼 온도와 관계된 것을 고르면 답이겠네요.

28 계기판의 온도 메터가 불량할 경우 점검해야 하는 센서는?

① 에어컨 압력 센서　② 연료 온도 센서
③ 공기 유량 센서　④ 냉각 수온 센서

- 계기판 온도 메터는 냉각수 온도를 표시해주는 것이죠? 수온 스위치 또는 냉각 수온 센서의 신호를 받아서 작동됩니다.

29 가속 페달 작동에 따라 출력전압이 변하는 센서는?

① 맵 센서　② TPS
③ ATS　④ WTS

- 가속 페달을 밟을수록 TPS 전압(또는 저항)값이 높아집니다. 즉, 0에서 5V로 높아집니다.

30 스로틀 포지션 센서(Throttle Position Sensor, TPS)의 설명으로 틀린 것은?

① 가변저항기이고 스로틀 밸브 개도량을 감지한다.
② 출력전압의 범위는 약 0~12V이다.
③ 자동변속기에서 변속 시기를 결정하는 역할을 한다.
④ 공기 유량 센서(Air Flow Sensor, AFS)가 고장났을 때 TPS 신호에 의해 연료 분사량을 결정한다.

- 출력전압의 범위는 약 0~5V이다.

31 스로틀 밸브의 열림·닫힘 정도를 감지하는 센서는?

① 스로틀 포지션 센서　② 크랭크각 센서
③ 엑셀 포지션 센서　④ 캠 포지션 센서

- 스로틀 포지션 센서 : 스로틀 밸브의 개도량을 검출하여 엔진 부하 산출
- 크랭크각 센서 : 엔진 회전수를 감지하여 연료 기본 분사량 산출에 사용
- 엑셀 포지션 센서 : 가속 페달 밟힘 정도를 검출하여 ECU로 입력 신호를 보내는데, 이 신호를 통해 전자식 스로틀 바디의 스로틀 밸브 각도를 조절하는 모터를 제어한다.
- 캠 포지션 센서 : 1번 실린더 상사점 위치를 검출하여 크랭크각 센서와 같이 연료 분사 시기 및 점화 시기를 결정하는 기준 신호를 보낸다.

32 가속 페달 작동에 따라 출력전압이 변하는 센서는?

① 스로틀 포지션 센서　② 냉각 수온 센서
③ 맵 센서　④ 흡기 온도 센서

- 가속 페달을 밟을수록 스로틀 포지션 센서 전압(또는 저항)값이 높아집니다. 즉, 0에서 5V로 높아집니다.

정답 25③ 26② 27① 28④ 29② 30② 31① 32①

33 전자제어 가솔린 엔진에서 ECU(Electronic Control Unit)의 입력신호가 아닌 것은?
① 크랭크각 센서 ② 냉각 수온 센서
③ 인젝터 ④ 대기압 센서

- 인젝터 : ECU의 출력신호에 의해 제어

34 전자제어 가솔린 엔진에서 급감속 시 일산화탄소(CO) 배출량을 감소시키고 시동이 꺼지는 것을 방지하는 기능은?
① 킥다운
② 패스트 아이들 제어
③ 퓨얼 커트
④ 대시포트

- 가속 페달을 밟아 스로틀 밸브를 연 상태에서 주행하다가 갑자기 가속 페달을 때면 스로틀 밸브도 같이 닫히겠죠? 그럼 흡입 공기가 못 들어와서 시동이 꺼지거나 출력이 확 떨어질 수 있는데, 이런 현상을 방지하는 것이 공회전 속도조절장치의 대시포트입니다. 흔히 공회전 속도조절장치는 시동 직후 공회전 유지에만 쓰이는 것으로 알고 있는데, 대시포트 기능도 함께 합니다. 공회전 속도조절장치의 방식에는 ISA, ISC, 스텝모터, 전자 스로틀 시스템 등이 있으며 역할은 모두 같습니다.

35 전자제어 계통에서 입력요소와 가장 거리가 먼 것은?
① 차속 센서 ② 공전속도 제어
③ 산소 센서 ④ 대기압 센서

- 공전속도 제어 : 전자제어 계통에서 출력요소이다.

36 ISC-servo(Idle Speed Control-servo) 기구에서 ECU 신호에 따른 기능으로 가장 타당한 것은?
① 가속 공기량 제어
② 가속 속도 제어
③ 공전 연료량 증가
④ 공전 속도 제어

- ISC는 'Idle Speed Control'의 약자이기 때문에 그대로 번역하면 공회전 속도 조절이 됩니다.

37 공회전 속도조절장치의 종류가 아닌 것은?
① 아이들 스피드 액추에이터
② 전자 스로틀 시스템
③ 가변흡기 제어장치
④ 스텝 모터

38 공회전 속도조절장치 중 스텝 모터 방식에서 스텝 수가 규정 범위 내에 들지 않는 원인으로 틀린 것은?
① 스로틀 밸브 오염
② 흡기다기관 누설
③ 메인듀티 솔레노이드 밸브 고착
④ 공회전 속도 조정 불량

- 메인듀티 솔레노이드 밸브 고착 : 메인듀티 솔레노이드 밸브는 LPG 엔진의 공연비 제어장치이다.

39 전자제어 연료분사장치에서 엔진 ECU로 입력되는 센서가 아닌 것은?
① 휠 스피드 센서 ② 흡기온도 센서
③ 공기 유량 센서 ④ 대기압 센서

- 휠 스피드 센서는 ABS ECU, ECS ECU로 입력되는 센서입니다.

40 전자제어 가솔린 엔진에서 냉간 시 점화 시기 및 연료 분사량을 제어하는 센서는?
① ATS ② BPS
③ WTS ④ AFS

- 문제에 '냉간 시', '연료 분사량'이란 말이 나오면 거의 냉각 수온 센서(WTS)가 답이라고 보면 됩니다.

41 냉각수 온도 센서(Water Temperature Sensor, WTS) 고장 시 엔진에 미치는 영향으로 틀린 것은?
① 워밍업 시기에 검은 연기가 배출될 수 있다.
② 공회전 상태가 불안정해진다.
③ 냉간 시동성이 양호하다.
④ 배기가스 중 CO와 HC가 증가한다.

정답 33③ 34④ 35② 36④ 37③ 38③ 39① 40③ 41③

- 냉간 시동성이 불량하다.
- ※ 참고
- 냉각수 온도 센서가 고장 나면 연료 분사량이 과다해서 농후한 혼합기가 형성됩니다. 그럼 불완전연소하기 때문에 배출가스도 증가하겠죠? 이렇게 불완전연소로 인해 냉간 시동성과 공회전 상태가 불량해지고, 혼합기가 농후하여 배기가스 내 미연 탄화수소가 증가할 수 있습니다.

42 냉각수 온도 센서(Water Temperature Sensor, WTS) 고장 시 엔진에 나타나는 현상이 아닌 것은?

① 배기가스 중에 미연탄화수소가 많이 포함되어 있다.
② 냉시동성이 좋다.
③ 공회전이 불안정하다.
④ 웜업(Warm Up)할 때 배기가스 색이 검은색이다.

- 냉시동성이 불량하다.

43 부특성 써미스터(Negative Temperature Coefficient thermistor)에 해당하는 센서는?

① 산소 센서, 스로틀 포지션 센서
② 냉각 수온 센서, 흡기 온도 센서
③ 스로틀 포지션 센서, 크랭크 앵글 센서
④ 냉각 수온 센서, 산소 센서

- 부특성 써미스터의 특징은 온도가 높아지면 저항값이 낮아지는 것입니다. 따라서 온도와 관계된 답을 고르면 됩니다.

44 각각의 센서 및 액추에이터를 점검할 때 점검 조건이 잘못 연결된 것은?

① 크랭크각 센서 - 크랭킹 상태
② 점화코일 - 주행 중 감속상태
③ 메인 컨트롤 릴레이 - 키 스위치 ON
④ 공기 유량 센서 - 엔진 시동 상태

- 점화코일 - 엔진 시동 상태(만약, 단품 점검이라면 키 스위치를 OFF한 후 점화코일을 탈거한 상태에서 저항을 점검한다)

45 각종 센서 내부 구조 및 원리에 대한 설명으로 거리가 먼 것은?

① 스로틀밸브 위치 센서 - 가변저항을 이용한 전압의 변화
② 냉각수 온도 센서 - NTC를 이용한 써미스터 전압의 변화
③ 지르코니아 산소 센서 - 온도에 의한 전류의 변화
④ 맵 센서 - 진공으로 저항(피에조)의 변화

- 지르코니아 산소 센서 - 산소 분압에 의한 전압의 변화
- ※ 참고
- 지르코니아 산소 센서 : 배기가스 내 산소농도와 대기 중의 산소 농도 차이에 의해 전압이 발생하는 원리
- 티타니아 산소 센서 : 온도와 산소 분압에 따라 저항값이 변하는 원리

46 전자제어 점화장치에서 전자제어모듈(Electronic Control Module, ECM)에 입력되는 신호가 아닌 것은?

① 냉각 수온 센서
② 엔진오일 압력센서
③ 맵 센서
④ 크랭크각 센서

47 전자제어 가솔린 엔진 연료분사방식의 특징이 아닌 것은?

① 간단한 구조
② 배기가스 감소
③ 엔진 출력 향상
④ 엔진 응답성과 주행성 향상

- 복잡한 구조(각종 센서 및 컨트롤 유닛, 엑추에이터, 배선 등이 증가하기 때문)

48 전자제어 엔진에서 인젝터(Injector)의 구비 조건이 아닌 것은?

① 내부식성
② 기밀유지성
③ 코일 저항값은 무한대(∞)일 것
④ 정확한 분사량

해설
- 코일 저항값은 무한대(∞)일 것 : 코일 저항값이 무한대이면 코일이 끊어진 것과 같다.
- 정상적인 인젝터의 저항값은 약 12~17Ω/20℃ 입니다.

49 전자제어 가솔린 엔진에서 인젝터(Injector)가 불량할 때 발생할 수 있는 현상이 아닌 것은?

① 배기가스 감소
② 가속력 저하
③ 공회전 부조
④ 연료소비율 증가

해설
- 배기가스 증가

50 전자제어 엔진에서 인젝터(Injector) 제어와 연관이 없는 것은?

① WTS
② 핀 서모(Pin Thermo) 센서
③ O_2 센서
④ AFS

해설
- WTS : 냉각수 온도를 검출하여 엔진 연료분사량 및 점화 시기 제어 보정
- 핀 서모(Pin Thermo) 센서 : 에어컨 장치의 증발기 코어 핀 온도 검출
- O_2 센서 : 배기가스 중 산소 농도를 감지하여 이론공연비 제어를 위한 피드백 신호 제공
- AFS : 흡입 공기량을 검출하여 엔진 기본 연료 분사량 제어

51 전자제어 가솔린 엔진의 인젝터(Injector)에서 연료가 분사되지 않는 원인으로 틀린 것은?

① ECU 불량
② 크랭크각 센서 불량
③ 파워 TR 불량
④ 인젝터 불량

해설
- 파워 TR은 점화 1차 전류를 제어하는 것으로 인젝터와는 관계가 없습니다. 참고로 파워 TR과 일반 TR은 다릅니다.

52 다음 그림은 엔진 공회전 상태에서 측정한 인젝터 파형의 정상파형을 나타낸 것이다. 본선의 접촉 불량 시 나올 수 있는 파형으로 옳은 것은?

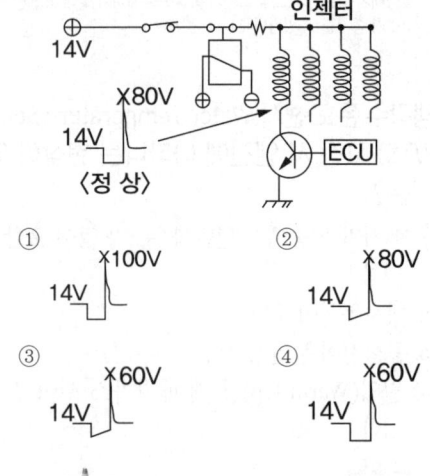

해설
- 인젝터 코일을 기준으로 본선(+)에서 접촉 불량이 생기면 보기 ④와 같이 서지전압만 낮아집니다. 반대로 접지선(-)에서 접촉 불량이 생기면 보기 ③과 같이 서지전압이 낮아지고 동시에 TR ON 구간도 0V보다 높아집니다.

53 전자제어 엔진에서 배터리 전압이 낮아졌을 때 연료 분사량을 보정하는 방법은?

① 점화시기를 지각시킨다.
② 연료 분사 시간을 증가시킨다.
③ 엔진 회전수를 감소시킨다.
④ 공연비를 낮춘다.

해설
- 배터리 전압이 낮아지면 인젝터 코일의 에너자이징(Energizing)이 약해서 니들 밸브가 올라가는 데 시간이 오래 걸립니다. 그럼 실제 분사되는 연료량이 적어지겠죠? 따라서 그만큼을 보상보정하기 위해서 분사 시간을 늘려야 합니다.

54 전자제어 가솔린 엔진에서 흡기다기관의 압력과 인젝터로 공급되는 연료 압력의 편차를 일정하게 유지하는 것은?

① 체크 밸브 ② 릴리프 밸브
③ 맵 센서   ④ 압력조절기

해설
- 엔진이 어떤 운전 상태에 있든 연료 압력은 항상 일정하게 유지됩니다. 연료 압력 조절기가 있기 때문이죠.

정답 49① 50② 51③ 52④ 53② 54④

55 가솔린 엔진의 연료 펌프에서 연료 라인 내 연료 압력이 과도하게 상승하는 것을 방지하는 밸브는?

① 릴리프 밸브   ② 체크 밸브
③ 사일렌서   ④ 니들 밸브

> 해설
> • 체크 밸브 : 잔압 유지, 역류 방지
> • 사일렌서 : 소음기를 말함
> • 니들 밸브 : 관 또는 노즐 내의 유량 조절

56 전자제어 가솔린 엔진에서 진공식 연료 압력 조절기에 대한 설명으로 바른 것은?

① 급가속 시 흡기 매니폴드의 압력은 대기압에 가까워 연료압력은 낮아진다.
② 공회전 시 진공호스를 빼면 연료압력은 낮아지고 다시 꽂으면 높아진다.
③ 대기압이 변화하면 흡기 매니폴드의 절대압력과 연료 분배 파이프의 압력차도 같이 변한다.
④ 흡기 매니폴드의 절대압력과 연료 분배 파이프의 압력차를 항상 일정하게 유지시킨다.

> 해설
> • 급가속 시 흡기 매니폴드의 압력은 대기압에 가까워지며 연료압력은 항상 일정하게 유지된다(단, 연료압력 조절기 진공호스를 빼면 연료압력이 높아진다).
> • 공회전 시 진공호스를 빼면 연료압력은 높아지고 다시 꽂으면 낮아진다.
> • 대기압이 변화하여도 흡기 매니폴드의 절대압력과 연료 분배 파이프의 압력차는 일정하게 유지된다.

57 전자제어 가솔린 엔진에서 연료 탱크 내장형 연료 펌프 어셈블리의 구성품이 아닌 것은?

① 발광 다이오드   ② 직류 모터
③ 릴리프 밸브   ④ 체크 밸브

> 해설
> • 릴리프 밸브 : 연료 라인 내 연료 압력이 과도하게 상승하는 것을 방지
> • 체크 밸브 : 연료 라인 내 잔압 유지, 역류 방지

58 전자제어 가솔린 엔진에서 연료 펌프의 체크 밸브(Check Valve)는 언제 닫히는가?

① 엔진 정지 후   ② 연료 분사 시
③ 연료 압송 시   ④ 엔진 회전 시

59 전자제어 가솔린 엔진에서 웜업(Warm Up) 후 공회전 부조가 발생했다면 그 원인이 아닌 것은?

① ISC(Idle Speed Control actuator, ISC) 고장
② 엑셀 케이블 유격 과다
③ 스로틀 밸브의 걸림 현상
④ 냉각 수온 센서 배선 단선

> 해설
> • 문제에 '공회전'이라고 되어 있기 때문에 가속과 연관된 엑셀 케이블은 관계가 없습니다.

60 전자제어 장치의 점검 방법으로 옳은 것을 모두 고르면?

> ㉠ 배터리 전압이 낮으면 고장 진단이 되지 않을 수도 있으므로 먼저 배터리 전압 상태를 점검한다.
> ㉡ 배터리 또는 ECU 커넥터를 분리하면 고장 항목이 지워질 수 있으므로 자기진단 결과를 완전히 읽기 전에는 분리하지 않는다.
> ㉢ 점검 완료한 후에는 배터리 (-) 단자를 15초 이상 분리한 후 다시 연결하고 고장 코드가 지워졌는지 확인한다.

① ㉠, ㉡   ② ㉠, ㉢
③ ㉡, ㉢   ④ ㉠, ㉡, ㉢

61 연료 탱크 내 연료량을 표시하는 연료 게이지 형식 중에서 계기식이 아닌 것은?

① 연료면 표시기식
② 밸런싱 코일식
③ 바이메탈 저항식
④ 써미스터식

> 해설
> • 연료면 표시기식 : 연료편 표시기식은 경고등식이다.

정답 55 ① 56 ④ 57 ① 58 ① 59 ② 60 ④ 61 ①

6 LPG, LPI 및 CNG 엔진

(1) LPG 엔진

봄베가 약 1~10kgf/cm² 압력으로 연료를 공급하기 때문에 연료 펌프가 필요 없다.

① **연료 공급 라인 순서** : 봄베 → 긴급 차단 밸브 → 액 · 기상 솔레노이드 밸브 → 프리히터 → 베이퍼라이저 → 믹서

② **주요 구성품의 특징**

　㉠ LPG 봄베
　　• 구비조건
　　　- 기계적 강도가 충분할 것(3.2mm 이상의 탄소강판 원통으로 용접 제작)
　　　- 액화석유가스에 견디는 화학적 성질을 가질 것
　　　- 외관상이나 사용에 유해한 홈과 균열 등의 결함이 없을 것
　　　- 30kg/cm²의 내압시험과 10kg/cm²의 기밀시험에 만족할 것
　　　- 충전량 지시창인 액면 표시계와 뜨개 게이지가 부착되어 있을 것
　　• 구성
　　　- 액면 표시장치
　　　- LPG 충전 밸브
　　　　→ LPG를 충전할 때 사용하며 안전 밸브가 설치되어 있다.
　　　　→ 색상은 초록색으로 도색한다.
　　　- 송출 밸브
　　　　→ 봄베에 충전된 LPG를 연소실로 공급하며 과류 방지 밸브가 설치되어 있다.
　　　　→ 냉각수 온도 15℃ 이하에서 작동하는 기체 송출 밸브는 색상은 황색, 냉각수 온도 15℃ 이상에서 작동하는 액상 송출 밸브는 적색으로 도색한다.

　㉡ 베이퍼라이저 : 봄베에서 필터와 액 · 기 상 솔레노이드 밸브를 거쳐 공급된 액체상태의 LPG를 기화하고 약 0.3kgf/cm²으로 감압한다.
　　• 1차실 : 봄베에서 공급되는 LPG를 약 0.3kgf/cm² 압력으로 감압한다.
　　• 2차실 : 1차실에서 공급되는 LPG를 대기압까지 감압한다.
　　• 슬로우 컷 솔레노이드 밸브 : 시동 및 타행 주행 시 연료를 공급한다.

　㉢ 믹서 : 공기와 LPG를 15 : 3의 비율로 혼합한다.
　　• 메인 듀티 솔레노이드 밸브 : 공연비를 제어한다.
　　• 메인 조정 스크류 : 믹서로 공급되는 LPG 연료량을 조절한다.
　　• 시동 솔레노이드 밸브 : 시동 및 감속 시 작동한다.

③ **LPG 엔진의 장 · 단점**

LPG 엔진의 장점	LPG 엔진의 단점
• 연소실에 카본이 퇴적되지 않아 스파크 플러그의 수명이 길다. • 옥탄가(90~120)가 높아서 노킹이 잘 발생하지 않는다. • 배기가스에 일산화탄소(CO) 함량이 적고 매연이 없다. • 연료에 황(S) 성분이 매우 적다. • 기체 연료이므로 열에 의한 베이퍼 록, 퍼컬레이션 현상 등이 일어나지 않는다.	• 증발 잠열로 겨울철 엔진 시동이 어렵다. • 장기간 정차한 경우 엔진 시동이 어렵다. • 연료 취급이 비교적 어렵다.

④ **LPG의 주요 성분** : 프로판, 프로필렌, 부탄, 부틸렌 등으로 구성
  ㉠ 여름철 : 부탄이 90% 이상을 차지한다.
  ㉡ 겨울철 : 프로판이 15~30%를 차지하며 증기압 형성을 위해 프로판 비율이 증가한다.

(2) CNG 엔진

① **CNG(Compressed Natural Gas)** : 메탄(CH_4)이 주성분으로, 천연가스를 상온에서 200~250kgf/cm^2의 고압으로 압축한 것이다.
② **CNG 엔진의 특징**
  ㉠ 화석연료 중 청정성과 안정성이 가장 뛰어나 황산화물, 질소산화물 등의 배출이 거의 없다.
  ㉡ 냉시동성이 좋으며 옥탄가가 높아 가솔린 엔진보다 압축비를 높일 수 있다.
  ㉢ 공기보다 가벼워 외부 유출 시 폭발 위험이 적다.
  ㉣ 가솔린 기관 대비 이산화탄소와 일산화탄소 배출량이 적다.
  ㉤ 엔진 소음 및 진동이 적다.
  ㉥ 연소 한계 범위가 넓어 희박 연소할 수 있어 연비가 향상된다.
  ㉦ 발열량당 탄소의 비율이 낮아서 CO_2의 배출량이 적다.

(3) LPI 엔진

액상 연료를 실린더 내에 직접 분사하여 정밀하게 연료량을 제어할 수 있는 방식이다.
① **주요 기술**
  ㉠ 저점도 연료 압축 펌핑 기술
  ㉡ 액상 유지 기술
  ㉢ 아이싱 방지 기술 : 인젝터가 빙결되는 현상 방지
  ㉣ 핫 소킹 기술 : 분사기에 열 공급 차단
② **LPI 엔진의 특징**
  ㉠ 출력 및 응답성이 향상된다.
  ㉡ 연료 소비율과 유해 배출가스의 양이 감소한다.

출제예상문제

1 자동차용 LPG(Liquefied Petroleum Gas) 연료에 대한 설명이 아닌 것은?

① 연료는 탱크 용량의 약 85% 정도로 충전한다.
② 주변온도에 따라 봄베 내부 압력이 변한다.
③ 기체 상태는 공기보다 무겁다.
④ 탱크에 기체 상태로 저장한다.

해설
- 탱크에 액체 상태로 저장한다.

2 액화석유가스(Liquefied Petroleum Gas, LPG)의 특징 중 틀린 것은?

① 기체 상태의 비중은 1.5~2.0
② 액체 상태의 비중은 0.5
③ 공기보다 가벼움
④ 무색, 무취

해설
- 공기보다 무거움

3 액화석유가스(Liquefied Petroleum Gas, LPG) 엔진의 장점이 아닌 것은?

① 스파크 플러그 수명이 길다.
② 가솔린 엔진에 비해 출력이 높다.
③ 연소실 내 카본 생성이 적다.
④ 연료소비율이 낮다.

해설
- 가솔린 엔진에 비해 출력이 낮다.

4 믹서(Mixer) 방식 LPG 엔진의 장점이 아닌 것은?

① 베이퍼록 현상이 잘 일어나지 않는다.
② 가솔린 엔진에 비해 겨울철 시동성이 좋다.
③ 스파크 플러그 수명이 길어진다.
④ 연료 펌프가 필요 없다.

해설
- 가솔린 엔진에 비해 겨울철 시동성이 나쁘다.

5 LPG(Liquefied Petroleum Gas) 엔진에서 연료 공급 경로는?

① 솔레노이드 밸브 → 봄베 → 믹서 → 베이퍼라이저
② 봄베 → 솔레노이드 밸브 → 베이퍼라이저 → 믹서
③ 봄베 → 솔레노이드 밸브 → 믹서 → 베이퍼라이저
④ 믹서 → 봄베 → 솔레노이드 밸브 → 베이퍼라이저

6 액화석유가스(Liquefied Petroleum Gas, LPG) 엔진에서 연료를 저장하기 위한 내압성 고압 용기는?

① 믹서
② 슬로우 컷 솔레노이드
③ 베이퍼라이저
④ 봄베

해설
- 믹서 : 베이퍼라이저에서 기화된 연료를 공기와 혼합하여 연료실에 공급하는 장치
- 슬로우 컷 솔레노이드 : 냉시동 시 연료량을 늘려 시동성 저하 및 시동 꺼짐을 방지하는 장치
- 베이퍼라이저 : 봄베에서 공급되는 액상 연료를 기화시키는 장치

7 액화석유가스(Liquefied Petroleum Gas, LPG) 엔진에서 액체 상태의 연료를 기체 상태의 연료로 전환시키는 장치는?

① 봄베
② 믹서
③ 베이퍼라이저
④ 솔레노이드 밸브 유닛

해설
- 액체를 기체로 바꾸는 것은 곧 기화를 말합니다. 기화는 영어로 베이퍼라이제이션(Vaporization)이니, 이런 식으로 답을 찾을 수도 있습니다.

정답 1④ 2③ 3② 4② 5② 6④ 7③

8 액화석유가스(Liquefied Petroleum Gas, LPG) 엔진 중 피드백 믹서(Feedback Mixer) 방식의 특징이 아닌 것은?
① 대기오염이 적다.
② 경제적이다.
③ 엔진오일 수명이 길다.
④ 연료 분사펌프가 있다.

• 연료 분사펌프가 있다. : 연료 분사 펌프는 기계식 디젤엔진에 적용되는 부품이다.

9 액화석유가스(Liquefied Petroleum Gas, LPG) 엔진의 연료장치에서 냉각수 온도가 낮을 때 냉시동성을 좋게 하기 위해 작동하는 밸브는 무엇인가?
① 안전 밸브
② 액상 밸브
③ 과류 방지 밸브
④ 기상 밸브

10 LPG(Liquefied Petroleum Gas) 엔진에서 냉각수 온도 스위치 신호에 따라 기체 또는 액체 연료를 차단하거나 공급하는 밸브는?
① 릴리프 밸브
② 과류 방지 밸브
③ 유동 밸브
④ 액·기상 솔레노이드 밸브

11 액화석유가스(Liquefied Petroleum Gas, LPG) 엔진에서 믹서(Mixer)의 스로틀 밸브 개도량을 감지하여 ECU로 신호를 보내는 것은?
① 대시포트
② 아이들 업 솔레노이드
③ 스로틀 포지션 센서
④ 공회전 속도 조절 밸브

12 액화석유가스(Liquefied Petroleum Gas, LPG) 엔진의 피드백 믹서 장치에서 엔진 제어 유닛(Engine Control Unit, ECU)의 출력신호에 해당하는 것은?
① 맵 센서
② 파워스티어링 스위치
③ 산소 센서
④ 메인듀티솔레노이드

13 LPI(Liquefied Petroleum Injection system) 엔진에서 연료의 부탄(Butane)과 프로판(Propane)의 비율을 결정하는 데 기준 신호를 제공하는 센서는?
① 캠각 센서, 크랭크각 센서
② 연료 압력 센서, 연료 온도 센서
③ 흡기 온도 센서, 산소 센서
④ 냉각 수온 센서, 공기 유량 센서

정답 8④ 9④ 10④ 11③ 12④ 13②

7 배출가스 제어

(1) 배출가스의 분류
배출가스는 배기가스, 연료 증발 가스, 블로 바이 가스로 분류할 수 있다.

> **Tip**
> - 블로 바이(Blow By) 현상 : 압축 및 폭발행정 시 피스톤 간극에서 가스가 누출되는 현상
> - 블로 백(Blow Back) 현상 : 압축 및 폭발행정 시 밸브 시트와 밸브 사이에서 가스가 누출되는 현상
> - 블로 다운(Blow Down) 현상 : 배기행정 시 배압에 의해 배기 밸브를 통해서 배기가스가 배출되는 현상

(2) 공연비(Air-fuel Ratio)와 배기가스 특성

CO : 일산화탄소 / NOx : 질소산화물 / THC : 전(全) 탄화수소

구분	혼합비		증가하는 배기가스 종류	감소하는 배기가스 종류
	공연비 (Air-fuel Ratio)	당량비 (Fuel-air Ratio)		
농후	$\lambda < 1$	$\Phi > 1$	CO, THC	NO_x
이론공연비	$\lambda = 1$	$\Phi = 1$	CO_2, H_2O, (NO_x)	CO, THC
희박	$\lambda > 1$	$\Phi < 1$	NO_x	CO, THC

> **Tip**
> **이론공연비에서 NOx가 증가하는 이유**
> - 연소실에서 형성되는 대부분의 NOx는 Thermal NOx로서 고온(1,600℃ 이상)의 희박 조건에서 형성된다.
> - Thermal NOx 형성은 온도 인자와 산소량 인자에 영향을 받는다.
> - 열해리가 없는 이상적인 상태에 혼합비가 일정하다고 가정했을 때, 이론공연비에서 연소 온도가 가장 높기 때문에 NOx가 다량 발생한다.

(3) 배출가스 제어장치
① 배기가스 제어장치
  ㉠ 배기가스 재순환 장치(EGR, Exhaust Gas Recirculation) : 질소산화물(NO_x)을 저감한다.
    - 작동 원리
      - 배기가스 구성물질의 비열비(Specific Heat Ratio)를 이용하여 연소 온도를 낮춘다.
      - 배기가스 중 약 15%를 배기 라인에서 빼내 연소실로 다시 유입시킨다.
    - 저감 원리
      - 희석효과 : 흡기 내 산소 농도가 감소해 연소실 온도가 낮아진다.
      - 열효과 : 흡기 내에 H_2O, CO_2가 포함되어 흡기 비열이 증가하기 때문에 화염 온도가 낮아진다.
      - 화학효과 : 흡기 내의 H_2O, CO_2가 열해리되는 흡열반응이 일어나 연소실 온도가 낮아진다.

- EGR ratio = $\dfrac{\text{EGR 가스량}}{\text{EGR 가스량 + 흡입 공기량}}$
- EGR 작동을 멈추는 조건 : 공회전, 감속, 급감속, 특정 냉각수 온도 범위, 특정 흡기 온도 범위
- 질소산화물의 종류 : Thermal NOx, Prompt NOx, Fuel NOx

ⓒ 삼원 촉매
- 삼원 촉매의 구조
  - 벌집 모양의 원통형 담체이다.
  - 담채 표면에 백금(Pt), 파라듐(Pd), 로듐(Rh) 혼합물을 바른다.
- 촉매 반응

	반응 전 물질		반응 후 물질
환원작용	NOx	삼원 촉매	N_2, O_2
산화작용	(CO, THC) + O_2		CO_2, H_2O, H_2

※ 환원작용 후에 발생한 물질 중 O_2는 다시 CO, THC의 산화반응에 이용된다.

- 삼원촉매 장착 차량의 유의사항
  - 반드시 무연 가솔린을 사용한다.
  - 비정상 연소로 인해 다량의 연료가 촉매로 흘러들어가 폭발하기 때문에 엔진 파워 밸런스 테스트는 각 실린더당 약 10초 이내로 해야 한다.

② 연료증발가스 제어장치
  ㉠ 연료증발가스의 주요 물질 : 탄화수소(HC)
  ㉡ 제어장치의 구성 : 차콜 캐니스터, 퍼지 컨트롤 솔레노이드 밸브(PCSV, Purge Control Solenoid Valve)
  ㉢ 증발 손실시험의 종류 : 주간 증발 손실시험, 고온 증발 손실시험, 주행 중 손실시험, 투과 손실시험, 주유 손실시험
  ㉣ ORVR(Onboard Refueling Vapor Recovery) : 주유 중 대기로 배출되는 증발가스를 막기 위해 차량 자체 내에서 증발가스를 재순환시켜 캐니스터에 저장하는 장치

③ 블로 바이 가스 제어장치
  ㉠ 블로 바이 가스의 주요 물질 : 탄화수소(HC)
  ㉡ 제어장치의 구성 : PCV(Positive Crankcase Ventilation) 밸브
  ㉢ 제어 경로
  - 경·중부하 시(PCV 밸브 작동) : 블로 바이 가스가 에어클리너에서 새로운 공기와 함께 로커암 커버로 유입된다.
  - 고부하 시(PCV 밸브 미작동) : 크랭크 케이스에서 로커암 커버를 통해 에어클리너로 유입된다.

④ 산소 센서
  ㉠ 산소 센서의 종류
  - 지르코니아 형식(바이너리 산소 센서) : 배기가스 내의 산소 농도와 대기 중의 산소 농도 차이에 의해 전압이 발생하는 원리를 응용한 것으로 농후하면 1V, 희박하면 0V이다.

- 티타니아 형식 : 산소 분압에 따라 저항값이 변하는 원리를 응용한 것으로 농후하면 저항값 증가, 희박하면 저항값이 감소한다.
- 전 영역 산소 센서 : 지르코니아(ZrO_2) 고체 전해질에 (+)전류를 흐르도록 하여 확산실 내의 산소를 펌핑 셀 내로 받아들이는 원리이며, 이때 산소는 외부 전극에서 일산화탄소 및 이산화탄소를 환원하여 얻는다.

ⓒ 산소센서 취급 시 주의사항
- 무연 가솔린을 사용한다.
- 센서 내부 저항을 측정하면 안 된다.
- 출력 전압을 단락시키면 안 된다.
- 출력 전압을 측정할 때는 디지털형 멀티 테스터를 사용한다.
- 산소 센서의 온도가 정상 작동 온도가 된 후에 측정한다.

(4) OBD(On Board Diagnosis)

배출가스 관련 부품이 고장 나거나 배기가스 규제치를 초과하여 배출할 때 운전자에게 경고하는 시스템이다.

① **OBD-I** : 배출가스 관련 부품의 단선과 단락을 감지하여 경고등을 점등하거나 고장 코드를 출력한다.
② **OBD-II** : 배출가스 관련 부품의 기능 저하까지 모니터링할 수 있으며 진단 커넥터 및 고장 코드 등을 표준화한 것이다.
③ 주요 감시항목 : 실화, 촉매 성능, 산소 센서, EGR 장치, 써모스탯, 연료 시스템, 공전속도, 액추에이터 고장 여부

(5) 배출가스 부하시험

① 승인(시험 개발) 검사 : FTP-75 모드(우리나라의 CVS75 모드) → 냉간 시작 단계, 일시적인 주행 단계, 열간 시작 단계
② 중간(정밀검사) 검사
  ㉠ ASM2525 모드 : 가솔린 및 LPG 차량을 대상으로 하며, 40km/h 정속 주행 간에 측정한다.
  ㉡ Lug Down3 모드 : 디젤 차량을 대상으로 하며, CVS75 모드 중 240초를 적용한 KD 147 모드로 변경 시행 중이다.
  - 1 모드 : 엔진 정격 회전수에서 측정
  - 2 모드 : 엔진 정격 회전수의 90%에서 측정
  - 3 모드 : 엔진 정격 회전수의 80%에서 측정

(6) RSD(Remote Sensing Device, 원격측정장비)

① 도로 옆에 설치하여 주행하고 있는 차량의 배출가스를 측정한다.
② 비접촉식 측정으로 1초 이내에 배출가스 농도를 계측한다.
③ 적외선을 이용하여 HC, CO, CO_2를 측정한다.
④ 자외선을 이용하여 NOx를 측정한다.

출제예상문제

1 자동차 배출가스에 속하지 않는 것은?

① 연료증발 가스 ② 블로바이 가스
③ 탄산가스   ④ 배기가스

해설
- '배출가스'와 '배기가스'를 구분해서 쓰는 문제가 종종 있습니다. 그럴 때 배출가스는 자동차 및 엔진에서 발생하는 모든 가스, 배기가스는 배기관을 통해 나오는 가스를 말합니다.

2 엔진에서 블로바이 가스(Blow-by Gas)의 주성분은?

① O_2 ② NOx
③ HC   ④ CO

해설
- 블로바이 가스의 주성분은 미연 탄화수소입니다.

3 블로 다운(Blow Down) 현상에 관한 설명 중 옳은 것은?

① 흡 · 배기 밸브가 동시에 열려 배기 잔류가스를 배출시키는 현상
② 배기행정 시 배압(Back Pressure)에 의해 배기 밸브를 통해서 배기가스가 배출되는 현상
③ 밸브 시트와 밸브 사이에서 가스가 누출되는 현상
④ 압축행정 시 피스톤 간극에서 혼합기가 누출되는 현상

해설
- 흡 · 배기 밸브가 동시에 열려 배기 잔류가스를 배출시키는 현상 : 밸브 오버랩(Over lap) 현상에 관한 설명
- 밸브 시트와 밸브 사이에서 가스가 누출되는 현상 : 블로 백 현상에 관한 설명
- 압축행정 시 피스톤 간극에서 혼합기가 누출되는 현상 : 블로바이 현상에 관한 설명

4 배출가스 중 인체에 유해한 가스에 해당하지 않는 것은?

① N_2 ② CO
③ HC   ④ NOx

해설
- 질소(N_2)는 무해 가스입니다.
- 이산화탄소(CO_2)는 유해가스로 분류되니 혼동하지 마세요.

5 가솔린 엔진이 완전연소할 때 생기는 연소 생성물 중 체적비율이 가장 높은 것은?

① HC   ② N_2
③ O_2 ④ CO_2

해설
연소방정식을 이용해보세요.
$C_nH_m + a(O_2 + 3.76N_2) = bCO_2 + cH_2O + dN_2$
문제에서 가솔린 엔진이라고 했으니 C_nH_m 자리에는 가솔린의 주요 물질인 옥탄(C_8H_{18})을 대입합니다.
계산을 해보면 a는 12.5, b는 8, c는 9, d는 47이 나옵니다. 여기서 a, b, c, d는 몰(Mole)입니다. 즉, 연료(C_8H_{18}) 1몰과 공기(O_2+N_2) 12.5몰이 반응하여 완전연소하면 CO_2가 8몰, H_2O가 9몰, N_2가 47몰 나온다는 뜻입니다.
따라서, 이상기체라고 가정했을 때 1몰의 부피는 22.4L이므로 a, b, c, d에 각각 22.4L를 곱하면 d가 가장 크므로 질소(N_2)의 몰분율(체적비율)이 가장 높겠죠?

6 가솔린 엔진에서 연료(가솔린)를 완전 연소시켰을 때 발생하는 화합물은?

① H_2O, CO_2 ② H_2O, CO
③ CO, CO_2 ④ H_2SO_3, CO_2

해설
탄화수소계 연료가 완전연소하면 이산화탄소(CO_2), 물(H_2O), 질소(N_2)가 나옵니다.
$C_nH_m + α(O_2 + 3.76N_2) = bCO_2 + cH_2O + dN_2$
문제에서 가솔린 엔진이라고 했으니 C_nH_m에 가솔린의 주요물질인 옥탄(C_8H_{18})을 대입해서 계산하면 a는 12.5, b는 8, c는 9, d는 47이 나옵니다. 또한 a, b, c, d는 몰(Mole)이므로, 연료(C_8H_{18}) 1몰과 공기(O_2+N_2) 12.5몰이 반응하여 완전연소하면 CO_2가 8몰, H_2O가 9몰, N_2가 47몰 생성됩니다.

7 가솔린 엔진의 작동온도가 낮고 혼합비가 희박하여 실화(Misfire)가 발생할 때 증가하는 배기가스는?

① 탄화수소   ② 질소산화물
③ 이산화탄소   ④ 산소

해설
- 희박하여 실화, 불완전연소, 농후라는 단어가 나오면 대부분 답이 탄화수소(HC)입니다.

정답 1③ 2③ 3② 4① 5② 6① 7①

제1장 자동차 엔진 정비

8 가솔린 엔진에서 발생하는 질소산화물(NOx)에 대한 특징이 아닌 것은?

① 혼합비가 일정할 때 흡기계통의 부압이 클수록 NOx 농도가 낮아진다.
② 혼합비가 농후하면 NOx 농도가 낮아진다.
③ 압축비가 낮을수록 NOx 농도가 낮아진다.
④ 점화 시기가 빠르면 NOx 농도가 낮아진다.

- 점화 시기가 빠르면 NOx 농도가 높아진다.
※ 참고
- NOx는 고온에 희박할 때 많이 발생합니다. 따라서 연소실 온도가 높아지는 요인과 희박한 혼합기가 형성되는 요인이 곧 NOx가 증가하는 조건이 되겠죠? 반대로 연소실 온도가 낮고 혼합기가 농후하면 NOx는 감소합니다.

9 가솔린 엔진에서 공연비와 배기가스의 관계를 설명한 것으로 틀린 것은?

① 이산화탄소는 농후한 혼합기일수록 적게 배출된다.
② 질소산화물은 이론공연비 부근에서 가장 적게 배출된다.
③ 탄화수소는 농후한 혼합기일수록 많이 배출된다.
④ 일산화탄소는 희박한 혼합기일수록 적게 배출된다.

- 질소산화물은 이론공연비 부근에서 가장 많이 배출된다.

10 가솔린 엔진의 이론공연비(Stoichiometric Air-fuel Ratio)는?

① 11.7 : 1   ② 12.7 : 1
③ 13.7 : 1   ④ 14.7 : 1

11 실제 엔진에 흡입된 공기량을 이론적으로 완전연소에 필요한 공기량으로 나눈 값을 무엇이라 하는가?

① 공기과잉율   ② 공기율
③ 중량도   ④ 중량비

- 공연비와 공기과잉율을 혼동하지 마세요. 공연비는 엔진에 흡입되는 공기와 연료의 질량비를 말합니다.

12 최적의 공연비를 바르게 나타낸 것은?

① 농후한 공연비
② 공전 시 연소 가능 범위의 연비
③ 이론상 완전연소 가능한 공연비
④ 희박한 공연비

- 최적의 공연비는 이론 공연비를 말합니다. 가솔린 엔진에서 이론 공연비는 14.7 : 1(공기 : 연료)이죠?

13 전자제어 가솔린 엔진에서 질소산화물(NOx)을 저감시키는 장치는?

① 퍼지 컨트롤 밸브(Purge Control Solenoid Valve, PCSV)
② 배기가스 재순환장치(Exhaust Gas Recirculation, EGR)
③ 캐니스터(Canister)
④ 퓨얼 컷(Fuel Cut)

- 배기가스 재순환장치(EGR)의 목적은 배기가스 재순환을 통해 연소온도를 떨어뜨려 NOx를 낮추는 것입니다.

14 EGR(Exhaust Gas Recirculation) 밸브의 구성 및 기능에 대한 설명으로 틀린 것은?

① 질소산화물(NOx)을 감소시키는 장치이다.
② 연료 증발 가스(HC)를 억제시키는 장치이다.
③ 배기가스 재순환장치를 말한다.
④ EGR 파이프, EGR 밸브, 써모 밸브로 구성된다.

- 연료 증발 가스(HC)를 억제시키는 장치이다. : 차콜 캐니스터 및 퍼지 컨트롤 솔레노이드 밸브(PCSV)의 기능에 대한 설명

15 EGR(Exhaust Gas Recirculation) 밸브에 대한 설명으로 틀린 것은?

① 배기가스 재순환 장치이다.
② 질소산화물(NOx) 배출을 감소시키는 장치이다.
③ 연소실 온도를 낮추는 장치이다.
④ 연료증발가스를 포집한 후 연소시키는 장치이다.

정답 8④ 9② 10④ 11① 12③ 13② 14② 15④

해설
- 연료증발가스를 포집한 후 연소시키는 장치이다. : 차콜 캐니스터 및 퍼지 컨트롤 솔레노이드 밸브(PCSV)의 기능에 대한 설명

16 배기가스 중 일부를 흡기계통으로 재순환시킴으로써 연소온도를 낮춰 질소산화물(NOx)의 배출량을 감소시키는 것은?
① EGR 장치　② 머플러
③ 산소센서　④ 캐니스터

17 배기가스 재순환장치(Exhaust Gas Recirculation, EGR)와 관계있는 배기가스는?
① CO　② HC
③ H_2O　④ NOx

- 배기가스 재순환장치(EGR)의 목적은 배기가스 재순환을 통해 연소온도를 떨어뜨려 NOx를 낮추는 것입니다.

18 질소산화물은 (a)의 화합물이며 일반적으로 (b)에서 쉽게 반응한다. ( ) 안에 들어갈 말로 옳은 것은?
① a : 질소와 산소, b : 저온
② a : 질소와 산소, b : 고온
③ a : 일산화질소와 질소, b : 저온
④ a : 일산화질소와 산소, b : 고온

19 가솔린 엔진 장치에서 배기가스 중 CO, HC, NOx를 CO_2, H_2O, N_2 등으로 변환하는 장치는?
① 삼원촉매장치　② EGR 장치
③ PCV 밸브　④ 차콜 캐니스터

20 삼원 촉매에서 정화 처리하는 배기가스가 아닌 것은?
① NOx　② SOx
③ HC　④ CO

- 삼원촉매에서 CO, HC는 산화반응을 하고 NOx는 환원반응을 합니다.

21 배기가스가 삼원촉매(3way-converter)를 통과하여 산화·환원되어 나오는 물질로 옳은 것은?
① H_2, N_2　② H_2O, CO_2, N_2
③ CO, N_2　④ O_2, N_2

- 촉매의 정화를 거치고 나오는 물질들은 모두 답입니다.
  (CO, THC, NOx) → 삼원촉매 → (CO_2, H_2O, H_2, N_2, O_2)

22 실린더와 피스톤 사이 간극으로 가스가 누출되어 크랭크케이스로 유입된 가스를 연소실로 재순환하여 연소시키는 배출가스 정화장치는 무엇인가?
① 연료 증발가스 배출 억제장치
② 블로바이 가스 환원장치
③ 배기가스 재순환 장치
④ 삼원 촉매

- 연료 증발가스 배출 억제장치 : 차콜캐니스터 및 PCSV의 기능에 대한 설명
- 블로바이 가스 환원장치 : PCV 밸브의 기능에 대한 설명
- 배기가스 재순환 장치 : EGR 밸브의 기능에 대한 설명
- 블로바이 가스 : 압축 및 폭발행정 시, 실린더와 피스톤 사이로 누출되는 가스

23 다음 중 PCV(Positive Crankcase Ventilation) 밸브에 대한 설명으로 옳은 것은?
① 흡기다기관 부압 시 크랭크케이스에서 로커암커버를 통해 에어크리너로 유입된다.
② 로커암커버 내의 블로바이 가스는 부하와 관계없이 서지탱크로 흡입되어 연소된다.
③ 블로바이 가스(Blow-by Gas)를 대기 중으로 방출하는 시스템이다.
④ 고부하 시 블로바이 가스가 에어크리너에서 새로운 공기와 함께 로커암커버로 유입된다.

- 고부하(PCV 밸브 미작동) 시 크랭크케이스에서 로커암커버를 통해 에어크리너로 유입된다.
- 블로바이 가스(Blow-by Gas)를 흡기통으로 재순환하는 시스템이다.
- 경·중부하(PCV 밸브 작동) 시 블로바이 가스가 에어크리너에서 새로운 공기와 함께 로커암커버로 유입된다.

정답 16① 17④ 18② 19① 20② 21② 22② 23②

제1장 자동차 엔진 정비

24 차콜 캐니스터를 설치하는 목적은?
① HC 증발가스 저감
② CO_2 증발가스 저감
③ CO 증발가스 저감
④ NOx 증발가스 저감

25 산소 센서에 대한 설명으로 옳은 것은?
① 촉매 전방, 후방 산소 센서에서 서로 같은 기전력이 발생하는 것이 정상이다.
② 광역 산소 센서에서 히팅코일 접지선과 시그널 접지선의 전압은 항상 0V이다.
③ 산소 센서 내부에는 배기가스와 같은 성분의 가스가 봉입되어 있다.
④ 배기가스가 농후하면 센서 내부에서 외부로 산소이온이 이동한다.

> **해설**
> • 촉매 전방, 후방 산소 센서에서 서로 다른 기전력이 발생하는 것이 정상이다(전방 산소 센서 출력전압이 후방 산소 센서 출력전압보다 높은 것이 정상이다).
> • 광역 산소 센서에서 히팅코일 접지선과 시그널 접지선의 전압은 항상 0V가 아니다.
> • 산소 센서 내부에는 구멍을 통해 대기 중의 산소가 유입된다.
> ※ 참고
> • 일단 '항상'이란 말이 들어가면 틀린 답일 확률이 높습니다. 광역 산소 센서의 히팅코일 제어는 (-) 컨트롤 방식이므로 차체(GND)를 기준으로 히팅코일 접지선 전압을 측정하면 히팅코일이 작동할 때 0V, 작동하지 않을 때 해당 전원전압이 뜹니다. 따라서 항상 0V라는 것은 오류로 상정합니다. 또한 히팅코일과 센서가 작동할 때 차체(GND)를 기준으로 히팅코일 및 센서 시그널 접지선 전압을 측정할 때 완전한 0V는 이론상 또는 회로가 끊어진 경우에만 해당합니다. 실제로는 접지 전위차가 있어 20~30mV 정도의 전압은 늘 존재하기 때문에 항상 0V라는 것은 오류입니다.

26 전자제어 엔진에서 연료 분사계통의 피드백 (Feed Back) 제어 시 기준 신호를 제공하는 센서는?
① 대기압 센서
② 산소 센서
③ 차속 센서
④ 스로틀 포지션 센서

> **해설**
> • 대기압 센서 : 대기압을 측정하여 연료 분사량 및 점화 시기 보정
> • 차속 센서 : 자동차 속도 검출
> • 스로틀 포지션 센서 : 스로틀 밸브의 개도량을 검출하여 엔진 부하 산출

27 산소 센서 출력 전압이 희박(Lean)일 때, 연료장치의 점검사항으로 틀린 것은?
① 릴리프 밸브 막힘 여부 점검
② 연료 필터 막힘 여부 점검
③ 연료 펌프의 구동전류 점검
④ 연료 펌프 구동전원의 전압 강하 점검

28 지르코니아 산소 센서에 대한 설명으로 옳은 것은?
① 배기가스가 농후하면 센서 출력전압은 0.45V 이하이다.
② 300℃ 이하에서도 작동한다.
③ 공연비를 피드백 제어하기 위해 사용된다.
④ 배기가스가 희박하면 센서 출력전압은 0.45V 이상이다.

> **해설**
> • 배기가스가 농후하면 센서 출력전압은 1V에 가깝다.
> • 300℃ 이상에서 작동한다.
> • 배기가스가 희박하면 센서 출력전압은 0.45V 이하이다(0V에 가까움).

29 바이너리(Binary) 출력 방식의 산소 센서를 점검할 때 유의사항이 아닌 것은?
① 출력전압을 측정할 때 디지털 멀티미터를 사용해야 한다.
② 센서의 내부저항을 측정하면 안 된다.
③ 유연 휘발유를 사용해야 한다.
④ 출력전압을 단락시키면 안 된다.

> **해설**
> • 무연 휘발유를 사용해야 한다.
> ※ 참고
> • 바이너리(Binary) 뜻을 몰라서 틀리면 안 됩니다. 바이너리는 2진수로 표시되는 데이터로, 지르코니아 산소 센서의 출력방식을 말합니다. 농후하면 1V, 희박하면 0V으로 1과 0이니 이진수 맞죠?

30 배기장치에 관한 설명으로 맞는 것은?
① 머플러 저항을 크게 하면 배압이 커져 엔진 출력이 줄어든다.
② 단 실린더에서도 배기 매니폴드를 설치하여 배기가스를 모아 방출해야 한다.

정답 24① 25④ 26② 27① 28③ 29③ 30①

③ 머플러는 배기가스 온도를 낮추고 압력을 높여 배기음을 감쇠한다.
④ 배기 매니폴드에서 배기가스는 저온, 저압으로 급격하게 팽창해 폭발음이 발생한다.

- 단 실린더에서는 배기 매니폴드를 설치할 필요가 없고 배기가스를 즉시 방출해야 한다.
- 머플러는 배기가스 온도를 낮추고 압력을 낮춰 배기음을 감쇠한다.
- 배기 매니폴드에서 배기가스는 고온, 고압으로 급격하게 팽창해 폭발음이 발생한다.

31 머플러(Muffler)의 소음 방지 방법으로 틀린 것은?
① 음파를 간섭시키는 방법과 공명에 의한 방법
② 압력의 감소와 배기가스를 냉각하는 방법
③ 흡음재를 사용하는 방법
④ 튜브의 단면적을 일정 길이만큼 작게 하는 방법

- 튜브의 단면적을 일정 길이만큼 크게 하는 방법

32 에어 크리너(Air Cleaner)가 막혔을 때 배기가스 색깔은?
① 백색   ② 무색
③ 청색   ④ 흑색

- 백색 : 연소실에 엔진오일이 유입되어 같이 연소했을 때
- 무색 : 정상
- 청색 : 정상(옅은 청색)
※ 참고
- 우윳빛 : 오일에 냉각수가 유입됐을 때

8 디젤 엔진

(1) 디젤 엔진의 연료

① **세탄가** : 디젤의 연료의 착화성을 표시하는 수치로, 착화성이 우수한 세탄($C_{16}H_{34}$)과 착화성이 불량한 α-메틸나프탈렌($C_{11}H_{16}$)을 혼합하여 세탄의 체적비율(%)로 표기한다.

$$세탄가(\%) = \frac{세탄(C_{16}H_{34})}{세탄(C_{16}H_{34}) + \alpha메틸나프탈렌(C_{11}H_{10})} \times 100$$

② **디젤 엔진의 연소 과정과 디젤 노크**
  ㉠ 디젤 엔진의 연소 과정 : 착화지연기간 → 화염전파기간 → 직접연소기간 → 후기연소기간
   • 착화지연기간 : 연소실에 연료가 분사되어 연소를 일으킬 때까지 걸리는 기간
   • 화염전파기간 : 급격연소기간을 말하며 착화지연기간 중 분사된 연료 및 무제어 연소기간에 분사된 연료가 급격히 연소하는 기간
   • 직접연소기간 : 제어연소기간을 말하며 실린더 내 연소압력이 최대인 기간
   • 후기연소기간 : 직접연소기간에 미처 연소되지 못한 연료가 연소하며 팽창하는 기간

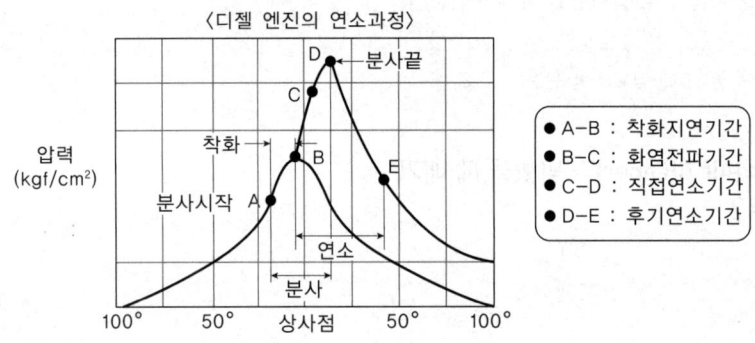

  ㉡ 디젤 노크 방지 방법
   • 착화 지연 기간을 짧게 할 것
   • 세탄가가 높은(착화성이 좋은) 경유를 사용할 것
   • 압축비와 압축 압력, 압축 온도를 높일 것
   • 엔진 온도를 높일 것
   • 엔진 회전수를 높일 것
   • 압축 행정에서 와류가 발생할 것
  ㉢ 디젤 엔진의 연소실 종류
   • 직접분사식 : 단실식

직접분사식의 장점	직접분사식의 단점
• 구조가 간단하다. • 연소실 표면적이 작아 냉각 손실이 적다. • 열효율과 평균유효압력이 높다. • 연료 소비율이 낮다. • 냉시동이 양호하다.	• 연료 분사 압력이 높다. • 디젤 노크가 잘 발생한다. • 엔진 회전수가 낮다. • 다공 노즐을 사용해서 잘 막힌다.

- 예연소실식 : 복실식

예연소실식의 장점	예연소실식의 단점
• 피스톤 헤드 구조가 간단하다. • 디젤 노크가 작아 정숙하다. • 연료 분사 압력이 낮다. • 비교적 저급 연료를 사용할 수 있다. • 핀틀 노즐을 사용해서 막히지 않는다.	• 냉시동 시 예열 플러그가 필요하다. • 연소실 표면적이 커서 냉각 손실이 크다. • 분기공에서 스로틀링 손실이 발생한다. • 열효율이 낮다. • 연료 소비율이 높다.

- 와류실식 : 복실식

와류실식의 장점	와류실식의 단점
• 고속 운전이 가능하다. • 연료 소비율이 예연소실보다 낮다. • 분기공이 커서 스로틀링 손실이 적다. • 핀틀 노즐을 사용해서 막히지 않는다.	• 냉시동 시 예열 플러그가 필요하다. • 연소실 표면적이 커서 냉각 손실이 크다. • 예연소실보다 디젤 노크가 많이 발생한다. • 제작하기 어렵다.

- 공기실식 : 복실식

공기실식의 장점	공기실식의 단점
• 시동이 잘 된다. • 정숙한 운전이 가능하다. • 착화 지연 기간이 짧아 디젤 노크가 적게 발생한다. • 핀틀 노즐을 사용해서 막히지 않는다.	• 구조가 복잡하다. • 고속 운전에 적합하지 않다. • 후기 연소로 인해 배기가스 온도가 높아진다. • 열효율이 낮다. • 연료 소비율이 높다.

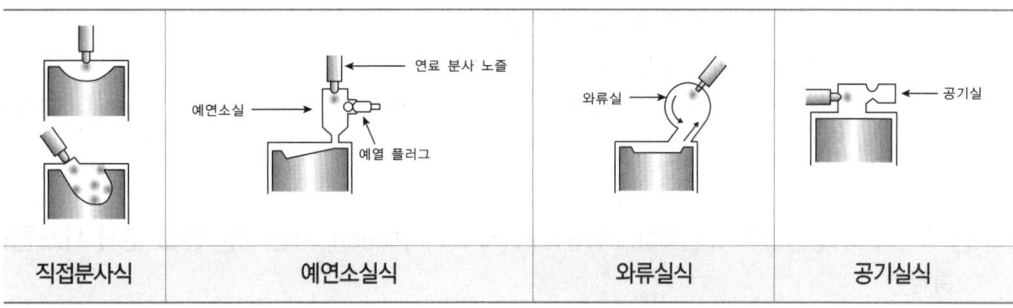

| 직접분사식 | 예연소실식 | 와류실식 | 공기실식 |

(2) 디젤 엔진의 시동보조장치

① **감압장치** : 엔진을 시동할 때나 겨울철 오일 점도가 높을 때 흡기 밸브 또는 배기 밸브를 강제로 열어 실린더 압축 압력을 감소시켜 시동을 용이하게 하는 장치

② **예열장치**
   ㉠ 흡기 가열식 : 흡기 매니폴드에서 흡입 공기를 가열하는 방식
   ㉡ 예열 플러그 : 주로 예연소실식과 와류실식에 사용하며, 코일형과 실드형이 있다.

(3) 디젤 엔진의 연료장치

① 분사 펌프
  ㉠ 분사 펌프의 종류 : 공동식, 분배식, 독립식
     - 조속기(Governor) : 연료 분사량 제어
     - 타이머(Timmer) : 연료 분사 시기 제어
  ㉡ 분사량·불균율 공식
     - 최소 분사량 = 각 노즐 분사량 중 가장 적은 분사량
     - 평균 분사량 = $\dfrac{\text{각 실린더 분사량의 합}}{\text{실린더 수}}$
     - 최대 분사량 = 각 노즐 분사량 중 가장 많은 분사량
     - (+)불균율(%) = $\dfrac{\text{최대 분사량 - 평균 분사량}}{\text{평균 분사량}} \times 100$
     - (-)불균율(%) = $\dfrac{\text{평균 분사량 - 최소 분사량}}{\text{평균 분사량}} \times 100$

② 분사 노즐
  ㉠ 분사 노즐의 구비조건
     - 후적이 발생하지 않을 것
     - 고온·고압에서 잘 견딜 것
     - 연료를 연소실에 골고루 뿌릴 것
     - 연료를 미세한 안개 모양으로 뿌릴 것
  ㉡ 분사 노즐의 종류
     - 개방형
     - 밀폐형(폐지형) : 구멍형, 핀틀형, 스로틀형
  ㉢ 연료 분무의 3대 요건 : 무화, 관통, 분산

③ 전자제어식 연료분사장치의 연료량 제어 방식
  ㉠ 입구 제어 방식(IMV) : 펌프 구동 손실이 적다.
  ㉡ 출구 제어 방식(PRV) : 급가속 및 시동 시 압력 상승이 빠르다.
  ㉢ 입·출구 제어 방식(듀얼 압력 제어 방식) : 불필요한 에너지 손실을 줄이고 급가속 및 시동 시 압력 상승도 빠르다.

(4) 전자제어 디젤 엔진(CRDI, Common Rail Direct Injection, 커먼레일 연료 분사 시스템)

① 특징
  ㉠ 고압 펌프를 이용해 분사 압력을 형성한다.
  ㉡ 연료 압력과 분사율을 독립적으로 제어해서 저속에서도 원활하게 분사량을 제어할 수 있다.
  ㉢ 고압 분사가 가능하여 연료 분사 기간을 단축할 수 있다.
  ㉣ 고속에서 공기와 연료를 효과적으로 혼합할 수 있다.
  ㉤ 출력이 향상되고 유해 배출가스가 감소한다.

② 연료분사의 단계
  ㉠ 예비분사(pilot injection) : 예혼합연소에 따른 PM 및 소음 저감
  ㉡ 전기분사(pre injection) : 착화지연기간 단축시켜 NOx 및 소음 저감
  ㉢ 주 분사(main injection) : 최적 제어 연료 분사로 엔진 출력 상승

ⓔ 후기분사(after injection) : 확산연소 활성화로 PM 저감
ⓜ 사후분사(post injection) : 배기가스 온도 상승 및 촉매 활성화

(5) HCCI(Homogeneous Charge Compression Ignition, 균일 예혼합 압축 착화 엔진)
① 연소실 온도를 상승시켜 균일한 희박 혼합기를 만든 후 착화하는 방식이다.
② **NOx와 PM을 동시에 저감할 수 있다.**
③ 연소 소음을 줄이고 엔진 효율을 향상시킨다.

(6) 터보차저, 인터쿨러
① 터보차저의 사용 목적
  ㉠ 엔진 출력이 상승한다(35~45%).
  ㉡ 체적 효율이 향상된다.
  ㉢ 평균유효압력이 증가한다.
  ㉣ 연료 소비율이 저감된다.
② 터보차저의 종류
  ㉠ WGT(웨이스트 게이트형) : 기계식 터보 차저로, 배기압이 일정 압력 이상 걸리면 바이패스시켜 부품을 보호하며 터보 랙이 발생한다.
  ㉡ VGT(가변 터보 과급형) : 저속 시 배출가스의 유입 통로를 좁혀 유속을 빠르게 하고(벤투리 효과), 고속 시 유입 통로를 다시 넓혀 터보 랙을 줄인다.
  ㉢ 슈퍼차저(Supercharger) : 크랭크축의 동력에 이용하며 기계 구동식 과급기로 터보 랙을 최소화한다.
  ㉣ 전기식 과급기(Electric Turbocharger)
    • 전기 구동식 과급기로 컴프레서 모터를 직접 제어해서 저속·저부하에서의 용량 부족 문제를 해결해 터보 랙을 최소화한다.
    • 크기가 큰 것이 단점이다.
③ 인터쿨러의 사용 목적
  ㉠ 흡입 공기를 냉각한다.
  ㉡ 흡입 공기의 밀도를 높인다.
  ㉢ 체적 효율을 향상시킨다.

출제예상문제

1 경유의 구비조건은?
① 유황분이 많을 것　② 착화성이 좋을 것
③ 점도가 낮을 것　④ 세탄가가 낮을 것

- 유황분이 적을 것
- 점도가 높을 것
- 세탄가가 높을 것

2 경유의 발화촉진제로 적당하지 않은 것은?
① 아질산아밀($C_5H_{11}NO_2$)
② 아황산에틸($C_2H_5SO_3$)
③ 질산아밀($C_5H_{11}NO_3$)
④ 질산에틸($C_2H_5NO_3$)

- 연료에는 황 성분이 많으면 안 된다는 점을 떠올리면서 암기하세요. 반대로 '질산'이라는 말이 들어간 것은 다 발화촉진제 성분이라고 생각하면 외우기 쉽습니다.

3 디젤엔진에서 냉각장치로 인해 손실되는 열은 연료 전체 발열량의 약 몇 % 정도인가?
① 30~35%　② 45~55%
③ 55~65%　④ 70~80%

열정산(Heat Balance)을 묻는 문제입니다.
엔진만 놓고 봤을 때, 연료 전체 발열량을 100%라 하면 대략 냉각 손실은 30~35%, 배기 손실은 40~45%, 마찰 손실은 10%, 축출력은 30~40%라 생각하고 보기에서 근접한 것을 고르면 됩니다.

4 가솔린 엔진에 대비해 디젤엔진의 장점으로 틀린 것은?
① 부분 부하 영역에서 연료소비율이 낮다.
② 넓은 회전수 범위에 걸쳐 회전토크가 크고 균일하다.
③ CO와 NOx 배출이 적다.
④ 열효율이 높다.

- CO와 HC 배출이 적다.

5 디젤엔진에서 실린더 내 연소압력이 최대인 기간은?
① 착화지연기간
② 화염전파기간
③ 직접연소기간
④ 후기연소기간

- 직접연소기간은 제어연소기간이며, 분사된 연료가 화염전파기간에 생긴 화염으로 인해 분사된 동시에 연소하는 기간을 말합니다. 참고로 디젤엔진 4단계 연소과정 중 실린더 내 압력이 최소인 기간은 착화지연기간이며, 이때 압력은 연소반응 전이므로 연소압력이 아닙니다.

6 디젤 노크(Diesel Knock)와 관련 없는 것은?
① 연료 분사시기　② 연료 분사량
③ 엔진 오일량　④ 흡기온도

- 디젤 노크는 비정상적인 연소로 인해 나타나는 현상이므로, 엔진 연소에 영향을 미치는 인자들을 고르고 나면 답을 찾을 수 있습니다.

7 디젤 노크(Diesel Knock) 방지 대책으로 맞는 것은?
① 압축비를 낮춘다.
② 흡기온도를 높인다.
③ 실린더 벽 온도를 낮춘다.
④ 착화 지연 기간을 늘린다.

- 압축비를 높인다.
- 실린더 벽 온도를 높인다.
- 착화 지연 기간을 줄인다.

8 디젤노크의 원인과 직접적으로 관계가 없는 것은?
① 엔진 부하　② 압축비
③ 옥탄가　④ 엔진 회전수

- 세탄가

정답　1② 2② 3① 4③ 5③ 6③ 7② 8③

9 디젤엔진 연소실의 구비조건이 아닌 것은?
① 열효율이 높을 것
② 디젤노크 발생이 없을 것
③ 연소시간이 짧을 것
④ 평균유효압력이 낮을 것

• 평균유효압력이 높을 것

10 디젤엔진의 연소실 형식이 아닌 것은?
① 예연소실식   ② 직접분사식
③ 연료실식   ④ 와류실식

디젤엔진의 연소실 형식
• 예연소실식   • 직접분사식
• 공기실식   • 와류실식

11 디젤엔진의 연소실 형식 중 실린더헤드와 피스톤 헤드부의 요철에 의해 단일 연소실이 형성되는 것은?
① 공기실식   ② 예연소실식
③ 직접분사식   ④ 와류실식

12 디젤 엔진의 연소실 형식 중 연소실 표면적이 작아 냉각 손실이 작고, 냉시동성이 우수한 형식은 무엇인가?
① 와류실식   ② 공기실식
③ 직접분사식   ④ 예연소실식

13 디젤엔진의 연소실에서 복실식 연소실이 아닌 것은?
① 예연소실식   ② 와류실식
③ 공기실식   ④ 직접분사식

• 예연소실식 : 복실식   • 와류실식 : 복실식
• 공기실식 : 복실식   • 직접분사식 : 단실식
※ 참고
• 디젤 연소실 형식은 단실식과 복실식으로 분류할 수 있습니다. 단실식인 직접분사식의 특징을 암기해두면 복실식의 특징은 그 반대이니 자동적으로 암기가 되겠죠? 단실식은 주연소실 하나로 구성되므로 복실식에 비해 연소실 수가 적어 전체적인 연소실 표면적이 작다는 것을 기억하세요.

14 디젤엔진의 예열장치에서 연소실 내 압축공기를 직접 예열하는 방식은?
① 흡기 히터 방식   ② 흡기 가열 방식
③ 히터 레인지 방식   ④ 예열 플러그 방식

• '직접적'으로 예열한다는 말이 나오면 예열 플러그 방식입니다.

15 연료 분사 펌프 내 딜리버리 밸브(Delivery Valve)의 기능 중 틀린 것은?
① 분사 시기 조정
② 연료의 역류 방지
③ 노즐 후적 방지
④ 연료 라인 잔압 유지

16 디젤엔진에서 플런저의 유효행정(Available Stroke)을 크게 했을 때 일어나는 현상은?
① 연료 송출압력이 작아진다.
② 연료 송출압력이 커진다.
③ 연료 송출량이 작아진다.
④ 연료 송출량이 많아진다.

• 연료 송출량이 작아진다. : 플런저의 유효행정을 작게 했을 때 연료 송출량이 작아진다.
※ 참고
• 플런저의 유효행정을 변화시켜도 연료 송출압력은 변하지 않습니다.

17 디젤엔진에서 연료 분사 시기가 지나치게 빠를 경우 나타나는 현상이 아닌 것은?
① 배기가스가 흑색이다.
② 분사압력이 증가한다.
③ 엔진의 출력이 저하된다.
④ 디젤노크를 일으킨다.

18 디젤엔진에서 분사 시기가 빠를 때 나타나는 현상이 아닌 것은?
① 저속회전이 불안정하다.
② 디젤 노크가 발생한다.
③ 배기가스가 흑색이다.
④ 배기가스가 백색이다.

정답 9 ④ 10 ③ 11 ③ 12 ③ 13 ④ 14 ④ 15 ① 16 ④ 17 ② 18 ④

19 기계식 독립형 연료 분사 펌프의 연료 분사 시기 조정 방법으로 옳은 것은?

① 랙, 피니언으로 조정
② 슬리브, 피니언으로 조정
③ 펌프와 타이밍 기어의 커플링으로 조정
④ 거버너 스프링으로 조정

- 랙, 피니언으로 조정 : 독립형 연료 분사 펌프의 연료 분사량 조정 방법에 대한 설명

20 기계식 디젤엔진의 연료분사장치에서 연료의 분사량을 조절하는 것은?

① 연료공급펌프 ② 연료분사펌프
③ 연료분사노즐 ④ 연료여과기

- 연료분사펌프에서 분사량은 조속기(거버너), 분사 시기는 타이머입니다.

21 디젤엔진에서 연료 분사 펌프의 거버너(Governor)는 어떤 역할을 하는가?

① 착화 시기 조정
② 분사 시기 조정
③ 분사량 조정
④ 분사 압력 조정

- 거버너(조속기)는 분사량 제어, 타이머는 분사 시기 제어입니다.

22 디젤엔진의 분사 노즐에 관한 설명으로 옳은 것은?

① 직접분사식의 분사 개시 압력은 약 100~120 kgf/cm²이다.
② 분사 개시 압력이 높으면 노즐의 후적이 생기기 쉽다.
③ 분사 개시 압력이 낮으면 연소실 내에 카본 퇴적이 생기기 쉽다.
④ 연료 공급 펌프의 공급 압력이 저하하면 분사 압력이 저하한다.

- 직접분사식의 분사 개시 압력은 200~300kgf/cm² 이다.
- 딜리버리 밸브 밀착이 불량하면 노즐의 후적이 생기기 쉽다.
- 분사노즐 내 스프링 장력이 저하하면 분사 압력이 저하한다.

23 기계식 디젤엔진에서 연료 분사 노즐의 구비 조건이 아닌 것은?

① 분포 ② 관통력
③ 청결 ④ 무화

- 연료 분사 노즐의 구비조건 3가지 : 무화, 관통력, 분포

24 디젤엔진의 연료 공급 펌프에서 프라이밍 펌프(Priming Pump)의 기능은?

① 엔진 정지 시 수동으로 연료를 공급한다.
② 엔진 작동 시 펌프에 연료를 공급한다.
③ 엔진 시동 시 연료 분사 펌프에 있는 연료를 빼낸다.
④ 엔진 고속회전 시 연료량이 부족하면 연료 분사 펌프를 보조한다.

25 연료 분사 펌프 시험기로 시험할 수 없는 항목은?

① 분사 시기 조정시험
② 엔진 출력시험
③ 연료 분사량 시험
④ 조속기 작동시험

- 분사 노즐 시험기와 혼동하면 안 됩니다.

26 디젤엔진을 정지하는 장치 중 인테이크 셔터(Intake Shutter)의 기능은?

① 흡입공기 차단
② 연료 차단
③ 엔진오일 차단
④ 배기가스 차단

- 디젤엔진을 정지하는 장치는 인테이크 셔터를 이용하여 흡입공기를 차단하는 방법과 연료 차단 솔레노이드 밸브를 이용하여 차단하는 방법이 있습니다.

정답 19 ③ 20 ② 21 ③ 22 ③ 23 ③ 24 ① 25 ② 26 ①

27 디젤엔진의 연료 필터 설치 위치로 적절하지 않은 것은?
① 연료 공급 펌프 입구
② 연료 탱크와 연료 공급 펌프 사이
③ 흡기 매니폴드 입구
④ 연료 분사펌프 입구

28 커먼레일(Common Rail Direct Injection, CRDI) 디젤엔진에서 기계식 저압펌프의 연료공급 경로 순서가 맞는 것은?
① 연료탱크 → 저압펌프 → 연료필터 → 커먼레일 → 고압펌프 → 인젝터
② 연료탱크 → 저압펌프 → 연료필터 → 고압펌프 → 커먼레일 → 인젝터
③ 연료탱크 → 연료필터 → 저압펌프 → 고압펌프 → 커먼레일 → 인젝터
④ 연료탱크 → 연료필터 → 저압펌프 → 커먼레일 → 고압펌프 → 인젝터

- 가솔린 직분사(Gasoline Direct Injection, GDI) 엔진도 동일한 레이아웃을 갖고 있습니다. 단, '커먼레일' 대신 '연료분배파이프'가 들어가겠죠?

29 커먼레일(Common Rail Direct Injection, CRDI) 엔진에서 예비분사를 하지 않는 경우로 틀린 것은?
① 예비분사가 주분사보다 너무 빠른 경우
② 엔진 회전수가 고속인 경우
③ 연료압력이 너무 낮은 경우
④ 연료분사량 보정제어 중인 경우

- 연료분사량이 과다한 경우

30 커먼레일(Common Rail Direct Injection, CRDI) 디젤엔진이 장착된 자동차의 계기판에 뜨는 표시등이 아닌 것은?
① 연료 차단 지시등
② 연료 수분 감지 경고등
③ DPF 경고등
④ 예열 플러그 작동 지시등

31 다음 그림과 같이 커먼레일 인젝터 파형에서 주분사 구간을 가장 알맞게 표시한 것은?

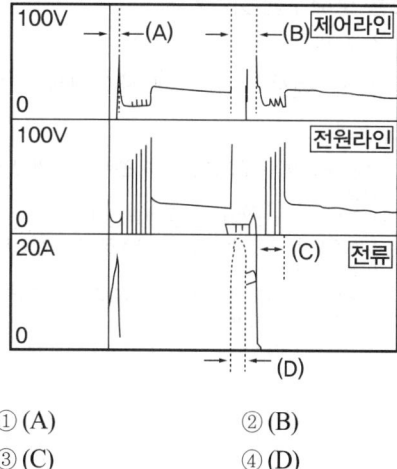

① (A) ② (B)
③ (C) ④ (D)

32 기계식 디젤엔진의 분사 펌프와 대비해서 커먼레일(Common Rail Direct Injection, CRDI) 디젤엔진에 적용되는 고압 펌프의 특징이 아닌 것은?
① 부가장치 필요   ② 가속 시 매연 저감
③ 엔진 출력 향상   ④ 고압 성능 향상

33 자동차 엔진에서 과급을 하는 목적은?
① 엔진오일 소비를 줄인다.
② 엔진 출력을 증가시킨다.
③ 엔진 회전수를 일정하게 한다.
④ 엔진 회전수를 빠르게 한다.

- 터보차저(과급기)의 역할을 묻는 문제입니다. 터보차저는 체적 효율과 엔진 출력을 상승시킵니다.

34 터보차저(Turbo Charger)의 사용 목적이 아닌 것은?
① 체적효율이 낮아진다.
② 엔진 토크가 증가한다.
③ 평균유효압력이 향상된다.
④ 엔진 출력이 상승한다.

- 체적효율이 높아진다.

제1장 자동차 엔진 정비

35 터보 차저(Turbo Charger)가 적용된 엔진에 장착된 센서로, 급속 및 증속에서 ECU로 신호를 보내주는 것은?

① 수온 센서 ② 노크 센서
③ 부스트 센서 ④ 산소 센서

해설
- 수온 센서 : 냉각수 온도를 감지하여 연료 분사 시기 및 분사량 보정
- 노크 센서 : 연소 때 발생하는 엔진 진동 감지
- 부스트 센서 : 흡기 매니폴드 압력을 측정하여 연료 분사 시기 및 분사량 보정
- 산소 센서 : 배기가스 중 산소 농도를 감지하여 이론 공연비 제어를 위한 피드백 신호 제공

정답 35 ③

계산문제 한눈에 보기 출제예상문제

1 이소옥탄이 65%, 노멀헵탄이 35%인 표준 연료를 사용했을 때 옥탄가는 몇인가? (여기서, %는 체적비율임)

① 40　　② 55
③ 65　　④ 75

▶ 해설 ◀
- 옥탄가는 노크가 발생하기 쉬운 노멀헵탄(C_7H_{16})과 노크가 발생하지 않은 이소옥탄(C_8H_{18})을 혼합하여 동등의 앤티 노크성(anti knock quality)을 가지는 표준연료를 만들어 그때의 이소옥탄의 체적비율(%)로 표기합니다.

옥탄가(%) = $\dfrac{\text{이소옥탄(\%)}}{\text{이소옥탄(\%)}+\text{노멀헵탄(\%)}} \times 100 = \dfrac{65}{65+35} \times 100$
= 65(%)

2 어떤 엔진의 열정산(Heat Balance)에서 냉각 손실이 30%, 배기와 복사에 의한 열 손실이 35%이고 기계 효율이 80%라면 제동 열효율(%)은 얼마인가?

① 27%　　② 28%
③ 29%　　④ 30%

▶ 해설 ◀
지시 열효율(%) = 100 - (냉각 손실 + 배기 및 복사에 의한 열 손실)
= 100 - (30 + 35) = 35%
제동 열효율(%) = (지시 열효율 × 기계 효율) × 100
= 0.35 × 0.8 × 100 = 28%

※ 참고
기계 효율(%) = (제동 열효율 ÷ 지시 열효율) × 100

3 연료의 저위발열량이 10,250kcal/kgf일 때 제동 연료소비율은? (단, 제동 열효율은 26%)

① 약 275gf/PS·h　　② 약 237gf/PS·h
③ 약 220gf/PS·h　　④ 약 250gf/PS·h

▶ 해설 ◀
열효율 = 유효한 일 ÷ 공급열량입니다.
공급열량을 연료의 발열량으로 봐도 되겠죠?

$\eta_e = \dfrac{632.3 \times B_{PS}}{H_r \times G} \times 100 = \dfrac{632.3}{H_r \times B_e} \times 100$

[여기서, η_e : 제동 열효율(%), 632.3 : 상수(1PS = 632.3kcal/h), B_{PS} : 제동마력(PS), H_r : 단위 중량당 연료 저위발열량(kcal/kgf), G : 단위 시간당 연료소비량(kgf/h), B_e : 제동 연료소비율(kgf/PS·h)]
제동 연료소비율(B_e) 유도 과정입니다.

$\dfrac{1}{B_e} = \dfrac{B_{PS}}{G}, \; B_e = \dfrac{G}{B_{PS}} [kgf/PS \cdot h]$

$\left(\because \dfrac{B_{PS}}{G} \to \dfrac{PS}{\frac{kgf}{h}} = \dfrac{PS \cdot h}{kgh} \right)$

제동 연료소비율(B_e)을 구하는 문제이므로 $B_e = \dfrac{632.3 \times 100}{\eta_e \times H_r}$이 됩니다.

따라서, $B_e = \dfrac{632.3 \times 100}{\eta_e \times H_r} = \dfrac{632.3 \times 100}{26 \times 10250}$
$\approx 0.237 (kgf/PS \cdot h) = 237 (gf/PS \cdot h)$

4 140PS 엔진이 24시간 동안에 330ℓ의 연료를 소비했다면, 이 엔진의 연료소비율(g/PS·h)은? (단, 연료의 비중은 0.9)

① 약 80　　② 약 88
③ 약 95　　④ 약 115

▶ 해설 ◀
문제에 연료소비율 단위가 g/PS·h로 제시되어 있죠?
문제에 PS와 h는 주어졌으므로 g(연료의 질량)만 구하면 됩니다.
문제에 연료의 밀도가 없고 연료의 비중과 체적(ℓ)만 제시되어 있기 때문에 먼저 연료의 밀도를 구해야 합니다.

어떤 물질의 비중 = $\dfrac{\text{어떤 물질의 밀도}}{\text{어떤 물질과 동일한 체적을 가진 4℃상태의 물의 밀도}}$

문제에 질량의 단위가 g, 체적의 단위가 ℓ로 주어졌으므로 밀도는 g/ℓ 기준으로 구하면 되겠죠?
4℃ 상태의 물의 밀도는 표준물질로서 1kg/ℓ 인데 1kg = 1000g이므로 1000g/ℓ 가 됩니다.
연료의 밀도 = 연료의 비중 × 1000g/ℓ,
= 0.9 × 1000g/ℓ = 900g/ℓ 이므로
연료의 밀도는 900g/ℓ 입니다.
그럼, 연료의 질량을 구해봅시다.

질량[g] = 밀도[g/ℓ] × 체적[ℓ]이죠?
연료의 질량 = 연료의 밀도 × 연료의 체적 = (900 g/ℓ) × 330ℓ = 297000g

따라서, 연료의 질량은 297,000g입니다.
다시 문제로 돌아가 보면 '140PS 엔진이 24시간동안'이라고 적혀 있는데,
이는 곧 140PS 엔진이 24시간동안 행한 일 에너지를 구하라는 뜻입니다.
$140PS \times 24h = 3360 PS \cdot h$

연료소비율(g/PS·h) = $\dfrac{297,000g}{3360 PS \cdot h} \approx 88 g/PS \cdot h$

정답　1③　2②　3②　4②

5 총 배기량이 800cc, 연소실 체적이 160cc인 단기통 엔진의 압축비는?

① 5 : 1   ② 6 : 1
③ 7 : 1   ④ 8 : 1

압축비 구하는 공식입니다.

$$\varepsilon = \frac{V_c + V_d}{V_c} = 1 + \frac{V_d}{V_c}$$

[여기서, ε : 압축비, V_c : 연소실 체적, V_d : 행정 체적]
행정체적은 곧 배기량이죠?
배기량 = 총 배기량 ÷ 실린더 수입니다.
이 문제는 단기통 엔진이므로 행정체적과 총 배기량 = 배기량입니다.

따라서, $\varepsilon = \frac{V_c + V_d}{V_c} = 1 + \frac{V_d}{V_c} = 1 + \frac{800cc}{160cc} = 6$

6 실린더 내경 70mm, 행정 65mm, 압축비가 11 : 1인 4실린더 엔진의 총 연소실 체적은?

① 약 89cc
② 약 100cc
③ 약 105.7cc
④ 약 132.4cc

문제에 '총 연소실 체적'을 구하는지, 그냥 1개 실린더의 '연소실 체적'을 구하는지 파악해야 합니다. 압축비 구하는 공식을 응용하면 되겠죠?

$$\varepsilon = \frac{V_c + V_d}{V_c} = 1 + \frac{V_d}{V_c},$$

$$\varepsilon - 1 = \frac{V_d}{V_c},$$

$$\left(\frac{1}{\varepsilon - 1}\right) \times V_d = \left(\frac{V_c}{V_d}\right) \times V_d,$$

$$V_c = \frac{V_d}{\varepsilon - 1} \quad \text{또는,} \quad V_{totc.} = \frac{V_{totd.}}{\varepsilon - 1}$$

[여기서, ε : 압축비, V_c : 연소실 체적, V_d : 행정 체적, $V_{totc.}$: 총 연소실 체적, $V_{totd.}$: 총 행정 체적(총 배기량)]

문제에 총 연소실 체적을 물었으니 총 행정 체적(총 배기량)을 구하면 됩니다.
따라서, 총 배기량 = 총 행정 체적 = (1개 실린더의 행정 체적) × (실린더 수)입니다.

$$V_{totd.} = V_d \times n = \left(\frac{\pi d^2}{4} \times L\right) \times n$$

[여기서, $V_{totd.}$: 총 행정 체적(cm³), d : 실린더 내경(cm), L : 실린더(또는 피스톤) 행정(cm), n : 실린더 수]

보기에 단위가 cc로 되어 있으니 단위 변환을 해야 합니다(1cm³ = 1cc).

$$V_{totd.} = V_d \times n = \left(\frac{\pi d^2}{4} \times L\right) \times n = \left(\frac{3.14 \times (7cm)^2}{4} \times 6.5cm\right) \times 4$$

$$= 1000.09 cm^3 = 1000.09 cc$$

따라서, $V_{totc.} = \frac{V_{totc.}}{\varepsilon - 1} = \frac{1000.09cc}{11 - 1} \approx 100cc$

7 엔진이 2500rpm에서 20kgf·m의 토크를 낼 때 엔진의 출력은 41.87PS이다. 엔진의 출력을 일정하게 하고 엔진 회전수를 3000rpm으로 하였을 때 약 얼마 정도의 토크가 발생하는가?

① 10kgf·m   ② 20kgf·m
③ 35kgf·m   ④ 40kgf·m

엔진 회전수가 3000rpm일 때 토크를 묻는 문제이니 2500rpm은 필요 없습니다.
그리고 엔진 출력을 일정하게 한다고 했으니 2500rpm일 때 출력인 41.87PS를 그대로 쓰면 되겠죠?
따라서, 이 문제를 푸는 데 필요한 인자는 41.87PS와 3000rpm입니다.
출력 = 상수 × 토크 × 회전수 입니다.

$$B_{PS} = \left(\frac{2\pi}{75 \times 60}\right) \times T \times N = \frac{2\pi \times T \times N}{75 \times 60}$$

[여기서, B_{PS} : 축출력(PS), 2π : 상수(1rev = 360° = 2π), T : 토크(kgf·m), N : 엔진 회전수(rpm), 1/75 : 상수(1kgf·m/sec = 1/75PS), 1/60 : 상수(1rps = 1/60rpm)]

엔진 1회전은 360° 회전한다는 뜻이죠?
180°(degree) = π(radian)이므로 degree를 radian으로 변환하기 위해 2π를 곱해주는 것입니다.
또한, 이 문제는 토크를 묻는 문제이니 토크 = 출력 ÷ 회전수 ÷ 상수가 됩니다.

따라서, $T = \frac{\frac{B_{PS}}{N}}{\frac{2\pi}{75 \times 60}} = \frac{B_{PS} \times 75 \times 60}{2\pi \times N} = \frac{41.87 \times 75 \times 60}{2 \times 3.14 \times 3000}$

$\approx 10 kgf \cdot m$

8 엔진의 토크가 71.6kgf·m에서 201PS의 축출력을 냈다면 엔진의 회전수는 얼마인가?

① 약 1,000rpm   ② 약 2,000rpm
③ 약 3,000rpm   ④ 약 3,500rpm

정답 5② 6② 7① 8②

출력 = 상수 × 토크 × 회전수 입니다.

$$B_{PS} = \left(\frac{2\pi}{75 \times 60}\right) \times T \times N = \frac{2\pi \times T \times N}{75 \times 60}$$

(여기서, B_{PS} : 축출력(PS), 2π : 상수(1rev=360°=2π), T : 토크(kgf·m), N : 엔진 회전수(rpm), 1/75 : 상수(1kgf·m/sec=1/75PS), 1/60 : 상수(1rps=1/60rpm))

참고로, 엔진 1회전은 360° 회전한다는 뜻이죠?
180° = π(radian)이므로 degree를 radian으로 변환해줘서 2π를 곱해주는 겁니다.
또한, 이 문제는 회전수를 묻는 문제이니 회전수 = 출력 ÷ 토크 ÷ 상수가 됩니다.

따라서, $N = \dfrac{\dfrac{B_{PS}}{T}}{\dfrac{2\pi}{75 \times 60}} = \dfrac{B_{PS} \times 75 \times 60}{2\pi \times T} = \dfrac{201 \times 75 \times 60}{2 \times 3.14 \times 71.6}$

$\approx 2000 rpm$

9 4실린더 4행정 사이클 엔진에서 실린더의 지름이 100mm, 실린더 행정이 100mm이고, 엔진 회전수가 2000rpm, 지시평균 유효압력이 10kgf/cm²라면 지시마력은 몇 PS인가?

① 70　　② 75
③ 80　　④ 85

출력 = 상수 × 토크 × 회전수
비토크(Specific Torque) = 토크 ÷ 총 배기량 = 평균유효압력
출력 = 상수 × 토크 × 회전수
= 상수 × 비토크 × 총 배기량 × 회전수
= 상수 × 평균유효압력 × 총 배기량 × 회전수

$$I_{PS} = \frac{imep \times \left(\dfrac{\pi d^2}{4} l \times n\right) \times N}{75 \times 100 \times 60 \times n_R}$$

(여기서, I_{PS} : 지시마력(PS), imep : 지시평균 유효압력(kgf/cm²), d : 실린더 지름(cm), ℓ : 실린더 행정(cm), n : 실린더 수, N : 엔진 회전수(rpm), n_R : 상수(4행정 = 2, 2행정 = 1), 1/75 : 상수(1kgf·m/sec = 1/75PS), 1/60 : 상수(1rps = 1/60rpm), 1/100 : 상수(1kgf·cm/sec=1/100kgf·m/sec), $\dfrac{\pi d^2}{4} \times l \times n$: 총 배기량)

4행정 사이클 엔진은 크랭크축 2회전당 동력행정이 1회 발생하므로 2를 나눠줘야 합니다.
이 문제에서는 4행정 사이클 엔진이므로 n_R = 2가 됩니다.
만약 2행정 사이클 엔진이면 크랭크축 1회전 당 동력행정이 1회 발생하므로 n_R = 1이 되겠죠?

따라서, $I_{PS} = \dfrac{imep \times \left(\dfrac{\pi d^2}{4} \times l \times n\right) \times N}{75 \times 100 \times 60 \times n_R}$

$= \dfrac{10 kgf/cm^2 \times \left(\dfrac{3.14 \times (10cm)^2}{4} \times 10cm \times 4\right) \times 2000 rpm}{75 \times 100 \times 60 \times 2}$

$\approx \dfrac{5233 kgf \cdot m/sec}{75} \approx 70 PS$

10 실린더 1개당 총 마찰력이 6kgf, 피스톤의 평균속도가 15m/sec일 때 마찰로 인한 엔진 손실마력은?

① 1.2PS　　② 2.4PS
③ 4PS　　　④ 8PS

출력 = 상수 × (토크 × 회전수) = 상수 × (힘 × 속도)입니다.

$$L_{PS} = \frac{F \times \bar{S}}{75} = \frac{(\mu \times W) \times \bar{S}}{75}$$

(여기서, L_{PS} : 손실마력(PS), F : 총 마찰력(kgf), μ : 마찰계수, W : 수직항력(kgf), $\bar{S}$: 피스톤 평균속도(m/sec), 1/75 : 상수(1kgf·m/sec = 1/75PS))

문제에 마찰계수(μ)와 수직항력(W)이 따로 주어지지 않고 총 마찰력(F)이 바로 주어졌으므로

따라서, $L_{PS} = \dfrac{F \times \bar{S}}{75} = \dfrac{6 kgf \times 15 m/sec}{75} = 1.2 PS$

11 각 실린더의 연료분사량을 측정하여 최소분사량이 54cc, 평균분사량이 62cc, 최대분사량이 71cc였다면 분사량의 (+)불균율은?

① 약 15%　　② 약 20%
③ 약 25%　　④ 약 27%

- 최소분사량 = 각 노즐 분사량 중 가장 적은 분사량
- 평균분사량 = $\dfrac{\text{각 실린더 분사량의 합}}{\text{실린더 수}}$
- 최대분사량 = 각 노즐 분사량 중 가장 많은 분사량
- (+) 불균율[%] = $\dfrac{\text{최대분사량 - 평균분사량}}{\text{평균분사량}} \times 100$
- (−) 불균율[%] = $\dfrac{\text{평균분사량 - 최소분사량}}{\text{평균분사량}} \times 100$

따라서, (+) 불균율[%] = $\dfrac{71cc - 62cc}{62cc} \times 100 \approx 15\%$

정답　9 ①　10 ①　11 ①

계산문제한눈에보기 출제예상문제

12 점화 순서가 1 - 3 - 4 - 2인 4행정 사이클 엔진의 2번 실린더가 압축행정을 할 때 3번 실린더의 행정은?

① 흡입 ② 압축
③ 폭발 ④ 배기

해설
4기통 엔진의 점화 순서 문제가 나오면 먼저 문제에서 제시한 점화 순서를 적습니다. 이 문제의 점화 순서는 1 - 3 - 4 - 2'이고 '몇 번 실린더가 무슨 행정이다'라고 적혀 있을 것입니다. 그럼 조금 전에 적었던 1 - 3 - 4 - 2 숫자 밑에 몇 번 실린더가 무슨 행정을 했는지 적습니다. 그 다음에 점화 순서의 반대 방향으로 그 다음 행정을 적으면 됩니다. 다음 표를 참고하세요.

1		3		4		2
흡입	←	배기	←	폭발	←	압축

13 6기통 4행정 사이클 엔진에서 점화 순서가 1 - 5 - 3 - 6 - 2 - 4인 엔진의 3번 실린더가 흡입 행정 중간이라면 2번 실린더는 어떤 행정인가?

① 흡입 중 ② 폭발 초
③ 배기 말 ④ 배기 초

6기통 점화 문제가 나오면 일단 '피자판'을 그립니다! 그리고 숫자를 제외한 나머지 부분을 그림 [1]과 같이 그린 다음 문제를 보세요. 이번 문제는 "3번 실린더가 흡입 행정 중간일 때 2번 실린더는?" 하고 묻고 있습니다. 따라서, 그림 [2]와 같이 '3'을 '흡입 중'에 표기합니다. 그리고 반시계 방향으로 한 칸씩 띄우면서 점화 순서대로 씁니다. 이 문제에서는 점화 순서가 1 - 5 - 3 - 6 - 2 - 4'이니 3 다음에 한 칸 띄우고 6, 그 다음에 한 칸 띄우고 2, 4, 1, 5를 씁니다. 그렇게 써넣고 나서 문제에서 묻는 것을 찾아서 쓰면 됩니다.

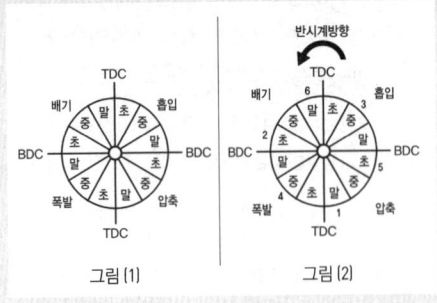
그림 [1]   그림 [2]

14 실린더 내경의 규정값이 75mm인 실린더를 실린더 보어 게이지로 측정한 결과 0.45mm가 마모되었다. 실린더 내경을 얼마로 수정해야 하는가?

① 실린더 내경을 75.35mm로 수정
② 실린더 내경을 75.50mm로 수정
③ 실린더 내경을 75.75mm로 수정
④ 실린더 내경을 75.90mm로 수정

해설
실린더 내경 최대 측정값은 75 + 0.45 = 75.45(mm)입니다. 여기서 실린더 내경의 규정값이 70mm 이상이므로 수정 한계값은 최대 측정값 + 0.2mm, 즉 75.45 + 0.2 = 75.65(mm)입니다. 그리고 실린더를 깎으면 내경이 커지니 피스톤도 더 큰 것으로 바꿔야겠죠?
피스톤도 규격이 정해져서 나옵니다.
실린더 내경 수정값이 75.65mm이므로 피스톤 오버사이즈 규격에 맞추려면 한 치수 큰 것으로 3단계(0.75mm)를 적용하면 됩니다. 따라서, 최종적인 실린더 내경 수정값은 75.75mm입니다.

수정 한계값		오버사이즈 한계값	
실린더 지름	수정한계값	실린더 지름	수정한계값
70mm 이상	0.20mm	70mm 이상	1.50mm
70mm 이하	0.15mm	70mm 이하	1.25mm
피스톤 오버사이즈 규격			
1단계	0.25mm	4단계	1.00mm
2단계	0.50mm	5단계	1.25mm
3단계	0.75mm	6단계	1.50mm

15 4행정 사이클 엔진의 밸브 개폐 시기가 다음과 같다면 흡입행정기간과 밸브 오버랩은 각각 몇 도인가?

흡기밸브	배기밸브
• 열림 : 상사점전 20°	• 열림 : 하사점전 46°
• 닫힘 : 하사점후 49°	• 닫힘 : 상사점후 12°

① 흡기행정기간 : 249°, 밸브 오버랩 : 32°
② 흡기행정기간 : 242°, 밸브 오버랩 : 18°
③ 흡기행정기간 : 185°, 밸브 오버랩 : 31°
④ 흡기행정기간 : 249°, 밸브 오버랩 : 18°

해설
흡입행정기간 = 흡기밸브 열림 각도 + 180° + 흡기밸브 닫힘 각도
밸브 오버랩 = 흡기밸브 열림 각도 + 배기밸브 닫힘 각도
따라서, 흡입행정기간 = 20° + 180° + 49° = 249°, 밸브 오버랩 = 20° + 12° = 32°

정답 12 ④ 13 ④ 14 ③ 15 ①

16 다음 조건에서 밸브 오버랩(Over Lap) 각도는 얼마인가?

흡기밸브	배기밸브
• 열림 : BTDC 17° • 닫힘 : ABDC 45°	• 열림 : BBDC 53° • 닫힘 : ATDC 14°

① 25°   ② 27°
③ 29°   ④ 31°

 해설

밸브오버랩 = 흡기밸브 열림 각도 + 배기밸브 닫힘 각도
따라서, 밸브오버랩 = 17° + 14° = 31°

17 디젤엔진의 크랭크축 회전수가 2,000rpm, 크랭크축 회전 반경이 20mm일 때 피스톤 평균속도(m/s)는?

① 약 1.5m/s   ② 약 2m/s
③ 약 2.7m/s   ④ 약 4m/s

 해설

피스톤 평균속도(m/s) 공식입니다.

$$\overline{S} = \frac{[2 \times (2 \times a)] \times N}{60} = \frac{2L \times N}{60}$$

(여기서, $\overline{S}$: 피스톤 평균속도(m/s), a : 크랭크축 회전 반경(m), N : 크랭크축(또는 엔진) 회전수(rpm), 1/60 : 상수(1rps = 1/60rpm), 2 × a : 피스톤(또는 실린더) 행정(m), L : 피스톤(또는 실린더) 행정(m))

참고로, 피스톤 행정(m)은 2행정이든 4행정이든 크랭크축(또는 엔진) 1회전당 상하로 1회, 1회 왔다 갔다 하여 총 2회 움직이기 때문에 크랭크축(또는 엔진) 1회전당 2L입니다.

$Nrpm \div 60 = \left(\frac{N}{60}\right) rps$ 이고, $2L \to \frac{(2 \times L)m}{1 rev}$ 입니다.

따라서, $\overline{S} = \frac{2L \times N}{60} = \frac{[2 \times (2 \times a)]\frac{m}{rev} \times N\frac{rev}{min}}{60}$

$= [2 \times (2 \times 0.02)]\frac{m}{rev} \times 2,000\frac{rev}{min} \div 60$

$= \left(160\frac{m}{min}\right) \div 60 \approx 2.7 m/s$

18 사용 중인 라디에이터에 물을 넣으니 총 15 ℓ가 들어갔다. 이 라디에이터의 신품 용량이 25 ℓ라고 할 때 코어 막힘율은 몇 %인가?

① 30%   ② 35%
③ 40%   ④ 45%

 해설

코어 막힘율(%) 공식을 암기하세요.
참고로 코어 막힘율이 20% 이상이면 신품 라디에이터로 교환해야 합니다.

코어 막힘율 = $\frac{신품 용량 - 사용품 용량}{신품 용량} \times 100 = \frac{25ℓ - 15ℓ}{25ℓ} \times 100 = 40\%$

19 커넥팅로드의 길이가 200mm, 피스톤의 행정이 100mm라면, 커넥팅로드의 길이는 크랭크 회전 반경의 몇 배가 되는가?

① 1.5배   ② 3배
③ 3.5배   ④ 4배

해설

커넥팅로드의 길이 구하는 공식을 응용하면 됩니다.

$$l_{con.} = \frac{(Ratio_{crank}) \times L}{2}$$

$$Ratio_{crank} = \frac{2 \times l_{con.}}{L} = \frac{2 \times l_{con.}}{2 \times a} = \frac{l_{con.}}{a}$$

(여기서, $l_{con.}$: 커넥팅로드 길이(mm), $Ratio_{crank}$: 크랭크 회전 반경 비율, L : 피스톤 행정(mm), 2 × a : 피스톤 행정(mm), a : 크랭크 회전 반경(mm))

따라서, $Ratio_{crank} = \frac{2 \times l_{con.}}{L} = \frac{2 \times 200 mm}{100 mm} = 4$

정답 16 ④ 17 ③ 18 ③ 19 ④

제2장 자동차 섀시 정비

1 동력전달장치

(1) 클러치
① 기능
- ㉠ 변속 시 일시적으로 엔진 동력을 차단한다.
- ㉡ 시동 시 엔진의 무부하 상태를 유지한다.
- ㉢ 관성 운전을 할 수 있다.

② 구비조건
- ㉠ 단속작용이 확실할 것
- ㉡ 동력 전달 후 미끄러지지 않을 것
- ㉢ 구조가 간단할 것
- ㉣ 회전 관성이 작을 것
- ㉤ 조작이 쉬울 것
- ㉥ 회전 부분의 평형이 좋을 것
- ㉦ 동력이 서서히 전달될 것
- ㉧ 과열되지 않을 것

③ 클러치 용량
- ㉠ 정의 : 클러치가 전달할 수 있는 토크의 크기(일반적으로 엔진 토크의 1.5~2.5배)
- ㉡ 클러치 용량이 너무 클 때 : 클러치가 플라이 휠에 접속할 때 엔진이 정지된다.
- ㉢ 클러치 용량이 너무 작을 때 : 클러치가 미끄러진다.
- ㉣ 클러치가 미끄러지지 않을 조건

$$Tfr \geq C$$

(여기서, T : 클러치 스프링 장력(kgf), f : 클러치 디스크의 평균 반지름(m), r : 클러치 디스크와 압력판 사이의 마찰계수, C : 엔진 토크(kgf·m))

- ㉤ 클러치 차단이 불량한 원인
  - 클러치 페달의 자유간극이 클 때
  - 클러치 각 부의 마모가 심할 때
  - 클러치 디스크 흔들림이 클 때
  - 유압계통에 공기가 유입되었을 때
  - 릴리스 베어링이 파손되었을 때
- ㉥ 클러치가 미끄러지는 원인
  - 클러치 페달의 자유간극이 작을 때
  - 플라이 휠이나 압력판이 변형되었을 때
  - 클러치 디스크에 오일이 묻었을 때
  - 클러치 스프링 자유고가 줄어들었을 때
  - 클러치 디스크의 마멸이 심할 때

④ 클러치 디스크 스프링의 종류
- ㉠ 토션 스프링(댐퍼 스프링 또는 비틀림 코일 스프링)
  - 클러치 접속 시 회전 충격을 흡수한다.
- ㉡ 쿠션 스프링
  - 클러치 디스크의 비틀림 편마모나 변형을 방지한다.

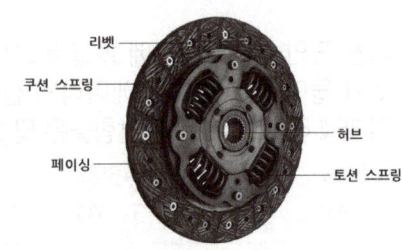

【 클러치 디스크의 구조 】

(2) 수동변속기

① 기능
  ㉠ 1차적으로 엔진 토크를 증가시킨다.
  ㉡ 시동 시 엔진 무부하 상태를 유지한다(변속 레버 중립).
  ㉢ 후진을 가능하게 한다.

② 구비조건
  ㉠ 작고 가벼울 것
  ㉡ 전달 효율이 우수할 것
  ㉢ 조작이 쉬울 것
  ㉣ 신속하고 정확하게 작동할 것
  ㉤ 연속적으로 변속될 것

③ 변속 시 기어가 잘 물리지 않는 원인
  ㉠ 클러치 차단이 불량할 때
  ㉡ 싱크로나이저링이 마모되었을 때
  ㉢ 싱크로나이저링 스프링이 약화되었을 때
  ㉣ 변속 레버가 불량할 때

④ 분류
  ㉠ 점진기어식 : 기어가 차례대로 변속된다.
  ㉡ 활동물림식 : 구조는 간단하지만 주축과 부축의 회전수 차이가 크면 마모 및 소음이 발생한다.
  ㉢ 상시물림식 : 기어 마모가 적고 정숙한 운전이 가능하지만 도그 클러치가 작동할 때 소음이 발생한다.
  ㉣ 동기물림식 : 싱크로나이저 기구를 사용하며, 변속 시 소음이 없고 변속을 위한 가속이 불필요하다.

> **Tip**
> 상시물림식의 도그 클러치에서 발생하는 소음을 보완하기 위해 동기물림장치(싱크로나이저)를 사용한 것이다. 따라서 동기물림장치가 고장 나면 기어변속 기어 충돌음이 발생한다.

⑤ DCT(Double Clutch Transmission, 자동화 수동변속기) : 수동변속기의 클러치 조작과 변속 조작을 자동화한 변속기이다.
  ㉠ 높은 연비와 빠른 응답성, 자동변속기의 편의성을 만족한다.
  ㉡ 클러치 액추에이터, 기어 액추에이터, 변속 레버, TCU 등으로 구성된다.

(3) 자동변속기

① 자동변속기 오일(ATF ; Auto Transmission Fluid)의 구비조건
  ㉠ 응고점과 점도가 낮을 것
  ㉡ 내산성이 클 것
  ㉢ 착화점과 비등점이 높을 것
  ㉣ 윤활성과 유성이 좋을 것
  ㉤ 비중이 클 것
  ㉥ 유성이 좋을 것

② 토크 컨버터
  ㉠ 구성 : 댐퍼 클러치, 터빈 러너, 스테이터, 펌프 임펠러

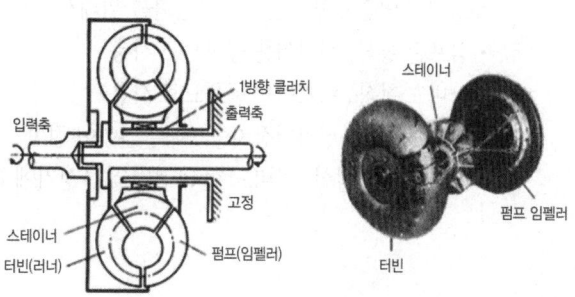

【 토크컨버터의 구조 】

> **Tip**
> - 클러치 포인트 : 터빈 회전수가 펌프 회전수에 가까워져서 스테이터가 공전하기 시작하는 점(컨버터 영역에서 커플링 영역으로 교체되는 점)
> - 스톨 포인트 : 펌프가 회전하고 터빈이 정지한 상태로서 속도비 0인 점(토크변환비 최대, 효율 최소)

ⓒ 댐퍼 클러치 미작동 조건
- 변속 레버가 중립(N단)일 때
- 엔진 회전수가 약 800rpm 이하일 때
- 냉각수 온도가 약 50℃ 이하일 때
- 3단에서 2단으로 시프트 다운될 때
- 1단(발진) 및 후진할 때
- 엔진 브레이크가 작동할 때
- 자동변속기 오일 온도가 약 60℃ 이하일 때

※ 위 사항 중 한 가지라도 해당되면 댐퍼클러치가 작동하지 않는다.

③ **스톨 테스트**
ⓐ 목적 : 엔진 성능과 토크 컨버터 스테이터의 원웨이 클러치 작동상태, 브레이크 밴드 작동 상태, 클러치 작동상태 등을 점검하기 위한 시험이다.
ⓑ 테스트 방법
- 엔진을 시동하고 워밍업한다.
- 브레이크 페달을 밟는다.
- 변속 레버를 D 또는 R에 놓는다.
- 가속 페달을 끝까지 밟고 엔진 최고 회전수를 측정한다.
- 스톨 테스트 시간은 5초 이내여야 한다.

④ **유성기어장치**
ⓐ 링 기어를 증속시킬 때 : 선 기어는 고정하고 유성기어 캐리어를 구동한다.
ⓑ 링 기어 증속 공식

$$N_R = \frac{S+R}{R} \times n$$

(여기서, N_R : 링 기어 회전수, S : 선 기어 잇수, R : 링 기어 잇수, n : 유성 기어 캐리어 회전수)

ⓒ **동력을 직결시킬 때** : 선 기어와 링 기어, 유성 기어 캐리어의 3요소 중 2요소를 고정한다.
ⓓ 후진할 때
- 유성 기어 캐리어 고정, 선 기어 회전 : 링 기어 역전 증속
- 유성 기어 캐리어 고정, 링 기어 회전 : 선 기어 역전 감속

ⓔ 유성기어 연결 방법 : 변속기 다단화를 위해서 여러 개의 유성기어를 연결해서 사용한다.
- 심프슨 형식 : 선기어를 공통으로 사용
- 라비뇨 형식 : 링기어를 공통으로 사용
- 윌슨 형식 : 유성기어장치를 3세트 연이어 접속
- 레펠페티어 형식 : 라비뇨 형식 전방의 유성기에 1세트를 추가로 접속

⑤ **밸브 바디의 밸브와 액추에이터의 종류**
  ㉠ 매뉴얼 밸브 : 변속 레버에 의해 작동되는 수동용 밸브로, 각 라인에 오일 압력을 유도한다.
  ㉡ 체크 밸브 : 잔압을 유지하고 역류를 방지한다.
  ㉢ 레귤레이터 밸브 : 오일펌프에서 발생한 라인 압력을 일정하게 유지한다.
  ㉣ 거버너 밸브 : 차속에 맞는 오일 압력을 형성한다.
  ㉤ 감압 밸브 : 1차측 압력과 관계없이 분기회로에서 2차측 압력을 설정 압력까지 감압한다.
  ㉥ 압력 조정 밸브
    • 오일펌프에서 발생한 유압의 최고 압력을 규정한다.
    • 주행 속도 및 엔진 부하에 적절한 압력으로 조정한다.
    • 엔진이 정지할 때 토크 컨버터 오일의 역류를 방지한다.
  ㉦ 시프트 밸브 : 유성 기어를 주행 속도 및 엔진 부하에 따라 자동적으로 변환한다.
  ㉧ 어큐뮬레이터 : 브레이크 또는 클러치를 작동할 때 변속 충격을 흡수한다.

⑥ **자동변속기 센서의 종류**
  ㉠ 스로틀 포지션 센서(TPS) : 엔진 부하를 산출하여 차속 센서 신호와 함께 변속 시기를 결정한다.
  ㉡ 냉각 수온 센서(WTS) : 댐퍼 클러치 비작동 영역을 검출한다(3단 자동변속기만 해당됨).
    • 냉각수 온도 50℃ 이하 : 댐퍼클러치 비작동 영역
    • 냉각수 온도 50℃ 초과 : 댐퍼클러치 작동 영역
    ※ 4단 이상 자동변속기에서는 유온 센서를 통해 검출한다.
  ㉢ 유온 센서 : 자동변속기 오일 온도를 검출하여 댐퍼 클러치 작동 시기 및 변속 시 유압을 제어하는 데 기준 신호를 제공한다.
  ㉣ 펄스 제너레이터
    • 펄스 제너레이터 A : 변속 시 유압을 제어할 목적으로 킥 다운 드럼의 회전수(N_A)를 검출한다.
    • 펄스 제너레이터 B : 차속 감지를 위해 변속기 피동 기어 회전수(N_B)를 검출한다.
    • $\dfrac{N_A}{N_B}$를 통해 자동적으로 변속단을 결정한다.

> **Tip**
> **히스테리시스**
> • 스로틀 밸브의 열림 각도가 동일해도 업 시프트와 다운 시프트 사이의 변속점에서 약 7~15Km/h의 속도 차이가 나는 현상이다.
> • 변속점 부근에서 빈번히 변속되어 불안정해지는 주행을 방지하기 위해 신경망 제어가 적용된 HIVEC 미션이나 H-MATIC 미션 등을 적용한다.

  ㉤ 가속 스위치
    • 가속 페달을 밟았을 경우 : 가속 스위치 OFF
    • 가속 페달 놓았을 경우 : 가속 스위치 ON
  ㉥ 킥 다운 서보 스위치
    • 킥 다운 시 충격을 완화하고 변속 감도를 좋게 한다.
    • 3속에서 2속으로 킥다운할 때만 작동한다.

> **Tip**
> - 킥 다운 : 스로틀 개도를 일정하게 하면서 정속 주행을 하다가 스로틀 개도를 갑자기 증가시키면(약 85% 이상) 감속되어 큰 토크를 얻을 수 있는 변속 형태
> - 리프트 풋 업 : 킥 다운과 반대로, 주행 중 스로틀 밸브의 개도량이 많은 상태에서 갑자기 스로틀 밸브의 개도량을 감소시키면 업 시프트 되어 증속되는 현상
> - 킥 업 : 킥 다운시켜 큰 토크를 얻은 상태에서 스로틀 밸브의 개도량을 계속 유지했을 때 트랜스퍼 드라이브 기어의 회전수가 증가하면서 업 시프트되어 증속되는 현상

  Ⓑ 차속 센서
   • 스로틀 포지션 센서(TPS) 신호와 함께 변속 시기를 결정한다.
   • 펄스 제너레이터 B에 이상이 생기면 출력축에 속도 신호를 제공한다(페일 세이프 기능).
    ※ 차속 센서 고장 시 : 계기판에서 차량속도 게이지가 움직이지 않는다.
  Ⓒ 오버 드라이브 스위치
   • 접점식 스위치로 되어있으며, 운전자의 오버드라이버 모드 선택여부를 검출한다.
   • ON : 4속까지 변속(최고 단수가 4속인 변속기인 경우)
   • OFF : 3속까지 변속(최고 단수가 4속인 변속기의 경우)

> **Tip**
> **오버드라이브 장치**
> - 엔진의 여유출력을 이용해 크랭크축의 회전속도보다 추진축의 회전속도를 크게 한 것으로 엔진 수명 증가, 운전 정숙, 연료 절약, 동일 엔진 회전수 내에서 차속 향상의 장점을 가지고 있다.

  Ⓓ 인히비터 스위치
   • 변속 레버의 위치를 감지한다.
   • 시동 가능 레인지 : P, N
 ⑦ **CVT(Continuously Variable Transmission) 변속기** : 주어진 변속 범위 내에서 연속적으로 변속되는 무단변속기이다.
  ㉠ 작고 가볍다.
  ㉡ 출력축의 토크 변동이 없어 변속 충격이 없다.
  ㉢ 최적의 변속비로 운행하므로 배기가스가 저감되고 연비가 향상된다.
  ㉣ 입력요소 : 구동 압력 센서, 종동 압력 센서, 구동 풀리 속도 센서, 종동 풀리 속도 센서, 클러치 압력 센서, 오일 온도 센서, 인히비터 스위치
  ㉤ 출력요소 : 구동 풀리 압력 제어, 종동 풀리 압력 제어, 발진 클러치 제어, 라인 압력 제어, 냉각 윤활 솔레노이드, CAN 통신

(4) 추진축(프로펠러 샤프트)

① 슬립 이음 : 길이 변화
② 자재 이음 : 각도 변화
③ 플렉시블 이음 : 비틀림 진동 감쇠

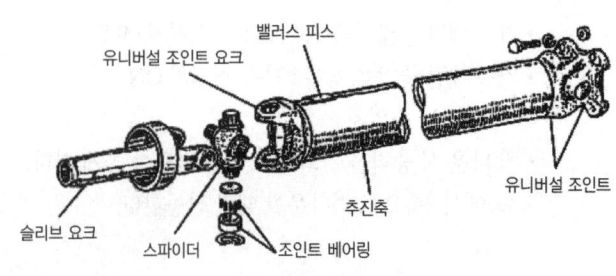

【 추진축의 구조 】

(5) 종감속 기어

① **기능** : 최종적으로 엔진 토크를 증가시킨다.

② **종류**

　㉠ 웜 기어 : 감속비는 크게 할 수 있지만 전달 효율이 낮고 열이 많이 발생한다.

　㉡ 직선 베벨 기어 : 서로 교차하는 두 축 사이의 운동을 전달하는 원추 모양의 기어로 값이 저렴하고 제작이 용이하다.

　㉢ 하이포이드 기어 : 추진축의 높이를 낮출 수 있다.

하이포이드 기어의 장점	하이포이드 기어의 단점
• 차량의 중심을 낮춰 안정성을 향상시킨다. • 기어물림률이 커진다. • 회전이 정숙 • 감속비와 링 기어 크기가 동일할 때, 스파이럴 베벨 기어보다 구동 피니언을 크게 할 수 있어 강도가 증가한다.	• 다소 제작하기 어렵다. • 극압 윤활유를 사용해야 한다.

　㉣ 스파이럴 베벨 기어 : 기어물림률이 좋아 회전이 원활하고 마모가 적다.

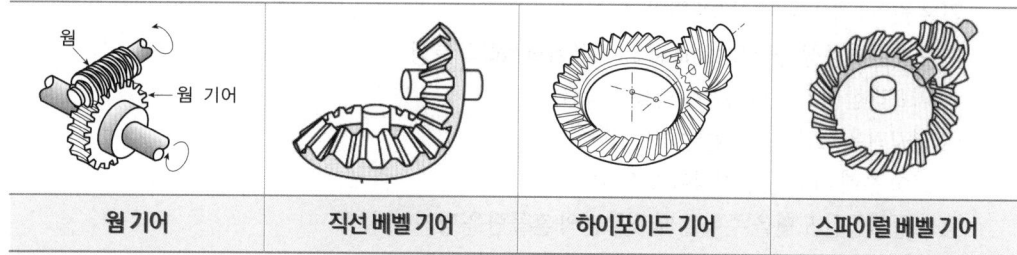

| 웜 기어 | 직선 베벨 기어 | 하이포이드 기어 | 스파이럴 베벨 기어 |

③ **변속비**

$$\text{변속비} = \text{기어비} = \frac{\text{엔진 회전수}}{\text{변속기 주축 회전수}} = \frac{\text{구동축 회전수}}{\text{피동축 회전수}} = \frac{\text{피동기어 잇수}}{\text{구동기어 잇수}}$$

④ **종감속비** : 엔진 회전수가 일정할 때 종감속비가 커지면 바퀴 회전수는 그만큼 감소하게 되므로 바퀴 회전수와 종감속비는 반비례 관계이다.

$$R_F = \frac{G_r}{G_p}$$

(여기서, R_F : 종감속비, G_r : 링기어 잇수, G_p : 구동 피니언 잇수)

⑤ **최종감속비** : 엔진 회전수가 일정할 때 최종감속비가 커지면 바퀴 회전수는 그만큼 감소하게 되므로 바퀴 회전수와 최종감속비는 반비례 관계이다.

$$R_{tot} = R_T \times R_F$$

(여기서, R_{tot} : 총 감속비, R_T : 변속비, R_F : 종감속비)

⑥ 한쪽 바퀴 회전수(양쪽 바퀴 회전수 = 한쪽 바퀴 회전수 × 2)

㉠ $N_w = \dfrac{N_e}{R_{tot}} = \dfrac{N_e}{R_T \times R_F}$

(여기서, N_w : 바퀴 회전수(rpm), N_e : 엔진 회전수(rpm), R_{tot} : 최종감속비, R_T : 변속비, R_F : 종감속비)

㉡ 회전수를 속도로 변환 : rpm을 km/h으로 변환

$$Nrpm = \dfrac{Nrev}{1\min} = \dfrac{(2\pi r \times N)m}{(\frac{1}{60})h} = \dfrac{\left[(2\pi r \times N) \times \frac{1}{1000}\right]km}{(\frac{1}{60})h} = (2\pi rN \times \dfrac{60}{1000})km/h$$

(여기서, 2π : 상수(1rev = 360° = 2π), N : 바퀴 회전수(rpm), r : 바퀴 반지름(m))

㉢ 회전수를 속도로 변환 : rpm을 m/s로 변환

$$Nrpm = \dfrac{Nrev}{1\min} = \dfrac{(2\pi r \times N)m}{60s} = \left(\dfrac{2\pi rN}{60}\right)m/s$$

(여기서, 2π : 상수(1rev = 360° = 2π), N : 바퀴 회전수(rpm), r : 바퀴 반지름(m))

(6) 차동기어

① **기본 원리** : 래크와 피니언의 원리
② **자동 제한 차동장치(LSD, Limited Slip Differential)의 특징**
  ㉠ 미끄러짐 방지로 타이어 수명을 연장한다.
  ㉡ 미끄러운 노면에서도 출발하기 쉽다.
  ㉢ 고속 주행 시 직진 안정성이 우수하다.
  ㉣ 울퉁불퉁한 노면을 주행할 때 뒷부분의 흔들림을 방지한다.

(7) 차축

① **액슬축의 고정 방식**
  ㉠ 전부동식
    • 하우징이 차량 무게를 모두 지지하며 차축은 동력만 전달한다.
    • 바퀴를 빼지 않고 차축을 탈거할 수 있다.
  ㉡ 반부동식 : 차축이 동력을 전달함과 동시에 차량 무게의 1/2을 지지한다.
  ㉢ 3/4부동식 : 차축이 동력을 전달함과 동시에 차량 무게의 1/4을 지지한다.

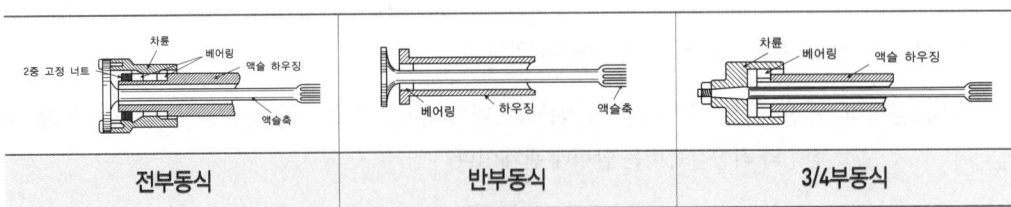

| 전부동식 | 반부동식 | 3/4부동식 |

> **Tip**
> **피스톤 핀의 고정방식**
> • 전부동식, 반부동식(요동식), 고정식

(8) 타이어

① 구조
  ㉠ 카커스(Carcass) : 타이어의 뼈대가 되는 부분이다.
  ㉡ 트레드(Tread) : 노면과 직접적으로 접촉하는 부분이다.
    • 리브형 : 타이어의 원둘레 방향으로 홈이 있어 회전 저항이 적고 조종 안정성이 좋다.
    • 러그형 : 타이어 원둘레 방향과 직각으로 좌우에 홈을 둔 트레드 형태, 제동력과 구동력이 좋으며, 견인력이 뛰어나다. 방열성이 좋지만 고속주행 시 소음이 많다.
    • 그 외 : 리브러그형, 블록형, 비대칭형
  ㉢ 브레이커(Breaker) : 트레드와 카커스의 중간에 위치한 코드 벨트이다.
  ㉣ 비드(Bead) : 카커스 코드 벨트의 양단에 감기는 철선이다.
  ㉤ 사이드월(Sidewall) : 타이어 옆 부분으로, 카커스를 보호하고 승차감을 높인다.
  ㉥ 숄더(Shoulder) : 타이어 트레드와 사이드 월(Side Wall)의 경계 부분

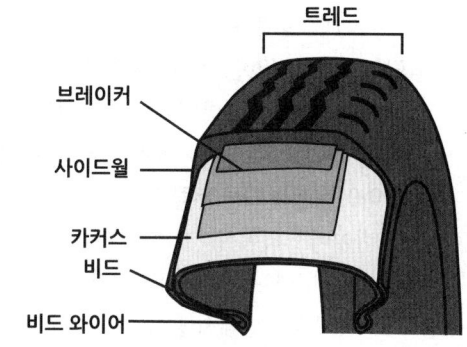

【 타이어의 구조 】

② 타이어의 표시 기호
  ㉠ 승용차용 타이어("155 70R 13")
    • 155 : 타이어 폭
    • 70 : 편평비

    $$※ 편평비 = \frac{타이어 높이}{타이어 폭} \times 100$$

    • R : 레이디얼 타이어
    • 13 : 림의 지름(단위는 inch)
  ㉡ 화물차용 타이어("6.00-(R)13 4PR")
    • 6.00 : 단면폭(타이어 폭, 단위는 inch)
    • (R)13 : 림의 지름(타이어 내경, 단위는 inch), 림의 지름 크기 앞에 R이 있으면 레이디얼 타이어이고 없으면 바이어스 타이어이다.
    • 4PR : 플라이레이팅(플라이수), 카커스 코드층의 수가 4겹, 이 숫자가 높을수록 고 하중에 견딜 수 있다.

③ 타이어에서 발생하는 주요 현상
  ㉠ 스탠딩 웨이브 현상
    • 정의 : 타이어 공기압이 낮은 상태에서 고속 주행할 때 타이어 접지부에 열이 축적되어 뒷부분이 부풀어 주름이 잡히는 현상을 말한다.
    • 방지 방법
      - 타이어 공기압을 표준압력보다 15~20% 높인다.
      - 강성이 큰 타이어를 사용한다.

- ⓒ 수막 현상(하이드로플래닝 현상)
  - 정의 : 젖은 노면을 주행할 때 타이어 노면 사이에 수막이 생겨 타이어가 노면 접지력을 상실하는 현상을 말한다.
  - 방지 방법
    - 주행 속도를 낮춘다.
    - 타이어 공기압을 약 10% 정도 높인다.
    - 트레드 마멸이 적은 타이어를 사용한다.
    - 트레드 패턴을 카프형으로 세이빙 가공한 것을 사용한다.
    - 배수효과가 좋은 리브 패턴 타이어를 사용한다.
- ④ 타이어(바퀴) 평형 : 주행 시 안정성을 확보시켜주는 역할을 한다.
  - ㉠ 정적 언밸런스 : 타이어의 상하 진동 유발(휠 트램핑 현상)
  - ㉡ 동적 언밸런스 : 타이어의 좌우 진동 유발(시미 현상, Shimmy)
- ⑤ 타이어 형상에 따른 분류
  - ㉠ 바이어스 타이어
    - 카커스 1프라이(Ply)씩 번갈아가며 코드의 각도가 다르게 적층된 것이다.
    - 비포장 노면에서 승차감이 우수하다(엔벨롭 특성).
    - 발열이 많고 내구성이 낮다.
  - ㉡ 레이디얼 타이어
    - 카커스의 방향이 타이어 원주와 직각이다.
    - 노면과 저항이 적어 연비가 향상된다.
    - 발열이 적고 펑크가 잘 나지 않는다.
- ⑥ 휠
  - ㉠ 스틸 휠 대비 알루미늄 휠의 장점
    - 가볍고 방열 성능이 우수하다.
    - 안전하고 수명이 길다(내식성이 좋음).
    - 정밀도가 높고 패션성이 있다.
  - ㉡ 구조에 따른 분류
    - 원피스 휠 : 림과 디스크가 한 덩어리로, 강성이 높고 가벼우며 가격이 저렴하다.
    - 투피스 휠 : 림과 디스크를 따로 만들어 용접이나 볼트로 고정한다.
    - 쓰리피스 휠 : 아우터림과 이너림, 디스크를 따로 만들어 볼트로 고정하며 디자인 자유도가 높다.
  - ㉢ 디자인에 따른 분류
    - 스포크 타입
    - 메쉬 타입
    - 디쉬 타입
    - 핀 타입
    - 에어로 타입
- ⑦ TPMS(Tire Pressure Monitoring System)
  - ㉠ 타이어 공기압이 부족할 때 운전자에게 경고하는 시스템이다.
  - ㉡ 직접 측정 방식과 간접 측정 방식이 있다.
    - High 라인 : 타이어 위치까지 인식한다.
    - Low 라인 : 단순히 공기가 부족할 때 경고한다.

(9) 주행저항

① 구름저항

$$R_r = \mu r \times W$$

(여기서, R_r : 구름저항(kgf), μ_r : 구름저항 계수, W : 차량 총 중량(kgf))

② 등판저항(구배저항)

$$R_a = W \times \sin\theta \approx W \times \tan\theta$$

(여기서, R_g : 구배저항(kgf), sinθ : 노면 경사각(°), tanθ : 노면 경사각(°), W : 차량 총 중량(kgf))

③ 공기저항

$$R_a = \mu_a \times A \times V^2$$

(여기서, R_a : 공기저항(kgf), A : 자동차 전면 투영 면적(m²), μ_a : 공기저항 계수(kgf·s²/m⁴), V : 자동차의 공기에 대한 상대속도(m/s))

④ 가속저항(관성저항)

$$R_i = \frac{(W + \triangle W) \times a}{g} = \frac{[(1+\varepsilon)W] \times a}{g}$$

(여기서, R_i : 가속저항, W : 차량 총 중량(kgf), a : 가속도(m/s²), g : 중력 가속도(≒ 9.8m/s²), ε: △W/W)

출제예상문제

1 구동바퀴가 자동차를 미는 힘을 구동력이라 한다. 구동력의 단위는 무엇인가?
① kgf·m
② kgf
③ PS
④ kgf·m/sec

> 해설
> - kgf·m : 모멘트의 단위
> - kgf : 힘의 단위
> - PS : 일률의 단위
> - kgf·m/sec : 일률의 단위

2 수동변속기에서 클러치의 기능이 아닌 것은?
① 필요에 따라 변속기로 전달되는 엔진 토크를 단속한다.
② 출발할 때 엔진 동력을 서서히 연결하는 역할을 한다.
③ 관성운전 시 엔진과 변속기를 연결하여 연비를 향상시킨다.
④ 엔진과의 연결을 차단하는 역할을 한다.

> 해설
> - 관성운전 시 엔진과 변속기를 차단하여 연비를 향상시킨다.

3 클러치 디스크의 구비조건이 아닌 것은?
① 방열이 잘될 것
② 회전 부분의 밸런스가 좋을 것
③ 회전관성이 클 것
④ 동력을 신속하게 차단할 것

> 해설
> - 회전관성이 작을 것
> ※ 참고
> - 회전 관성이 크면 동력 차단 후 곧바로 다시 동력을 전달할 때 클러치 접촉 충격이 커져서 클러치 디스크의 변형 및 마멸을 초래할 수 있습니다.

4 수동변속기 적용 자동차에서 클러치의 필요조건으로 틀린 것은?
① 회전 부분의 평형이 좋을 것
② 회전관성이 클 것
③ 내열성이 좋을 것
④ 방열성이 좋을 것

> 해설
> - 회전관성이 작을 것

5 클러치가 미끄러지는 원인이 아닌 것은?
① 클러치 압력 스프링 파손
② 압력판 및 플라이휠 손상
③ 페달 자유간극 과대
④ 마찰면 경화, 오일 묻음

> 해설
> - 페달 자유간극 과소
> ※ 참고
> - 문제에 '미끄러진다'는 말이 나오면 상식적으로 오일이 묻은 경우를 생각할 수 있겠죠? 또한 클러치 면과 닿는 부분이 이상하거나, 클러치가 연결되었을 때 압력판이 제대로 못 밀어줘도 플라이휠에 딱 붙지 못해서 미끄러질 가능성이 있습니다.

6 수동변속기에서 클러치가 미끄러지는 원인으로 틀린 것은?
① 클러치 디스크의 과다 마멸
② 클러치 디스크에 오일이 묻음
③ 페달의 자유간극 과대
④ 압력판 및 플라이휠 손상

> 해설
> - 페달의 자유간극 과소

7 유압식 클러치 장치에서 동력 차단이 불량한 원인으로 틀린 것은?
① 유압회로 내 에어 유입
② 클러치 릴리스 실린더 불량
③ 클러치 마스터 실린더 불량
④ 클러치 페달 자유간극이 없음

> 해설
> - 클러치 페달 자유간극이 큼

8 클러치 페달을 밟았을 때 페달 답력이 크고 페달 유격이 없으면 나타나는 현상으로 틀린 것은?
① 엔진이 과냉된다.
② 등판 성능이 저하된다.
③ 연료 소비량이 증가한다.
④ 주행 중 가속 페달을 밟아도 가속이 되지 않는다.

정답 1② 2③ 3③ 4② 5③ 6③ 7④ 8①

- 페달 답력이 크다는 것은 페달을 밟는 데 힘이 많이 들기 때문에 동력 차단을 신속하게 할 수 없다는 뜻이고, 페달 유격이 없다는 것은 동력 전달이 불량하다는 뜻입니다.

9 클러치 디스크의 런 아웃(Run Out)이 클 때 발생하는 현상으로 가장 적합한 것은?
① 클러치 페달 유격이 변함
② 클러치 스프링 파손
③ 클러치 단속 불량
④ 주행 중 소음 발생

- 런 아웃(Run Out)은 흔들림을 뜻합니다.

10 클러치 작동기구 중 솔벤트로 세척하면 안 되는 부품은?
① 클러치 스프링   ② 릴리스 포크
③ 릴리스 베어링   ④ 클러치 커버

- 릴리스 베어링은 영구 주유방식으로 내부에 그리스가 들어가 있으므로 세척하면 안 됩니다.

11 변속비(기어비)를 구하는 식은?
① (부축 회전수) ÷ (엔진 회전수)
② (카운터 기어 잇수) × (변속단 카운터 기어 잇수)
③ (엔진 회전수) ÷ (추진축 회전수)
④ (입력축 회전수) × (변속단 카운터축 회전수)

- 변속비 = 기어비 = $\dfrac{\text{엔진 회전수}}{\text{변속기 주축 회전수}}$ = $\dfrac{\text{구동축 회전수}}{\text{피동축 회전수}}$ = $\dfrac{\text{피동기어 잇수}}{\text{구동기어 잇수}}$

12 수동변속기에서 기어를 변속할 때 기어의 이중 물림을 방지하는 것은?
① 오버드라이브
② 록킹 볼(Locking Ball)
③ 파킹 브레이크
④ 인터록(Interlock)

- 인터록 : 이중 물림 방지
- 록킹볼 : 기어 빠짐 방지

13 수동변속기의 클러치 장치에서 플라이휠에 조립되어 플라이휠과 함께 회전하는 것은?
① 변속기 입력축   ② 클러치 디스크
③ 릴리스 포크   ④ 클러치 커버

14 수동변속기의 동기물림(싱크로메시) 기구에 대한 설명으로 옳은 것은?
① 주축 기어 회전수와 부축 기어 회전수를 같게 한다.
② 슬리브 회전수와 변속하려는 기어 회전수는 서로 관계가 없다.
③ 메인 스플라인 회전수와 변속하려는 기어 회전수를 같게 한다.
④ 주축 기어 회전수를 부축 기어 회전수보다 빠르게 한다.

15 수동변속기에서 싱크로메시(Synchro Mesh) 기구의 기능은?
① 감속기능   ② 동기치합기능
③ 배력기능   ④ 가속기능

- 싱크로메시는 동기물림 변속기어를 말합니다. 즉, 변속할 때 속도가 다른 두 기어를 마찰로 조절하여 두 기어의 속도가 일치되었을 때 서로 맞물리게 하는 기구입니다.

16 수동변속기에서 싱크로메시(Synchro Mesh)의 작용 시기는?
① 클러치 페달을 놓을 때
② 변속 기어가 물릴 때
③ 클러치 페달을 밟을 때
④ 변속 기어가 물려있을 때

- 싱크로메시는 동기물림 변속 기어입니다. 즉, 변속할 때 속도가 다른 두 기어를 마찰로 조절하여 두 기어의 속도가 일치되었을 때 서로 맞물리게 하는 기구를 말합니다.

정답 9③ 10③ 11③ 12④ 13④ 14③ 15② 16②

제2장 자동차 섀시 정비

17 싱크로나이저 허브 및 슬리브 점검에 대한 설명으로 틀린 것은?
① 싱크로나이저 허브와 슬리브는 이상 있는 부위만 교환한다.
② 허브 앞쪽 끝부분의 마모 여부를 점검한다.
③ 슬리브의 안쪽 앞부분과 뒤쪽 끝의 손상 여부를 점검한다.
④ 싱크로나이저와 슬리브를 끼우고 부드럽게 돌아가는지 점검한다.

- 싱크로나이저 허브와 슬리브는 이상이 있을 때는 둘 다 교환한다.

18 수동변속기를 분해·점검할 때 측정해야 할 항목이 아닌 것은?
① 입력축 휨
② 입력축 앤드플레이
③ 포크와 슬리브의 간극
④ 기어 직각도

- 기어 백래시

19 변속보조장치 중 도로 조건이 불량한 곳에서 운행되는 자동차가 더 많은 견인력을 공급하기 위해 앞 차축에도 구동력을 전달하는 장치는?
① 트랜스퍼 케이스
② 동력변속 증감장치(POVS)
③ 동력인출장치(PTO)
④ 주차보조장치

- 동력변속 증감장치(POVS) : 자동변속기에서 입력축의 회전력을 이용하여 변속시킬 때 토크컨버터의 동력 손실을 막기 위해 기어를 변속할 때마다 펌프를 구동시키는 장치이다.
- 동력인출장치(PTO) : 엔진 동력을 자동차에 장착된 부수 장비에 공급하기 위한 장치로 윈치, 유압 펌프 등에 쓰인다.
- 주차보조장치 : 주차와 관련된다.
※ 참고
- 트랜스퍼 케이스는 동력을 주행 목적에 사용하고, 동력인출장치(P.T.O)는 동력을 주행 외 목적에 사용합니다.

20 자동변속기의 장점으로 틀린 것은?
① 진동 및 충격 흡수가 크다.
② 가속성이 높고 최고속도가 다소 낮다.
③ 기어 변속이 편리하고 엔진 스톨(Engine Stall)이 없다.
④ 토크가 커서 등판 능력이 우수하다.

21 자동변속기 오일의 기능에 해당하지 않는 것은?
① 윤활기능   ② 충격전달기능
③ 냉각기능   ④ 동력전달기능

22 자동변속기 오일의 구비조건이 아닌 것은?
① 클러치 접속 시 충격이 크고 미끄럼 없는 적절한 마찰계수를 가질 것
② 기포가 발생하지 않고 방청성이 좋을 것
③ 내산화성과 내열성이 좋을 것
④ 점도지수의 유동성이 좋을 것

- 클러치 접속 시 충격이 작고 미끄럼 없는 적절한 마찰계수를 가질 것

23 유체 클러치에서 오일의 와류를 감소시키는 장치?
① 원웨이 클러치   ② 베인
③ 가이드 링   ④ 펌프

24 자동변속기에서 유체 클러치와 토크 컨버터의 토크비가 같아지는 시기는?
① 클러치 포인트   ② 후진할 때
③ 출발할 때   ④ 스톨 포인트

- 클러치 포인트 : 터빈 회전수가 펌프 회전수에 가까워져서 스테이터가 공전하기 시작하는 점(컨버터 영역에서 커플링 영역으로 교체되는 점)
- 스톨 포인트 : 펌프가 회전하고 터빈이 정지한 상태로서 속도비 0인 점(토크변환비 최대, 효율 최소)

25 토크 컨버터(Torque Converter)의 토크 변환율은?
① 0.1~1배   ② 2~3배
③ 4~5배   ④ 6~7배

정답 17① 18④ 19① 20② 21② 22① 23③ 24① 25②

26 자동변속기의 토크컨버터(Torque Converter) 내에 있는 스테이터(Stator)의 기능은?

① 펌프의 토크를 증가시킨다.
② 터빈의 토크를 감소시킨다.
③ 바퀴의 토크를 감소시킨다.
④ 터빈의 토크를 증가시킨다.

27 자동변속기에서 유성 기어 캐리어를 한 방향으로만 회전하게 하는 것은?

① 프런트 클러치   ② 리어 클러치
③ 엔드 클러치   ④ 원웨이 클러치

• 한 방향은 원 웨이와 같은 말이죠?

28 자동변속기에서 토크컨버터 내부의 유체 슬립에 의한 손실을 최소화하기 위한 것은?

① 원웨이 클러치   ② 롤러 클러치
③ 댐퍼 클러치   ④ 다판 클러치

• 댐퍼 클러치라는 말이 나오면 '유체 슬립 최소화'와 '직결'입니다.

29 자동변속기의 토크컨버터 내에 있는 댐퍼 클러치의 작동조건이 아닌 것은?

① 브레이크 페달을 밟지 않았을 때
② 1단 및 후진 시
③ 변속 레버가 D레인지이며 차속이 일정 속도 (약 70km/h) 이상일 때
④ 냉각수 온도가 충분히(약 75℃ 정도) 올랐을 때

댐퍼클러치 비작동조건
1. 변속 레버가 N레인지일 때
2. 1단 발진 및 후진할 때
3. 엔진 회전수가 약 800rpm 이하일 때
4. 엔진 브레이크가 작동할 때
5. 냉각수 온도가 약 50℃ 이하일 때
6. 자동변속기 오일 온도가 약 60℃ 이하일 때
7. 3단에서 2단으로 시프트 다운될 때
※ 1~7번 중 한 가지라도 해당되면 작동하지 않습니다.

30 자동변속기에서 토크컨버터 내부의 오일 압력이 낮아지는 원인이 아닌 것은?

① 킥다운 서보 스위치 고장
② 오일펌프 누유
③ 오일쿨러 막힘
④ 입력축의 씰(Seal)이 찢어짐

31 유성기어 조립체에서 선기어(Sun Gear), 캐리어, 링기어의 3요소 중 2요소를 입력요소로 하면 동력 전달은 어떻게 되는가?

① 직결   ② 감속
③ 증속   ④ 역전

• 이 문제는 유성 기어 조립체의 구조와 원리를 이해해야 풀 수 있는데 상당히 복잡하므로 수험자에게는 단순 암기가 최고입니다. '유성기어 3요소 중 2요소 입력이면 직결'로 암기하세요.

32 유압제어장치와 관련 없는 것은?

① 유성장치
② 밸브바디
③ 어큐뮬레이터
④ 오일펌프

• 유성장치는 유성기어장치를 말하며 자동변속기, 종감속 기어 장치 등에 사용됩니다. 따라서 유압제어장치와는 관련이 없습니다.

33 자동변속기의 오버드라이브(Over Drive) 장치에 대한 설명 중 틀린 것은?

① 엔진 회전수가 동일할 때 오버드라이브 장치가 설치된 자동차의 속도가 더 빠르다.
② 엔진의 수명이 길어지고 운전이 정숙해진다.
③ 엔진 회전수를 일정 수준 낮추어도 주행속도를 유지한다.
④ 엔진 출력 및 회전수가 증가하여 엔진오일과 연료소비량이 증가한다.

• 엔진의 여유출력을 이용하기 때문에 엔진 회전수보다 추진축의 회전수가 증가하여 연료소비량이 감소한다.

34 자동변속기의 전진 기어 중 가장 큰 토크를 발생시키는 변속 단은?

① 1단 ② 2단
③ 3단 ④ 오버드라이브

> 해설
> • 변속 단수가 높을수록 토크가 작아집니다. 즉, 1단의 토크가 가장 크고 오버드라이브의 토크가 가장 낮습니다.

35 중·고속 주행 시 변속기에서 엔진 회전수보다 바퀴 회전수를 빠르게 하여 연비를 향상시키는 장치는?

① 클러치 포인트 ② 킥 다운
③ 오버드라이브 ④ 히스테리시스

> 해설
> • 클러치 포인트 : 터빈 회전수가 펌프 회전수에 가까워져서 스테이터가 공전하기 시작하는 점(컨버터 영역에서 커플링 영역으로 교체되는 점)
> • 킥 다운 : 스로틀 개도를 일정하게 유지하면서 정속주행을 하다가 스로틀 개도를 갑자기 증가시키면(약 85% 이상) 감속되어 큰 토크를 얻게 되는 현상이다.
> • 히스테리시스 : 이력현상을 말하며, 자동변속기에서 증속 변속시점과 감속 변속시점에 차이를 두어 주행 중 빈번한 변속을 방지하는 것을 말한다.

36 스톨 테스트 방법으로 틀린 것은?

① 브레이크 페달은 밟지 않고 주차 브레이크만 작동한 후 실시한다.
② 주차 브레이크를 작동한 후 브레이크 페달을 밟고 전진 기어를 넣은 다음 실시한다.
③ 주차 브레이크를 작동한 후 브레이크 페달을 밟고 후진 기어를 넣은 다음 실시한다.
④ 바퀴에 고임목을 받치고 실시한다.

37 자동변속기의 변속 레버 중 엔진 크랭킹이 가능한 위치는?

① P, D ② P, N
③ P, R, N, D ④ R, N

38 자동변속기에서 오일의 흐름으로 옳은 것은?

① 토크컨버터 → 밸브바디 → 오일펌프
② 토크컨버터 → 오일펌프 → 밸브바디
③ 오일펌프 → 토크컨버터 → 밸브바디
④ 오일펌프 → 밸브바디 → 토크컨버터

39 자동 변속기의 밸브 바디 내에 있는 매뉴얼 밸브(Manual Valve)의 역할은?

① 오일 압력을 부하에 알맞은 압력으로 조정한다.
② 변속 레버 위치에 따라 유로를 변경한다.
③ 변속단수 위치를 컴퓨터로 전달한다.
④ 차속과 엔진 부하에 따라 변속단수를 결정한다.

> 해설
> • 매뉴얼 밸브는 역할 면에서 많은 밸브들 중 가장 메인이기 때문에 문제에 나올 확률이 큽니다.

40 자동변속기의 밸브바디에서 매뉴얼 밸브(Manual Valve)의 역할은?

① 유성 기어를 엔진 부하 또는 차속에 따라 변환한다.
② 변속 레버의 각 레인지 위치를 TCU로 전달한다.
③ P, R, N, D 등으로 변속 레버의 각 레인지 위치를 변환할 때 유로를 변경한다.
④ 오일펌프에서 발생한 유압을 엔진 부하와 차속에 따라 적절한 압력으로 조정한다.

41 자동변속기의 오일펌프에서 발생한 라인 압력을 일정하게 유지하는 밸브는?

① 매뉴얼 밸브 ② 레귤레이터 밸브
③ 체크밸브 ④ 거버너 밸브

> 해설
> • 매뉴얼 밸브 : 변속 레버에 의해 작동되는 수동용 밸브로 각 라인에 오일 압력 유도
> • 체크밸브 : 잔압 유지, 역류 방지
> • 거버너 밸브 : 차속에 맞는 오일 압력 형성

42 자동변속기에서 라인 압력을 근원으로 하여 항상 라인 압력보다 낮은 압력을 만드는 밸브는?

① 거버너 밸브 ② 체크 밸브
③ 리듀싱 밸브 ④ 매뉴얼 밸브

> 해설
> • 거버너 밸브 : 차속에 맞는 오일 압력 형성
> • 체크밸브 : 잔압 유지, 역류 방지
> • 매뉴얼 밸브 : 변속 레버에 의해 작동되는 수동용 밸브로 각 라인에 오일 압력 유도

정답 34 ① 35 ③ 36 ① 37 ② 38 ④ 39 ② 40 ③ 41 ② 42 ③

43 자동변속기에서 변속 단수를 결정하는 데 가장 중요한 역할을 하는 센서는?

① 스로틀 포지션 센서
② 크랭크각 센서
③ 맵 센서
④ 일사센서

44 자동변속기에서 차속 센서 신호와 같이 변속 시기를 결정하는 센서는?

① 유온 센서
② 스로틀 포지션 센서
③ 냉각 수온 센서
④ 캠 샤프트 포지션 센서

- 유온 센서 : 자동변속기 오일 온도를 검출하여 댐퍼 클러치 작동 시기 및 변속 시 유압을 제어하는 데 기준 신호를 보낸다.
- 냉각 수온 센서 : 냉각수 온도를 검출하여 엔진 연료 분사량 및 점화시기를 제어·보정
- 캠 샤프트 포지션 센서 : 1번 실린더 상사점 위치를 검출하여 크랭크각 센서와 함께 연료 분사 시기 및 점화시기를 결정하는 데 기준 신호를 보낸다.

45 자동변속기 제어와 관련된 센서가 아닌 것은?

① 차고 센서
② 유온 센서
③ 입력축 속도 센서
④ 스로틀 포지션 센서

- 차고 센서 : ECS 장치에 사용된다.
- 유온 센서 : 자동변속기 오일 온도를 검출하여 댐퍼클러치 작동 시기 및 변속 시 유압을 제어하는 데 기준 신호를 보낸다.
- 입력축 속도 센서 : 펄스제네레이터 A 라고 하며, 변속기 입력축의 속도를 검출하여 출력축 속도 센서와 함께 변속 시기를 결정하는 데 기준 신호를 보낸다.
- 스로틀 포지션 센서 : 엔진 부하를 산출하여 변속 시기를 결정한다.

46 자동변속기에서 스로틀 개도를 일정하게 하면서 정속 주행을 하다가 스로틀 개도를 갑자기 증가시키면(약 85% 이상) 감속되어 큰 토크를 얻을 수 있는 변속 형태는?

① 업 시프트   ② 다운 시프트
③ 킥 다운   ④ 리프트 풋 업

- 리프트 풋 업 : 킥 다운과 반대로, 주행 중 스로틀 밸브의 개도량이 많은 상태에서 급격하게 스로틀 밸브의 개도량을 감소시키면 업 시프트되어 증속되는 현상을 말한다.

47 자동변속기 유압시험방법으로 거리가 먼 것은?

① 유압잭으로 앞바퀴 쪽을 들고 안전 잭을 설치한다.
② 변속기 오일 온도가 약 70~80℃가 되도록 워밍업한다.
③ 변속레버를 'D' 위치에 놓고 가속 페달을 완전히 밟은 상태에서 엔진 최대 회전수를 측정한다.
④ 엔진 타코미터를 설치하여 엔진 회전수를 선택한다.

- 변속레버를 'D' 위치에 놓고 가속 페달을 완전히 밟은 상태에서 엔진 최대 회전수를 측정한다. : 스톨시험에 대한 설명
※ 참고
- 스톨시험은 엔진의 출력 이상 유무와 변속기의 슬립에 대한 이상 유무를 판단하는 시험입니다. 단, 5초 이상 지속할 경우 변속기 오일 온도가 급상승하므로 주의해야 합니다.

48 추진축의 자재이음은 무엇에 변화를 일으키는가?

① 회전축의 각도
② 축의 길이
③ 회전 토크
④ 회전속도

- 자재이음 : 각도 변화
- 슬립이음 : 길이 변화

49 추진축의 슬립이음은 어떤 것의 변화를 일으키는가?

① 회전수
② 회전 토크
③ 드라이브 각
④ 축의 길이

- 슬립이음 : 길이 변화
- 자재이음 : 각도 변화

제2장 자동차 섀시 정비

50 추진축이 진동하는 원인으로 가장 거리가 먼 것은?
① 밸런스 웨이트가 떨어진 경우
② 플랜지부를 과도하게 조인 경우
③ 중간 베어링이 마모된 경우
④ 요크 방향이 다를 경우

• 플랜지부가 과도하게 풀린(이완)된 경우

51 프로펠러 샤프트의 스플라인이 과다하게 마모되었을 때 나타나는 현상으로 옳은 것은?
① 주행 중 소음이 발생하고 프로펠러 샤프트가 진동한다.
② 차동기의 구동 피니언과 링기어 치합이 불량해진다.
③ 동력 전달 시 충격 흡수가 잘 된다.
④ 차동기의 구동 피니언 베어링의 조임이 헐거워진다.

• 문제에 '프로펠러 샤프트'를 언급했으니 차동기까지 갈 필요가 없겠죠?

52 프로펠러 샤프트의 스플라인부가 마멸되었을 때 발생하는 현상은?
① 종감속장치 결합 불량
② 동력 전달 성능 향상
③ 완충작용 불량
④ 주행 중 소음 및 진동 발생

53 후륜구동(Front engine Rear wheel drive, FR) 방식 자동차에서 바퀴 또는 허브를 탈거하지 않고 액슬축을 탈거할 수 있는 방식은?
① 3/4부동식
② 반부동식
③ 전부동식
④ 배부동식

• 액슬축 고정방식 : 전부동식, 반부동식, 3/4부동식
• 피스톤 핀 고정방식 : 전부동식, 반부동식, 고정식

54 종감속장치에 사용하는 하이포이드 기어(Hypoid Gear)의 장점으로 틀린 것은?
① 기어의 접촉 면적이 커져서 강도를 향상시킨다.
② 기어 이빨의 접촉율이 크기 때문에 회전이 정숙해진다.
③ 기어의 편심으로 차체의 전고가 높아진다.
④ 추진축의 높이를 낮출 수 있어 차체의 중심이 낮아져 안정성이 향상된다.

• 기어의 편심으로 차체의 전고가 낮아진다.

55 차동장치에서 차동 피니언과 사이드 기어의 백래시 조정 방법은?
① 스러스트 와셔(심, Shim) 두께를 가감하여 조정한다.
② 차동장치의 링기어 조정 장치를 조정한다.
③ 축받이 차축의 오른쪽 조정 심을 가감하여 조정한다.
④ 축받이 차축의 왼쪽 조정 심을 가감하여 조정한다.

• 심 조정방식 : 심의 두께를 가감하여 조정
• 너트 조정방식 : 좌우 베어링 캡 볼트를 풀고 조정 너트를 조정

56 자동차 중량과 관련 없는 주행저항은?
① 공기저항
② 가속저항
③ 구배저항
④ 구름저항

• 공기저항 : 자동차 앞면 투영 면적과 관련 있다.

57 엔진 출력이 일정할 때 가속 성능을 향상시키는 방법으로 틀린 것은?
① 종감속비를 크게 한다.
② 주행저항을 작게 한다.
③ 차량 총 중량을 증가시킨다.
④ 여유 구동력을 크게 한다.

• 차량 총 중량을 감소시킨다.

정답 50 ② 51 ① 52 ④ 53 ③ 54 ③ 55 ① 56 ① 57 ③

58 타이어의 구조에 해당하지 않는 것은?
① 카커스(Carcass)
② 트레드(Tread)
③ 라이닝
④ 브레이커(Breaker)

- 카커스(Carcass) : 타이어의 뼈대가 되는 부분
- 트레드(Tread) : 노면과 직접적으로 접촉하는 부분
- 브레이커(Breaker) : 트레드와 카커스의 중간에 위치한 코드 벨트

59 타이어의 뼈대가 되는 부분으로 튜브의 공기압에 견디면서 일정한 체적을 유지하고 하중이나 충격에 변형되면서 완충작용을 하며, 내열성 고무로 밀착시킨 구조인 것은 무엇인가?
① 카커스(Carcass)
② 트레드(Tread)
③ 브레이커(Breaker)
④ 비드(Bead)

- 카커스 : 타이어의 뼈대가 되는 부분
- 트레드 : 노면과 직접적으로 접촉하는 부분
- 브레이커 : 트레드와 카커스의 중간에 위치한 코드 벨트
- 비드(Bead) : 카커스 코드 벨트의 양단이 감기는 철선

60 타이어의 구성요소 중 노면과 직접 접촉하는 부분은?
① 카커스   ② 트레드
③ 숄더   ④ 비드

- 카커스 : 타이어의 뼈대가 되는 부분
- 숄더 : 타이어 트레드와 사이드 월(Side Wall)의 경계 부분
- 비드 : 카커스 코드 벨트의 양단이 감기는 철선

61 타이어에 표기된 '205 60R 16'에서 205가 의미하는 것은?
① 림 경   ② 편평비
③ 타이어 폭 ④ 마찰계수

- 205 : 타이어 폭
- 60 : 편평비
- R : 레이디얼 타이어
- 16 : 림의 지름(단위는 inch)

62 타이어 공기압에 대한 설명으로 옳은 것은?
① 좌우 바퀴의 공기압이 차이가 나면 제동력 편차가 발생할 수 있다.
② 공기압이 높으면 트레드 양단이 마모된다.
③ 빗길 주행 시 공기압을 15% 정도 낮춘다.
④ 모랫길 등 바퀴가 빠질 우려가 있을 때는 공기압을 15% 정도 높인다.

- 공기압이 낮으면 트레드 양단이 마모된다.
- 빗길 주행 시 공기압을 10~15% 정도 높인다.
- 모랫길 등 바퀴가 빠질 우려가 있을 때는 공기압을 10~15% 정도 낮춘다.

63 타이어 공기압에 대한 설명으로 틀린 것은?
① 공기압이 낮으면 타이어의 트레드 마모가 심해진다.
② 공기압이 낮으면 포장도로에서 미끄러지기 쉽다.
③ 좌우 공기압에 편차가 발생하면 브레이크를 작동할 때 위험하다.
④ 좌우 공기압에 편차가 발생하면 차동 사이드 기어가 빨리 마모된다.

- 공기압이 낮으면 포장도로에서 미끄러지지 않는다.

64 타이어 압력 모니터링 장치(Tire Pressure Monitoring System, TPMS)를 정비할 때 잘못된 것은?
① 타이어를 분리할 때 타이어 압력 센서가 파손되지 않게 한다.
② 타이어 압력 센서의 배터리 수명은 영구적이다.
③ 타이어 압력 센서는 공기 주입 밸브와 일체로 되어 있다.
④ 타이어 압력 센서를 장착할 수 있는 휠은 일반 휠과 다르다.

- 타이어 압력 센서의 배터리 수명은 반영구적이다.

② 현가장치

(1) 일체 차축식
① 특징
- ㉠ 구조가 간단하다.
- ㉡ 선회 시 차체의 기울어짐이 적다.
- ㉢ 앞바퀴에 시미(Shimmy) 현상이 발생한다.
- ㉣ 스프링 아래 질량이 커서 승차감이 불량하다.
- ㉤ 스프링 정수가 너무 작은 것은 사용하기 힘들다.

> **Tip**
> **시미(Shimmy) 현상**
> • 앞바퀴가 좌우로 흔들리는 현상을 말하며, 고속 시미와 저속 시미가 있다.
> • 고속 시미의 발생원인 : 바퀴가 동적 불평형일 때
> • 저속 시미의 발생원인 : 바퀴가 정적 불평형일 때
> - 바퀴가 불평형할 때
> - 스프링 정수가 작을 때
> - 타이어 공기압이 낮을 때
> - 링키지 연결부가 헐거울 때
> - 쇽업쇼버 작동이 불량할 때
> - 앞 현가 스프링이 쇠약할 때

(2) 독립 현가식
① 특징
- ㉠ 구조가 복잡하다.
- ㉡ 로드 홀딩이 우수하다.
- ㉢ 바퀴의 시미(Shimmy) 현상이 적다.
- ㉣ 스프링 아래 질량이 작아 승차감이 좋다.
- ㉤ 스프링 정수가 작은 것을 사용할 수 있다.
- ㉥ 바퀴의 상하 운동에 따라 앞바퀴 정렬이 틀어지기 쉬워 타이어 마멸이 크다.

② 앞차축 현가장치의 종류
- ㉠ 위시본 형식
  - 평행사변형 형식
    - 캠버 변화가 없다.
    - 위 컨트롤 암과 아래 컨트롤 암 길이가 같다.
    - 스프링 압축 및 인장 시 윤거가 변한다.
  - SLA 형식
    - 캠버 변화가 있다.
    - 위 컨트롤 암보다 아래 컨트롤 암이 길다.
    - 스프링 압축 및 인장 시 윤거가 변하지 않는다.
- ㉡ 맥퍼슨 형식
  - 구조가 간단하고 정비 작업이 쉽다.
  - 로드 홀딩이 우수하다.
  - 스프링 아래 질량이 작다.
  - 엔진 룸의 유효 체적을 넓게 할 수 있다.
  - 스트러트가 조향 시 회전한다.

> **Tip**
> 국내 승용차에서 가장 많이 사용되는 현가장치 : 맥퍼슨 형식

③ 뒤차축 현가장치의 종류
  ㉠ 트레일링 암 형식
    • 풀 트레일링 암 형식
    • 세미 트레일링 암 형식
      - 공차 시와 승차 시 캠버가 변한다(단점).
      - 종감속 기어가 현가 암 위에 고정되기 때문에 그 진동이 현가장치로 전달되므로 차단할 필요성이 있다(단점).
      - 구조가 복잡하고 가격이 비싸다(단점).
      - 차실 바닥이 낮아져 승차감이 향상된다(장점).
  ㉡ 스트러트 형식

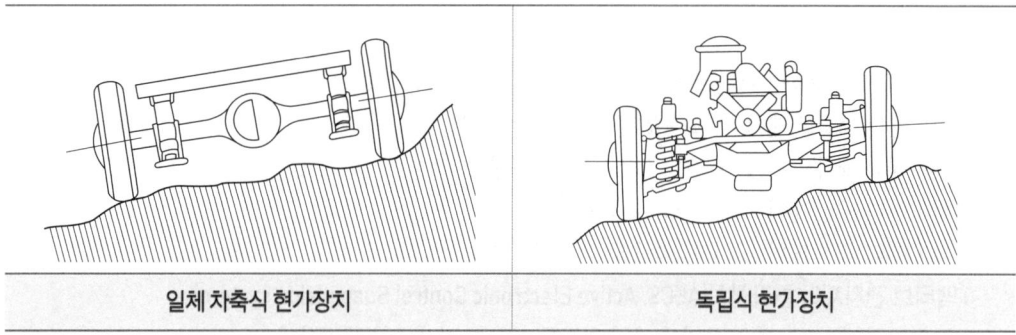

| 일체 차축식 현가장치 | 독립식 현가장치 |

(3) 공기현가장치

① 특징
  ㉠ 고유 진동수를 낮출 수 있다.
  ㉡ 하중의 증감과 관계없이 차체 높이를 항상 일정하게 유지한다.
  ㉢ 공기 스프링 자체에 감쇄성이 있어 작은 진동을 흡수하는 효과가 좋다.
② **구성요소** : 공기 압축기, 공기 탱크, 공기 스프링, 레벨링 센서, 압력조절기, 안전 밸브
③ **공기 스프링의 종류** : 벨로즈형, 다이어프램형, 복합형(벨로즈형 + 다이어프램형)

(4) 전자제어 현가장치(ECS, Electronic Control Suspension system)

① 기능
  ㉠ 노면상태에 따라 승차감과 차고(차량 높이)를 조절할 수 있다.
  ㉡ 급제동 시 노스 다운(Nose Down)현상을 방지한다.
  ㉢ 급선회 시 원심력에 의한 차체의 기울어짐을 방지한다.
② 센서의 종류
  ㉠ 스로틀 포지션 센서(TPS) : 급가속 및 감속상태를 검출한다.
  ㉡ 차속 센서 : 자동차의 주행속도를 검출한다.
  ㉢ 차고 센서 : 자동차 높이 변화에 따른 차체와 차축 위치를 검출한다.
  ㉣ 중력 센서(G 센서) : 차체 바운싱(Bouncing)에 대한 정보를 검출하며 피에조 저항형 센서를 사용한다.
  ㉤ 조향 핸들 각속도 센서 : 조향 핸들의 조작 정도를 검출한다.

③ 제어의 종류
　㉠ 제어 수단 : 차고 제어, 감쇠력 제어, 스프링 상수 제어
　㉡ 자세 제어 종류
　　• 차속 감응 제어 : 고속 주행 시 감쇠력을 미디엄(Medium)이나 하드(Hard)로 변환한다.
　　• 앤티 롤링 제어 : 선회 시 바깥쪽 바퀴의 실린더의 압력을 상승시킨다.
　　• 앤티 피칭 제어 : 요철 노면 주행을 제어한다.
　　• 앤티 바운싱 제어 : 중력 센서를 이용해 차체의 상하 진동을 제어한다.
　　• 앤티 스쿼트 제어 : 노스 업(Nose Up)을 제어한다.
　　• 앤티 다이브 제어 : 노스 다운(Nose Down)을 제어한다.
　　• 앤티 쉐이크 제어 : 승·하차 시 하중의 변화에 따라 차체가 움직일 때 또는 규정속도 이하일 때 쇽업쇼버 감쇠력을 하드(Hard)로 변환한다.
　　• 차고 제어 : 인원이나 적재물의 변화에 따라 제어한다.
　㉢ 자세 제어 종류별 관련 센서
　　• 앤티 스쿼트 제어 : 스로틀포지션센서, 차속센서
　　• 앤티 다이브 제어 : 브레이크 스위치, 차속센서
　　• 앤티 피칭 제어 : 차고센서, 차속센서
　　• 앤티 롤링 제어 : 조향 휠 각속도 센서, G센서
④ 액티브 전자제어 현가장치(AECS, Active Electronic Control Suspension system)
　㉠ 프리뷰 제어 : 노면의 상태에 관한 정보를 이용해 감쇠력을 제어한다.
　㉡ 퍼지 제어 : 노면의 진동을 감지하여 최적의 승차감으로 제어한다.
　㉢ 스카이 훅 제어 : 가변 댐퍼를 차륜과 차체 사이에 장착하여 노면과 차체 사이의 상대속도에 따른 감쇠력을 제어한다.

> **Tip**
> **자동차의 진동**
> • 스프링 위 질량 진동
> 　- 롤링(Rolling) : X축 방향을 중심으로 차체가 회전하는 진동
> 　- 피칭(Pitching) : Y축 방향을 중심으로 차체가 앞뒤로 회전하는 진동
> 　- 요잉(Yawing) : Z축 방향을 중심으로 차체가 회전하는 진동
> 　- 바운싱(Bouncing) : 차체가 Z축을 따라 전체적으로 균등하게 상하 직선운동하는 진동
> • 스프링 아래 질량 진동
> 　- 휠 트램프 : 차축이 X축을 중심으로 회전하는 진동
> 　- 와인드 업 : 차축이 Y축을 중심으로 회전하는 진동
> 　- 휠 홉 : 차축이 Z축 방향으로 상하 평행운동하는 진동

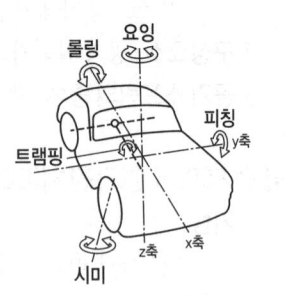

(5) 현가장치용 스프링
① 판 스프링
　㉠ 주요 구성품
　　• 스팬 : 스프링의 아이(Eye)와 아이 사이의 중심거리
　　• 섀클 : 스팬의 길이를 변화시키는 부분

- U볼트 : 차축 하우징을 설치하기 위한 볼트
- 캠버 : 스프링의 휨 양

ⓒ 특징
- 굽힘 탄성을 이용하며 구조가 간단하다.
- 진동 억제력이 커서 쇽업쇼버가 필요 없다.
- 작은 진동을 흡수하는 데 불리하다.

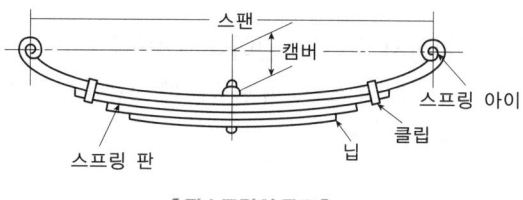

【 판스프링의 구조 】

② 코일 스프링
ⓐ 비틀림 탄성을 이용한다.
ⓑ 단위 중량당 저장할 수 있는 탄성에너지가 크다.
ⓒ 미세한 진동에도 민감하게 반응한다.
ⓓ 쇽업쇼버가 필요하다.

③ 토션 바 스프링
ⓐ 비틀림 탄성을 이용하며 막대(bar) 형태이다.
ⓑ 단위 중량당 저장할 수 있는 탄성에너지가 가장 크다.
ⓒ 가볍고 구조가 간단하다.
ⓓ 쇽업쇼버가 필요하다.

④ 공기 스프링
ⓐ 공기의 압축과 팽창에 의해 생기는 탄성효과를 이용한다.
ⓑ 공기량을 조절하여 스프링 상수 및 차고 조절이 가능하다.
ⓒ 조종 안정성이 향상된다.

(6) TCS(Traction Control System) 장치

TCS 장치는 구동 성능과 조향 안정성, 선회 추월 성능을 향상시킨다.

① 제어 종류
ⓐ 슬립 제어 : 눈길 등의 마찰계수가 낮은 노면에서 가속성 및 선회 안정성을 향상시킨다.
ⓑ 트레이스 제어 : 일반적인 도로에서 언더 · 오버 스티어링을 방지하여 조향성을 향상시킨다.

② 종류
ⓐ 엔진 토크 제어
- 엔진 제어(EM) : 연료 분사량과 점화 시기를 제어한다.
- 흡입 공기량 제어 : 메인·보조 스로틀 밸브를 제어한다.

ⓑ 동력전달장치 제어
ⓒ 브레이크 제어
ⓓ 통합 제어
- 엔진 제어 + 브레이크 제어
- 스로틀 밸브 제어 + 브레이크 제어
- 스로틀 밸브 제어 + 브레이크 제어 + LSD 제어

출제예상문제

1 현가장치의 구비조건이 아닌 것은?
① 구동력 및 제동력이 발생할 때 적당한 강성이 있어야 한다.
② 승차감 향상을 위해 상하 움직임에 대한 적당한 유연성이 있어야 한다.
③ 주행 안정성이 있어야 한다.
④ 원심력이 발생되어야 한다.

해설
• 원심력이 발생하면 안 된다.

2 앞바퀴 독립현가장치에 포함되지 않는 것은?
① 맥퍼슨 형식
② SLA 형식
③ 위시본 형식
④ 트레일링 암 형식

해설
• 트레일링 암 형식 : 뒷바퀴 독립현가장치

3 앞바퀴 독립현가장치 중 맥퍼슨 형식의 특징이 아닌 것은?
① 로드 홀딩이 좋다.
② 스프링 아래 질량을 크게 할 수 있음
③ 위시본 형식에 비해 구조가 간단하다.
④ 엔진 룸 유효공간을 넓힐 수 있다.

해설
• 스프링 아래 질량을 작게 할 수 있음(스프링 아래 질량이 작아서 로드 홀딩이 좋다)

4 일체 차축 현가장치 방식에서 판스프링의 구성요소 중 스팬의 길이를 변화시키는 부분은?
① U볼트   ② 캠버
③ 스팬   ④ 섀클

해설
• U볼트 : 차축 하우징을 설치하기 위한 볼트
• 캠버 : 스프링의 휨 양
• 스팬 : 스프링의 아이(Eye)와 아이 사이의 중심거리

5 현가장치에 사용하는 토션 바 스프링(Torsion Bar Spring)에 대한 설명 중 틀린 것은?
① 진동의 감쇠작용이 없어 쇽업쇼버를 같이 사용한다.
② 구조가 간단하고 가로 또는 세로로 설치가 자유롭다.
③ 스프링 힘은 바의 길이 및 단면적에 반비례한다.
④ 다른 스프링에 비해 단위 중량당 에너지 흡수율이 크며 가볍고 구조가 간단하다.

해설
• 스프링 힘은 바의 길이 및 단면적, 재질에 따라 결정된다.

6 고속 주행 시 바퀴가 상하로 진동하는 현상을 무엇이라 하는가?
① 요잉(Yawing)   ② 시미(Shimmy)
③ 롤링(Rolling)   ④ 트램핑(Tramping)

해설
• 요잉(Yawing) : 자동차의 z축 방향을 중심으로 차체가 회전하는 진동
• 시미(Shimmy) : 앞바퀴의 좌우 흔들림 현상
• 롤링(Rolling) : 자동차의 x축 방향을 중심으로 차체가 회전하는 진동

7 스프링의 진동 중 스프링 위 질량 진동과 관련 없는 것은?
① 휠 트램프   ② 롤링
③ 피칭   ④ 바운싱

해설
• 휠 트램프 : 스프링 아래 질량 진동
• 롤링 : 스프링 위 질량 진동
• 피칭 : 스프링 위 질량 진동
• 바운싱 : 스프링 위 질량 진동

8 스프링 위 무게 진동과 관련된 항목이 아닌 것은?
① 요잉   ② 바운싱
③ 피칭   ④ 휠 트램프

정답 1④ 2④ 3② 4④ 5③ 6④ 7① 8④

- 요잉 : 스프링 위 무게 진동, z축을 중심으로 차체가 좌우로 회전하는 진동 현상
- 바운싱 : 스프링 위 무게 진동, z축을 따라 차체가 전체적으로 균등하게 상하 직선 운동하는 진동 현상
- 피칭 : 스프링 위 무게 진동, y축을 중심으로 차체가 앞뒤로 회전하는 진동 현상
- 휠 트램프 : 스프링 아래 무게 진동, 고속 주행 시 바퀴가 상하로 진동하는 현상

9 주행 중인 자동차에서 트램핑(Tramping) 현상 발생 원인으로 틀린 것은?
① 휠 허브 불량
② 앞 브레이크 디스크 불량
③ 파워펌프 불량
④ 타이어 불량

- 트램핑(Tramping) 현상 : 타이어의 상하 진동 현상으로, 바퀴의 정적 평형을 변화시킬 수 있는 부품들은 모두 트램핑 현상과 관계가 있습니다.

10 주행 중 고속으로 선회했을 때 차체가 기울어지는 것을 방지하는 기구는?
① 타이어 ② 스태빌라이저
③ 타이로드 엔드 ④ 프로포셔닝 밸브

11 전자제어 현가장치(Electronic Control Suspension, ECS)의 장점이 아닌 것은?
① 승차감이 좋다.
② 노면으로부터의 충격이 감소된다.
③ 조향 시 차체가 쏠리는 경우가 있다.
④ 고속 주행 시 안정성이 높다.

- 조향 시 차체 쏠림을 최소화한다.

12 전자제어 현가장치(Electronic Suspension System, ECS)의 장점으로 가장 적절한 것은?
① 운전자가 희망하는 쾌적한 공간을 제공하는 최신 시스템이다.
② 운전자 의지에 따라 조향 능력을 유지하는 시스템이다.
③ 울퉁불퉁한 노면을 주행할 때 흔들림이 적은 평행한 승차감을 실현한다.
④ 차속 및 조향 상태에 따라 적절한 조향 특성을 얻을 수 있다.

13 전자제어 현가장치(Electronic Control Suspension system, ECS)의 구성요소가 아닌 것은?
① 맵 센서
② 차고 센서
③ 페달 포지션 센서
④ 전자제어 현가장치 지시등

- 맵 센서 : 흡기압력을 검출하여 흡입 공기량을 간접 계측

14 전자제어 현가장치(Electronic Suspension System, ECS)에서 감쇠력 제어 조건이 아닌 경우는?
① 정차상태에서 급출발할 경우
② 고속주행하면서 좌회전할 경우
③ 고속주행 중 급제동할 경우
④ 정차 시 뒷좌석에 많은 사람이 탑승한 경우

15 전자제어 현가장치(Electronic Suspension System, ECS)의 제어 기능이 아닌 것은?
① 안티 다이브(Anti-dive)
② 안티 스쿼트(Anti-squat)
③ 안티 스키드(Anti-skid)
④ 안티 롤(Anti-roll)

- 안티 스키드(Anti-skid) : ABS의 제어 기능

16 전자제어 현가장치(Electronic Suspension System, ECS)에 사용되는 차고 센서의 구성 요소는?
① 발광 다이오드, 유화카드뮴
② 서브탱크, 에어챔버
③ 포토 트랜지스터, 발광 다이오드
④ 써모 스위치

정답 9③ 10② 11③ 12③ 13① 14④ 15③ 16③

17 전자제어 현가장치(Electronic Control Suspension, ECS)에서 입력신호가 아닌 것은?
① 감쇠력 모드 전환 스위치
② 브레이크 스위치
③ 대기압 센서
④ 스로틀 포지션 센서

- 대기압 센서 : 엔진 ECU 입력신호 센서로 대기압을 측정하여 연료 분사량 및 점화시기 보정

18 전자제어 현가장치(Electronic Suspension System, ECS)의 입력요소가 아닌 것은?
① 레인 센서 ② 차고 센서
③ 조향 앵글 센서 ④ 차속 센서

- 차고 센서 : 자동차의 높이 변화와 차축, 차체(Body)의 위치 감지
- 조향 앵글 센서 : 조향속도와 방향, 각도 검출
- 차속 센서 : 자동차 속도 검출

19 ECS(Electronic Control Suspension) 장치에서 사용하는 센서가 아닌 것은?
① 냉각수 온도 센서
② 스로틀 포지션 센서
③ 차고 센서
④ 차속 센서

- 냉각수 온도 센서 : 냉각수 온도를 검출하여 엔진 연료 분사량과 점화 시기 제어·보정
- 스로틀 포지션 센서 : 스로틀 밸브 개도량 검출
- 차고 센서 : 자동차의 높이 변화와 차축, 차체(Body)의 위치 감지
- 차속 센서 : 자동차의 속도 검출

20 전자제어 현가장치(Electronic Control Suspension system, ECS)의 출력부가 아닌 것은?
① 고장코드
② 액추에이터
③ 지시등, 경고등
④ TPS

- TPS는 ECS의 입력부입니다.

21 계기판에서 차량속도 게이지가 움직이지 않을 때 이상이 있는 센서는?
① 냉각 수온 센서 ② 맵 센서
③ 차속 센서 ④ 크랭크각 센서

- 맵 센서 : 흡기압력을 검출하여 흡입 공기량을 간접 계측

3 조향장치

(1) 기본 원리
조향장치는 애커먼 장토의 원리를 이용한다.

(2) 구비조건
① 조작이 쉬울 것
② 고속 주행 시 조향 핸들이 안정될 것
③ 조향 핸들 유격이 적절할 것(조향 핸들의 회전과 바퀴의 선회 차이가 크지 않을 것)
④ 회전반경이 작아서 좁은 곳에서도 방향 전환이 가능할 것

(3) 조향기구
① 조향기구의 구분
  ㉠ 앞 차축과 조향 너클의 설치 방식에 따른 구분 : 마몬형, 르모앙형, 엘리옷형, 역 엘리옷형
  ㉡ 동력 조향 방식에 따른 구분
    • 비가역식 : 조향 핸들에 의해 조향 바퀴는 움직이지만 그 반대로는 동력이 전달되지 않는다.
    • 가역식 : 조향 핸들에 의해 조향 바퀴가 움직이고, 바퀴의 움직임이 조향 핸들로 전달된다.
    • 반가역식 : 가역식과 비가역식 중간 형태로, 웜 섹터 롤러형과 볼 너트형이 있다.
  ㉢ 조향축에 따른 구분
    • 틸트 형식 : 조향축의 설치 각도를 조절할 수 있다.
    • 텔레스코핑 형식 : 조향축의 길이를 조절할 수 있다.
② 독립차축식 조향기구
  ㉠ 드래그 링크가 없다.
  ㉡ 타이로드가 둘로 나누어져 있다.
  ㉢ 최근 승용차에서는 피트먼 암과 센터 링크 등을 사용하지 않고, 래크와 피니언 형식을 사용한다.
③ **조향 기어 박스** : 웜 섹터형, 웜 섹터 롤러형, 볼 너트형, 캠 레버형, 스크루 볼형, 스크루 너트형, 래크와 피니언형

> **Tip**
>
> • 조향 기어비 : 값이 작을수록 조향 핸들의 조작력이 커지고 조작은 신속해진다.
>
> $$\text{조향 기어비} = \frac{\text{스티어링 휠이 움직인 각도(°)}}{\text{피트먼 암이 움직인 각도(°)}}$$
>
> • 최소 회전반경(기준값 : 12m 이하)
>
> $$R = \frac{L}{\sin\alpha} + r$$
>
> (여기서, R : 최소 회전반경(m), L : 축간 거리, α : 가장 외측 앞바퀴의 조향각,
> r : 바퀴 접지면 중심과 킹핀의 거리)

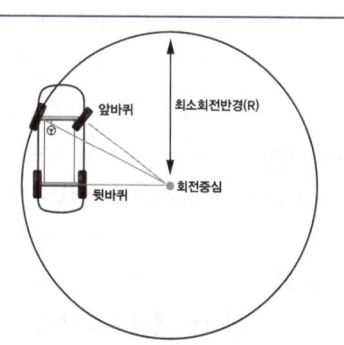

(4) 동력조향장치(파워 스티어링 장치)

① 장·단점

동력조향장치의 장점	동력조향장치의 단점
• 앞바퀴의 시미 현상을 방지한다. • 조향 핸들 조작력이 작고 조작이 신속하다. • 조향 핸들의 조작력과 관계없이 조향 기어비를 선정한다. • 노면에서 오는 충격과 진동을 흡수한다.	• 구조가 복잡하고 가격이 비싸다. • 고장이 발생하면 정비하기 다소 어렵다. • 파워 스티어링 펌프가 구동하면서 엔진 출력이 손실된다.

② **구조** : 작동부, 제어부, 동력부
③ **오일펌프 형식** : 로터리 펌프, 베인 펌프, 슬리퍼 펌프
④ **AFS(Active Front Steering)** : 저속에서는 조향 기어비를 낮추고 고속에서는 높이는 시스템이다.
⑤ **속도감응식 파워 스티어링**
　㉠ 유압식 파워 스티어링에서 저속에서는 조향 핸들의 조작력을 가볍게 하고 고속에서는 무겁게 한다.
　㉡ 조향각 센서, 차속 센서, TPS 센서 신호로 ECU가 유량 제어 밸브를 제어한다.

> **Tip**
> 동력조향장치가 고장났을 때 조향 휠을 수동으로 조작하도록 하는 장치
> • 안전 체크 밸브　　　　　　　　　　　　• 밸브스풀

(5) 전동식 동력조향장치(MDPS, EPS)

① 종류
　㉠ 전동펌프식　　㉡ 유압반력 제어식　　㉢ 속도감응식
② 구성
　㉠ 컨트롤 유닛　　㉡ 모터　　㉢ 조향각 센서
③ 제어 항목
　㉠ 아이들-업 제어　　㉡ 과부하 보호 제어　　㉢ 경고등 제어
④ 관련 센서
　㉠ 조향 토크 센서 : 비접촉 광학식 센서를 주로 사용하여 운전자의 조향 휠 조작력 검출
　㉡ 차속 센서 : 자동차의 속도 검출
　㉢ 조향 휠 각속도 센서 : 조향속도·방향·각도 검출
　㉣ 스로틀 포지션 센서 : 스로틀 밸브 개도량 검출

> **Tip**
> 전자제어 조향장치에서 차속센서의 기능 : 조향력 제어

⑤ 특징
　㉠ 유압으로 제어하지 않으므로 오일펌프가 필요 없다.
　㉡ 유압식 조향장치에 비해 연비를 향상시킬 수 있다.
　㉢ 유압식 조향장치에 비해 부품 수가 적다.

ⓔ 유압으로 제어하지 않으므로 오일이 필요 없다.
ⓜ 차속 감응 방식과 엔진 회전수 감응 방식이 있다.
ⓑ 급조향 시 조향 방향으로 잡아당기는 현상을 방지한다.
ⓢ 저속 주행 시 핸들 조작력을 가볍게 하고 고속 주행 시 무겁게 한다.
ⓞ 중속 이상에서 자동차 속도에 감응하여 핸들 조작력을 변화시킨다.
ⓩ 공회전과 저속에서는 조향 휠 조작력이 작다.
ⓧ 고속일수록 큰 조작력을 필요로 한다.

(6) 앞바퀴 정렬

① **역할**
  ㉠ 조향 핸들에 복원성을 부여한다.
  ㉡ 타이어 마멸을 최소화한다.
  ㉢ 조향 핸들의 조작력을 가볍게 한다.
  ㉣ 조향 핸들에 직진 안정성을 부여한다.

② **정렬 요소의 종류**
  ㉠ 캠버
   • 정(+)의 캠버 : 앞바퀴의 아래쪽이 위쪽보다 좁은 상태
   • 부(-)의 캠버 : 앞바퀴의 위쪽이 아래쪽보다 좁은 상태

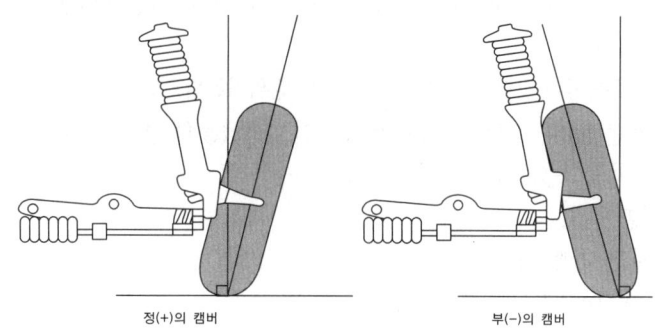

【 바퀴를 앞에서 보았을 때 】

  ㉡ 캐스터
   • 정(+)의 캐스터 : 자동차를 측면에서 보았을 때 킹핀의 위쪽이 휠 허브를 지나 노면에 수직인 직선의 뒤쪽으로 기울어진 상태
   • 부(-)의 캐스터 : 자동차를 측면에서 보았을 때 킹핀의 위쪽이 휠 허브를 지나 노면에 수직인 직선의 앞쪽으로 기울어진 상태

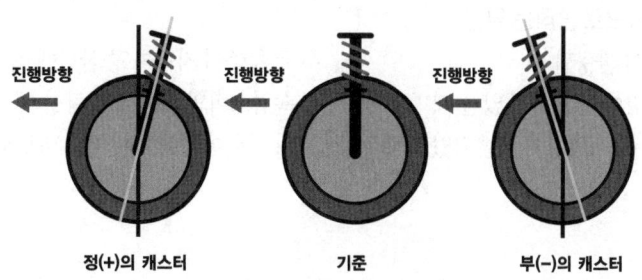

ⓒ 토(Toe)
- 토인(Toe In) : 앞바퀴를 위에서 아래로 보았을 때 앞쪽이 뒤쪽보다 좁은 상태
- 토아웃(Toe Out) : 앞바퀴를 위에서 아래로 보았을 때 뒤쪽이 앞쪽보다 좁은 상태

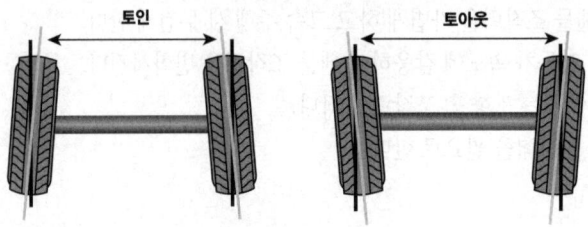

【 바퀴를 위에서 보았을 때 】

ⓔ 킹핀 경사각 : 앞바퀴를 앞쪽에서 보았을 때 킹핀의 윗부분이 안쪽으로 경사지게 설치되어 있는데, 이때 킹핀 축 중심과 노면에 대한 수직선이 이루는 각도
ⓕ 스크러브 반경(Scrub Radius, 킹핀 옵셋)
- 킹핀 축과 타이어 중심선이 지면에서 만나는 거리를 뜻한다.
- 킹핀경사각이 작을수록, 캠버가 정(+)의 캠버가 될수록 스크러브 반경은 작아진다.
- 정(+) 킹핀 옵셋
  - 타이어의 중심선이 킹핀 축 중심보다 바깥에 위치한다.
  - 조작력이 크고 핸들에 충격이 전달된다(킥 백).
  - 브레이크 고장이나 타이어가 펑크 났을 때 핸들이 쏠리는 현상이 발생한다.
- 부(-) 킹핀 옵셋
  - 타이어의 중심선이 킹핀 축 중심보다 안쪽에 위치한다.
  - 정의 킹핀 옵셋보다 조작력이 크지만 킥 백이 발생했을 때 덜 민감하다.
  - 타이어가 펑크 났을 때도 안정적인 조향이 가능하다.
- 제로(0) 킹핀 옵셋
  - 조작이 적고 킥 백도 없다.
  - 선회 시 타이어가 흔들려 불안정하다.
※ 캠버는 조작력, 캐스터와 킹핀은 복원력, 토(Toe)는 직진성에 관여한다.

> **Tip**
> - 코너링 포스 : 자동차가 선회할 때 원심력과 평형을 이루는 힘
> - 언더 스티어링 : 선회 시 조향각을 일정하게 유지하여도 선회 반지름이 커지는 현상
> - 오버 스티어링 : 선회 시 조향각을 일정하게 유지하여도 선회 반지름이 작아지는 현상
> - 뉴트럴 스티어링(Neutral steering) : 앞바퀴의 조향각에 의한 선회반경과 실제 선회반경이 같다.

③ 조향 핸들이 한쪽으로 쏠리는 원인
ⓐ 앞바퀴 정렬이 불량할 때 ⓑ 뒤 차축이 자동차 중심선에 직각이지 않을 때
ⓒ 타이어 공기압이 균일하지 않을 때 ⓓ 쇽업소버의 작동이 불량할 때
ⓔ 앞 차축의 한쪽 스프링이 절손되었을 때 ⓕ 허브 베어링이 지나치게 마멸되었을 때

④ 조향 핸들이 무거운 원인
- ㉠ 앞바퀴 정렬이 불량할 때
- ㉡ 조향 기어 박스 내에 오일이 부족할 때
- ㉢ 타이어 공기압이 부족할 때
- ㉣ 타이어가 지나치게 마멸되었을 때
- ㉤ 조향 기어의 백래시가 작을 때

⑤ 조향 핸들이 떨리는 원인
- ㉠ 타이로드 엔드 파손
- ㉡ 휠 얼라인먼트 불량
- ㉢ 허브너트 풀림
- ㉣ 브레이크 디스크 휨 또는 변형

⑥ 셋 백
- ㉠ 차량 좌우 휠 베이스 거리의 차이를 말한다.
- ㉡ 한쪽 바퀴가 다른 바퀴보다 앞 또는 뒤에 있다.
- ㉢ 차량을 제작할 때 조립 오차나 주행 중 충격에 의해 발생한다.

⑦ 스러스트각
- ㉠ 차량의 기하학적 중심선과 뒤 차축의 중심에서 수직선인 추력선이 이루는 각도를 말한다.
- ㉡ 후륜 구동 차량은 차량이 추력선 방향으로 진행하므로 스러스트 각이 있으면 주행 시 쏠림 현상이 발생한다.
- ㉢ 섀시가 충격에 손상되면서 발생한다.

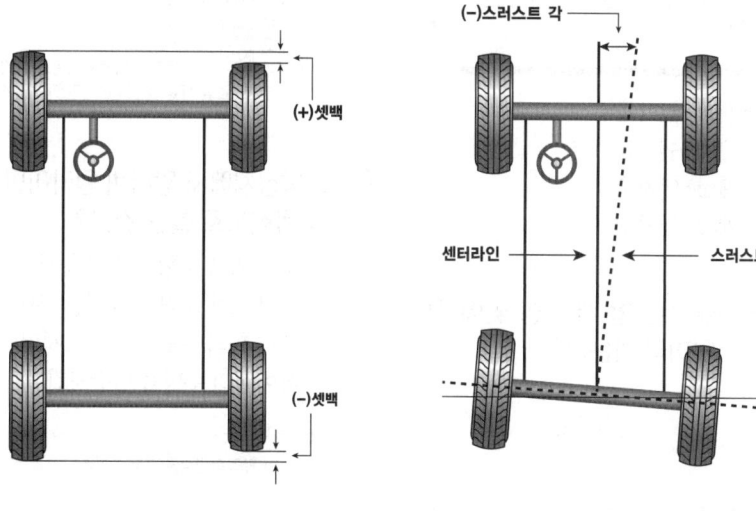

[셋 백]   [스러스트 각]

> **Tip**
> - 전장 : 자동차 앞쪽 끝에서 뒤쪽 끝부분까지의 거리(자동차 전체 길이)
> - 전폭 : 사이드 미러를 제외한 자동차의 가로 폭
> - 축거(휠 베이스) : 앞차축의 중심선에서 뒤차축 중심선까지의 거리로, 전장이 동일한 자동차라면 축거가 긴 자동차가 실내 공간이 더 넓다.
> - 윤거 : 좌우 바퀴의 접지면 중심 사이의 거리

출제예상문제

1 조향장치의 구비조건이 아닌 것은?
① 고속주행에서 조향 휠이 안정될 것
② 적절한 회전 감각이 있을 것
③ 선회 시 저항이 적고 조향 휠의 복원성이 좋을 것
④ 조향 핸들의 회전과 차륜의 선회 차이가 클 것

> 해설
> • 조향 핸들의 회전과 차륜의 선회 차이가 작을 것더 정확하게는 '적절할 것'

2 다음에서 a, b, c에 들어갈 말로 알맞은 것은?

> 애커먼 장토의 원리는 조향각도를 (a)로 하고, 선회할 때 선회하는 내측 바퀴의 조향각도가 외측 바퀴의 조향각도보다 (b) 되며, (c)의 연장선 상의 한 점을 중심으로 동심원을 그리면서 선회하는 것을 말한다.

① a : 최대, b : 크게, c : 앞차축
② a : 최대, b : 크게, c : 뒷차축
③ a : 최대, b : 작게, c : 앞차축
④ a : 최소, b : 작게, c : 뒷차축

3 울퉁불퉁한 노면을 주행할 때 조향 휠에 전달되는 충격을 무엇이라 하는가?
① 킥백 현상
② 스카이 훅 현상
③ 웨이브 현상
④ 시미 현상

4 앞 차륜의 좌우(옆) 흔들림으로 인해 조향 핸들의 회전축 주위에 진동이 발생하는 현상은?
① 바우킹
② 킥 업
③ 휠 플러터
④ 시미

5 조향장치에서 조향 기어비(Steering Gear Ratio)를 나타낸 것으로 옳은 것은?
① 조향 기어비 = (피트먼 암 선회각도) × (조향 휠 회전각도)
② 조향 기어비 = (피트먼 암 선회각도) - (조향 휠 회전각도)
③ 조향 기어비 = (피트먼 암 선회각도) ÷ (조향 휠 회전각도)
④ 조향 기어비 = (조향 휠 회전각도) ÷ (피트먼 암 선회각도)

6 앞 차륜 정렬(얼라이먼트)에 관계되는 요소가 아닌 것은?
① 정지 상태에서 조향력을 가볍게 한다.
② 타이어 편 마모를 방지한다.
③ 조향방향에 안정성을 부여한다.
④ 조향핸들에 복원성을 부여한다.

> 해설
> • 정지 상태에서 조향력을 가볍게 한다. : 파워스티어링 장치에 관계되는 요소
> ※ 참고
> • 만약 보기 ①에 '정지 상태에서'라는 말이 없으면 캠버에 대한 설명이므로 앞 차륜 정렬(얼라이먼트)과 관계되는 요소입니다.

7 조향장치에서 앞바퀴 얼라이먼트(Alignment)의 목적으로 틀린 것은?
① 조향 휠에 주행 안정성을 부여한다.
② 조향 휠에 조작 안정성을 부여한다.
③ 조향 휠의 복원성을 감소시킨다.
④ 타이어의 수명을 연장시킨다.

> 해설
> • 조향 휠의 복원성을 향상시킨다.

8 휠 얼라인먼트(Wheel Alignment) 기기를 사용하여 측정할 수 있는 항목이 아닌 것은?
① 캠버
② 킹핀 경사각
③ 휠 밸런스
④ 토우

> 해설
> • 휠 밸런스 측정은 휠 밸런스 기기가 따로 있죠? 쉬운 문제이지만 무심코 보면 착각할 수 있습니다.

정답 1④ 2② 3① 4④ 5④ 6① 7③ 8③

9 정(+)의 캠버란 어떤 것을 말하는가?
① 앞바퀴의 앞쪽이 뒤쪽보다 좁은 것
② 앞바퀴의 아래쪽이 위쪽보다 좁은 것
③ 앞바퀴의 위쪽이 아래쪽보다 좁은 것
④ 앞바퀴의 킹핀이 뒤쪽으로 기울어진 각

- 앞바퀴의 위쪽이 아래쪽보다 좁은 것 : 부(-)의 캠버에 대한 설명

10 앞차륜 얼라이먼트(Alignment)의 종류가 아닌 것은?
① 캐스터　　② 피트먼 암
③ 토인　　　④ 캠버

11 앞바퀴를 위에서 아래로 보았을 때 앞쪽이 뒤쪽보다 좁은 상태를 무엇이라 하는가?
① 캠버　　　② 킹핀 경사각
③ 캐스터　　④ 토인

- 캠버
  ㉠ 정(+)의 캠버 : 앞바퀴의 아래쪽이 위쪽보다 좁은 것
  ㉡ 부(-)의 캠버 : 앞바퀴의 위쪽이 아래쪽보다 좁은 것
- 킹핀 경사각 : 앞바퀴를 앞에서 보았을 때 킹핀의 윗부분이 안쪽으로 경사지어 설치되어 있는데, 이때 킹핀 축 중심과 노면에 대한 수직선이 이루는 각도
- 캐스터
  ㉠ 정(+)의 캐스터 : 자동차를 측면에서 보았을 때 킹핀의 위쪽이 휠 허브를 지나 노면에 수직인 직선의 뒤쪽으로 기울어져 있는 상태
  ㉡ 부(-)의 캐스터 : 자동차를 측면에서 보았을 때 킹핀의 위쪽이 휠 허브를 지나 노면에 수직인 직선의 앞쪽으로 기울어져 있는 상태
- 토우
  ㉠ 토인 : 앞바퀴를 위에서 아래로 보았을 때 앞쪽이 뒤쪽보다 좁은 상태
  ㉡ 토아웃 : 앞바퀴를 위에서 아래로 보았을 때 뒤쪽이 앞쪽보다 좁은 상태

12 앞차륜 얼라이먼트(Alignment)에서 토인의 조정은 무엇으로 할 수 있는가?
① 와셔의 두께
② 심의 두께
③ 타이로드의 길이
④ 드래그 랭크의 두께

13 킹핀 경사각과 함께 앞바퀴에 복원력을 주어 직진 상태로 쉽게 돌아올 수 있게 하는 앞바퀴 정렬과 가장 관련이 큰 것은?
① 캐스터　　② 셋백
③ 토우　　　④ 캠버

14 주행 중 선회할 때 조향각도를 일정하게 유지해도 선회 반지름이 커지는 현상을 무엇이라 하는가?
① 언더 스티어링　　② 오버 스티어링
③ 토크 스티어링　　④ 파워 스티어링

- 언더스티어링 : 주행 중 선회할 때 조향각도를 일정하게 유지해도 선회 반지름이 커지는 현상
- 오버스티어링 : 주행 중 선회할 때 조향각도를 일정하게 유지해도 선회 반지름이 작아지는 현상

15 제동할 때나 주행할 때 조향 핸들이 한쪽으로 쏠리는 원인이 아닌 것은?
① 앞 차륜의 얼라이먼트가 불량하다.
② 어느 한쪽 브레이크 라이닝 간극이 불량하다.
③ 좌우 타이어 공기압이 다르다.
④ 조향 핸들의 축방향 유격이 크다.

16 주행 중 제동 시 조향 핸들이 한쪽으로 쏠리는 원인이 아닌 것은?
① 좌우 타이어의 공기압이 다르다.
② 휠 얼라이먼트가 불량하다.
③ 마스터실린더의 체크 밸브 작동이 불량하다.
④ 좌우 브레이크 라이닝의 간극이 불량하다.

- 마스터실린더의 체크 밸브 작동이 불량하다. : 베이퍼록 현상 발생 및 브레이크 재작동 시간이 늦어지는 원인

17 주행 중 조향 휠이 한쪽으로 쏠리는 원인이 아닌 것은?
① 좌우 캠버가 다를 경우
② 허브 너트를 과도하게 조인 경우
③ 좌우 타이어 공기압이 다른 경우
④ 상하 컨트롤 암이 휜 경우

정답　9 ②　10 ②　11 ④　12 ③　13 ①　14 ①　15 ④　16 ③　17 ②

18 동력조향장치의 장점이 아닌 것은?
① 앞바퀴의 시미현상을 방지할 수 있다.
② 조향 핸들의 조작력을 작게 할 수 있다.
③ 고속에서 조향 핸들 조작력이 가볍다.
④ 조향 핸들의 조작이 경쾌하고 신속하다.

- 고속에서 조향 핸들 조작력이 무겁다.

19 제어 밸브와 동력 실린더가 일체로 결합된 것으로 주로 버스, 대형트럭과 같은 대형차량에서 사용하는 동력조향장치 방식은?
① 일체형　　　② 독립형
③ 분리형　　　④ 조합형

20 유압식 동력조향장치의 구성 부품이 아닌 것은?
① 오일펌프　　② 브레이크 스위치
③ 압력 스위치　④ 조향 기어 박스

- 브레이크 스위치 : 브레이크 장치의 구성 부품

21 유압식 동력조향장치에 적용되는 오일펌프 형식이 아닌 것은?
① 로터리 펌프
② 베인 펌프
③ 벤딕스기어 펌프
④ 슬리퍼 펌프

22 동력조향장치가 고장났을 때 조향 휠을 수동으로 조작하도록 하는 장치는 무엇인가?
① 시프트 레버　② 안전 체크 밸브
③ 파워 실린더　　④ 오일펌프

23 조향유압계통에 고장이 발생했을 때 조향 휠을 수동으로 조작할 수 있도록 하는 장치는?
① 볼 조인트　　② 밸브 스풀
③ 오리피스　　　④ 유압펌프

24 유압식 동력조향장치에서 안전밸브의 역할은?
① 조향 핸들 조작력을 무겁게 한다.
② 코너링 포스를 유지한다.
③ 조향 핸들 조작력을 가볍게 한다.
④ 유압계통에 문제가 발생했을 때 수동 조작으로 대처할 수 있다.

25 유압식 동력조향장치 내의 최고압력을 제어하는 릴리프 밸브가 위치한 곳은?
① 작동부　　　② 제어부
③ 동력부　　　④ 입력부

26 유압식 동력조향장치에서 주행 중 조향 핸들이 한쪽으로 쏠리는 원인이 아닌 것은?
① 타이어 편마모
② 좌우 타이어의 치수 상이
③ 파워스티어링 오일펌프 고장
④ 토인 불량

27 주행 중 조향 휠 떨림 현상의 원인이 아닌 것은?
① 타이로드 엔드 파손
② 브레이크 패드 또는 라이닝 간극 과다
③ 허브너트 풀림
④ 휠 얼라인먼트 불량

- 브레이크 패드 또는 라이닝 간극 과다 : 제동력 저하 또는 제동이 안 되는 원인

28 파워스티어링 장치의 조향 휠 조작이 무거울 때 고장 부위로 가장 거리가 먼 것은?
① 조향 기어 박스 내부 백래시 과다
② 랙 피스톤 손상으로 내부 유압 작동 불량
③ 오일펌프 결함
④ 리저브 탱크 오일 부족

정답 18 ③　19 ④　20 ②　21 ③　22 ②　23 ②　24 ④　25 ③　26 ④　27 ②　28 ①

- 조향 기어 박스 내부 백래시 과다 : 조향 휠 유격이 커질 때 고장부위
※ 참고
- 백래시와 조향 휠 조작력은 관계가 없습니다. 조향 휠 조작력은 파워스티어링 장치의 오일 압력, 앞 차륜 얼라이먼트와 관련 있습니다.

29 EPS(Electronic Power Steering) 장치의 설명으로 틀린 것은?

① 차속 감응 방식과 엔진 회전수 감응 방식이 있다.
② 급조향 시 조향 방향으로 잡아당기는 현상을 방지한다.
③ 저속 주행 시 핸들 조작력을 무겁게 하고 고속 주행 시 가볍게 한다.
④ 저속 주행 시 핸들 조작력을 가볍게 하고 고속 주행 시 무겁게 한다.

- 저속 주행 시 핸들 조작력을 가볍게 하고 고속 주행 시 무겁게 한다.

30 전자제어 동력조향장치의 특징이 아닌 것은?

① 동력조향장치이므로 조향 기어는 필요 없다.
② 공회전과 저속에서는 조향 휠 조작력이 작다.
③ 중속 이상에서 자동차 속도에 감응하여 핸들 조작력을 변화시킨다.
④ 고속일수록 큰 조작력을 필요로 한다.

- 동력조향장치이므로 조향 기어가 필요하다.

31 유압식 조향장치와 대비해서 전동식 조향장치의 특징으로 옳지 않은 것은?

① 유압으로 제어하지 않으므로 오일펌프가 필요 없다.
② 유압식 조향장치에 비해 연비를 향상시킬 수 없다.
③ 유압식 조향장치에 비해 부품 수가 적다.
④ 유압으로 제어하지 않으므로 오일이 필요 없다.

- 유압식 조향장치에 비해 연비를 향상시킬 수 있다.
※ 참고
- 전동식이니 전자화란 의미이므로 언뜻 보기에도 더 정밀하고, 성능이 우수하고, 연비도 좋아 보이지 않나요?

32 전동식 동력조향장치(Motor Driven Power Steering, MDPS)에서 제어하는 항목이 아닌 것은?

① 아이들-업 제어
② 급가속 제어
③ 과부하 보호 제어
④ 경고등 제어

- 급가속 제어 : 엔진 및 변속기에서 제어하는 항목

33 전자제어 동력조향장치(Electronic Power Steering, EPS)의 종류가 아닌 것은?

① 공압충격식
② 전동펌프식
③ 유압반력 제어식
④ 속도감응식

34 전자제어 동력조향장치(Electronic Power Steering system, EPS)에서 컨트롤 유닛(control unit)의 입력요소에 해당하는 것은?

① 흡기 온도 센서
② 브레이크 스위치
③ 차속 센서
④ 휠 스피드 센서

35 전자제어 동력조향장치(Electronic Power Steering system, EPS)의 구성요소가 아닌 것은?

① 컨트롤 유닛   ② 모터
③ 조향각 센서   ④ 오일펌프

- EPS에는 오일펌프 대신 모터가 구성됩니다.

36 전동식 동력조향장치(Electronic Power Steering system, EPS)의 구성요소에서 비접촉 광학식 센서를 주로 사용하여 운전자의 조향 휠 조작력을 검출하는 센서는?

① 조향 토크 센서
② 차속 센서
③ 조향 휠 각속도 센서
④ 스로틀 포지션 센서

> 해설
> • 차속 센서 : 자동차의 속도 검출
> • 조향 휠 각속도 센서 : 조향속도·방향·각도 검출
> • 스로틀 포지션 센서 : 스로틀 밸브 개도량 검출

37 전자제어 조향장치(Electronic Power Steering system, EPS)에서 차속 센서의 기능은?

① 점화 시기 제어
② 공연비 제어
③ 조향력 제어
④ 공전속도 제어

> 해설
> • 보기 ①, ②, ④는 모두 전자제어 엔진장치와 관련된 기능입니다.
> • 차속 센서의 신호는 조향력을 제어하는 기준 신호로 이용됩니다. 즉, 저속에서는 조향력을 작게 하고 고속에서는 조향력을 크게 합니다.

38 전동식 동력조향장치(Electronic Power Steering system, EPS)에서 토크센서의 역할은?

① 모터 작동 시 발생되는 부하를 보상하기 위한 보상신호로 사용된다.
② 조향 핸들을 돌릴 때 조향력을 연산할 수 있도록 기본신호를 컨트롤 유닛에 보낸다.
③ 모터 내의 로터 위치를 검출하여 모터 출력의 위상을 결정하는 데 사용된다.
④ 차속에 따라 조향력을 최적화하기 위한 기준신호로 사용된다.

> 해설
> • 조향 토크센서 : 조향 핸들 조작력 검출
> • 조향 핸들의 각속도 센서 : 조향 휠 각도 및 속도 검출

39 전자제어 동력조향장치와 관계가 없는 센서는?

① 차속 센서
② 일사 센서
③ 조향 앵글 센서
④ 스로틀 포지션 센서

> 해설
> • 차속 센서 : 자동차의 속도 검출
> • 조향 앵글 센서 : 조향 속도와 방향, 각도 검출
> • 스로틀 포지션 센서 : 스로틀 밸브 개도량 검출

④ 제동장치

(1) 기본 원리
유압 브레이크의 기본 원리는 파스칼의 원리이다.

(2) 유압식 브레이크
① 브레이크액의 구비조건
  ㉠ 점도 지수가 클 것
  ㉡ 윤활성이 있을 것
  ㉢ 비등점이 높을 것
  ㉣ 침전물이 없을 것
  ㉤ 응고점이 낮을 것

> **Tip**
> 브레이크액의 주요 성분 : 피마자기름, 알코올

② 마스터 실린더(탠덤 마스터 실린더)의 구성
  ㉠ 1차컵 : 유압 발생
  ㉡ 2차컵 : 기밀 유지(오일누유 방지)

③ 베이퍼 록 현상
  ㉠ 정의 : 브레이크 회로 내의 브레이크액이 기화하여 유압 전달을 방해하는 현상이다.
  ㉡ 발생원인
  • 브레이크액의 비등점이 저하되었을 때
  • 드럼과 라이닝의 끌림에 의해 가열되었을 때
  • 긴 내리막길에서 풋 브레이크를 과도하게 사용했을 때
  • 마스터 실린더와 브레이크 슈 리턴 스프링이 손상되어 잔압이 저하되었을 때

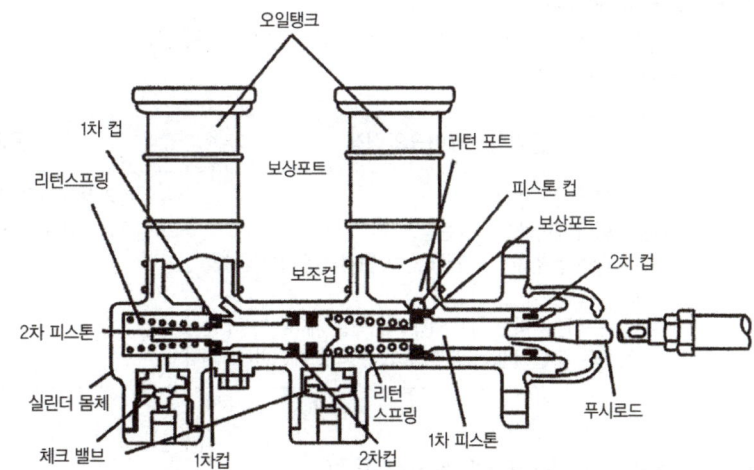

【 마스터 실린더(탠덤 마스터 실린더) 구조 】

> **Tip**
> **잔압을 두는 목적**
> • 베이퍼 록 현상 방지
> • 회로 내 공기 유입 방지
> • 브레이크 작동 지연 방지
> • 휠 실린더 내 오일 누출 방지

④ 브레이크 드럼의 구비조건
  ㉠ 가벼울 것
  ㉡ 강도·강성이 클 것
  ㉢ 내마멸성이 클 것
  ㉣ 정적·동적 평형이 좋을 것
  ㉤ 과열되지 않을 것

⑤ 브레이크 슈의 작동 형식에 따른 분류
  ㉠ 리딩 트레일링 슈 형식
  ㉡ 서보 형식
  ㉢ 듀오 서보식
  ㉣ 2리딩 슈 형식

⑥ 디스크 브레이크의 장단점

디스크 브레이크의 장점	디스크 브레이크의 단점
• 구조가 간단하다. • 방열성이 우수하다. • 자기 작동 효과가 없다.	• 패드의 마멸이 크다. • 패드 마찰 면적이 작다. • 페달 조작력과 강도가 커야 한다.

Tip
벤틸레이트 디스크브레이크 : 두 장의 디스크를 겹치고 그 사이에 통기구를 만들어 내열성을 강화한 것

(3) 공기식 브레이크
① 압축 공기 전달 순서 : 공기탱크 → 브레이크 밸브 → 퀵 릴리스 밸브 → 브레이크 챔버
② 장단점

공기식 브레이크의 장점	공기식 브레이크의 단점
• 베이퍼 록 현상이 없다. • 차량 중량에 제한을 받지 않는다. • 공기가 다소 누출되어도 제동 성능이 현저하게 저하되지 않는다. • 유압식은 페달을 밟는 힘에 의해 제동력을 제어하는 데 반해, 공기식은 페달을 밟는 양에 의해 제동력을 제어한다.	• 구조가 복잡하고 가격이 비싸다. • 컴프레서가 구동하면서 엔진 출력이 손실된다.

(4) ABS(Anti-lock Brake System) 장치
① 특징
  ㉠ 제동 거리가 단축된다.
  ㉡ 바퀴의 슬립이 없어 제동효과를 확보할 수 있다.
  ㉢ 조종 성능 및 방향 안정성을 확보할 수 있다.
  ㉣ 타이어 슬립률이 마찰계수 최고값을 초과하지 않는다.

② 슬립률(%) = $\dfrac{\text{차체 속도 - 차륜 속도}}{\text{차체 속도}} \times 100$

③ 구성요소
  ㉠ 어큐뮬레이터
  ㉡ ABS 컨트롤 유닛
  ㉢ 유압 모듈레이터
  ㉣ 휠 스피드 센서

ⓜ 하이드롤릭 유닛   ⓗ 솔레노이드 밸브
ⓢ 하이드롤릭 모터
④ **4센서 4채널 방식**
   ㉠ 톤 휠 회전에 의해 전압이 변한다.
   ㉡ 휠 스피드 센서의 출력 주파수는 차량속도에 비례한다.
   ㉢ ABS 작동 시 각 휠을 별도로 제어한다.
   ㉣ 각 휠마다 휠 스피드 센서가 1개씩 설치되어 있다.

(5) 대형 트럭용 보조 브레이크

① **엔진 브레이크** : 압축행정의 저항을 이용한다.
② **배기 브레이크** : 4행정 모두의 저항을 이용한다.
③ **제이크 브레이크** : 압축행정을 공기 압축기로 작동시켜 엔진 브레이크의 효과를 얻는다.
④ **리타더** : 동력 전달계를 설치하며 전자기식과 유체식으로 분류된다.

출제예상문제

1 유압식 브레이크 장치와 가장 관계있는 이론은?
① 애커먼장토의 원리
② 베르누이의 방정식
③ 뉴턴의 방정식
④ 파스칼 원리

> 해설
> • '유압' 하면 파스칼입니다. 베르누이와 혼동하지 마세요.

2 브레이크 드럼의 구비조건과 관계가 없는 것은?
① 강성과 내마모성이 있어야 한다.
② 무거워야 한다.
③ 동적·정적 평형이 유지돼야 한다.
④ 방열성이 우수해야 한다.

> 해설
> • 가벼워야 한다.

3 브레이크액의 장점이 아닌 것은?
① 큰 점도지수   ② 강한 흡습성
③ 낮은 응고점   ④ 높은 비등점

> 해설
> • 흡습성이란 수분을 흡수하는 성질을 말합니다. 알코올 성분이 수분을 흡수하면 비등점이 낮아지기 때문에 빨리 끓습니다. 그러면 베이퍼 록(Vapor Lock) 현상 등이 발생하여 브레이크 장치에 치명적일 수 있습니다.

4 브레이크액의 주요 성분은?
① 피마자기름, 등유
② 알코올, 경유
③ 피마자기름, 알코올
④ 경유, 윤활유

5 베이퍼 록(Vapor Lock)의 원인이 아닌 것은?
① 비등점이 높은 브레이크액을 사용했을 때
② 브레이크 슈 리턴 스프링 파손에 의한 잔압 저하
③ 긴 내리막길에서 과도한 브레이크 사용
④ 드럼과 라이닝의 끌림에 의한 가열

> 해설
> • 비등점이 낮은 브레이크액을 사용했을 때
> • 브레이크 슈 리턴 스프링 파손에 의한 잔압 저하 : 증기압이 낮아지면 비등점이 낮아지는 원리에 대한 설명

6 브레이크 라인의 잔압 유지와 가장 관련이 큰 부품은?
① 마스터 실린더의 체크 밸브
② 마스터 실린더의 2차컵
③ 푸시로드
④ 브레이크 페달

> 해설
> • 체크 밸브 하면 잔압 유지, 역류 방지입니다.
> • 마스터 실린더의 1차컵 : 유압 발생
> • 마스터 실린더의 2차컵 : 기밀 유지

7 브레이크 장치를 정비한 후 에어(Air) 빼기 작업을 실시하지 않아도 되는 경우는?
① 마스터 실린더에 브레이크액을 보충했을 때
② 브레이크 파이프나 호스를 떼어냈을 때
③ 휠 실린더를 분해하여 수리했을 때
④ 베이퍼 록 현상이 발생했을 때

8 브레이크 장치에 대한 설명 중 틀린 것은?
① 공기식 브레이크 방식에서 제동력을 크게 하기 위해서는 언로더 밸브를 조절해야 한다.
② 마스터 실린더의 푸시로드 길이를 늘이면 라이닝 간극이 커져서 브레이크가 잘 풀린다.
③ 브레이크 페달의 리턴스프링 장력이 약해지면 브레이크 슈 복귀가 지연된다.
④ 브레이크를 반복적으로 작동시킬 때 드럼과 슈에 마찰열이 누적되어 제동력이 감소하는 것을 페이드 현상이라 한다.

> 해설
> • 마스터 실린더의 푸시로드 길이를 늘이면 라이닝 간극이 작아져서 브레이크가 잘 풀리지 않는다.

정답 1④ 2② 3② 4③ 5① 6① 7① 8②

9 승용차의 주브레이크 형식은?

① 엔진 브레이크
② 와전류 리타더
③ 디스크 브레이크
④ 배기 브레이크

- 엔진 브레이크 : 중·대형 화물자동차의 보조 브레이크 형식
- 와전류 리타더 : 중·대형 화물자동차의 보조 브레이크 형식
- 배기 브레이크 : 중·대형 화물자동차의 보조 브레이크 형식

10 디스크 브레이크와 대비하여 드럼 브레이크의 특징으로 옳은 것은?

① 편 제동 현상이 적다.
② 자기작동 효과가 크다.
③ 구조가 간단하다.
④ 페이드 현상이 잘 일어나지 않는다.

디스크 브레이크의 장점
- 편 제동 현상이 적다.
- 구조가 간단하다.
- 페이드 현상이 잘 일어나지 않는다.

11 드럼식 브레이크 방식에서 브레이크 슈의 작동 형식에 따른 분류에 속하지 않는 것은?

① 리딩 트레일링 슈 형식
② 서보 형식
③ 듀오 서보식
④ 3리딩 슈 형식

- 2리딩 슈 형식(단동 2리딩, 복동 2리딩)

12 브레이크 슈의 리턴스프링에 대한 설명으로 틀린 것은?

① 리턴스프링 장력이 크면 라이닝이 드럼에 접촉했다가 신속하게 해제된다.
② 리턴스프링 장력이 작으면 브레이크 슈 마멸이 빨라진다.
③ 리턴스프링 장력이 작으면 드럼을 과열시키는 원인이 된다.
④ 리턴스프링 장력이 작으면 휠 실린더 내 잔압이 상승한다.

- 리턴스프링 장력이 작으면 휠 실린더 내 잔압이 낮아진다.
※ 참고
- 리턴스프링 장력이 약하면 일단 제대로 복귀를 못하겠죠? 그럼 휠 실린더 복귀가 제대로 안 되어서 라인에 잔압이 제대로 유지되지 않습니다. 또한 브레이크 슈의 라이닝이 드럼에 붙었다가 빨리 안 떨어지거나, 늦게 떨어지거나, 드럼에 계속 붙은 채로 주행할 수도 있습니다. 그럼 마멸이 빨라지고 열이 발생하겠죠?

13 브레이크 슈 리턴스프링의 기능이 아닌 것은?

① 슈의 위치를 확보한다.
② 브레이크액이 휠 실린더에서 마스터 실린더로 되돌아가게 한다.
③ 슈와 드럼의 간극을 유지한다.
④ 페달력을 보강한다.

- 페달력을 보강한다. : 배력장치에 대한 설명

14 주행 중 브레이크 드럼과 슈가 서로 접촉하는 원인은?

① 드럼과 라이닝의 간극이 과대할 때
② 마스터실린더 리턴포트가 열려 있을 때
③ 브레이크액이 부족할 때
④ 브레이크 슈의 리턴스프링이 파손되었을 때

- 드럼과 라이닝의 간극이 과소할 때
- 마스터실린더 리턴포트가 닫혀 있을 때
- 브레이크액이 부족할 때 : 브레이크 작동 불량, 공기 유입 등 브레이크 계통에 전반적인 문제를 초래하는 원인

15 디스크 브레이크 방식의 장점은?

① 브레이크 패드 교환이 쉽다.
② 브레이크 패드 마모가 덜하다.
③ 자기 작동 효과가 크다.
④ 오염이 잘 되지 않는다.

- 브레이크 패드 마모가 빠르다.
- 자기 작동 효과가 작다.
- 오염이 잘 된다.

정답 9③ 10② 11④ 12④ 13④ 14④ 15①

16 디스크 브레이크 형식에서 패드 접촉면에 오일이 묻었을 때 발생할 수 있는 현상은?

① 디스크 표면의 마찰이 증대된다.
② 브레이크가 잘 듣지 않는다.
③ 패드가 과냉되어 제동력이 증가된다.
④ 브레이크 작동이 원활하게 되어 제동이 잘 된다.

- 디스크 표면의 마찰이 감소된다.
- 패드가 미끄러져 제동력이 감소된다.
- 브레이크 작동이 원활하지 못하여 제동이 잘 안 된다.

17 브레이크 장치에서 편제동의 원인이 아닌 것은?

① 패드의 마찰계수 저항
② 타이어 공기압 불평형(Imbalance)
③ 마스터 실린더 리턴포트가 막힘
④ 디스크에 오일 묻음

- 마스터 실린더 리턴포트가 막힘 : 제동이 풀리지 않는 원인

18 주행 중 브레이크가 작동할 때 편제동이 발생하는 원인이 아닌 것은?

① 휠 실린더에서 오일이 누출되었다.
② 마스터실린더의 리턴포트가 막혔다.
③ 브레이크 드럼이 편마모되었다.
④ 브레이크 라이닝이 접촉 불량이거나 오일이 묻었다.

- 마스터실린더의 리턴포트가 막혔다. : 제동이 풀리지 않는 원인

19 브레이크 페달 자유간극이 과다한 원인으로 틀린 것은?

① 드럼브레이크 형식의 브레이크 슈 조정 불량
② 마스터 실린더 파손 및 피스톤과 브레이크 부스터 푸시로드의 간극 불량
③ 타이어 공기압 불균형
④ 브레이크 페달의 조정 불량

- 브레이크 유압계통 및 브레이크 관련 부품들은 모두 브레이크 페달 자유간극을 변화시킬 수 있는 요인이 될 수 있으니 브레이크 계통의 부품이 들어간 보기를 고르면 되겠죠.

20 브레이크 계통 내에 에어(Air)가 유입되었을 때 발생하는 현상은?

① 브레이크 페달 유격이 커진다.
② 브레이크액이 누출된다.
③ 브레이크 페달을 밟을 때 지나치게 제동이 빠르다.
④ 브레이크액이 증발한다.

- 브레이크 페달을 밟았을 때 제동이 느리다.

21 마스터 실린더에서 피스톤 1차 컵의 역할은?

① 유압 발생
② 오일 누유 방지
③ 베이퍼록 방지
④ 잔압 형성

- 오일 누유 방지 : 피스톤 2차 컵의 역할
- 베이퍼록 방지 : 체크 밸브의 역할
- 잔압 형성 : 체크 밸브의 역할

22 브레이크 배력장치 중 진공식 배력장치는 무엇을 이용하는가?

① 배기가스 압력과 대기압과의 차이
② 대기압과 흡기다기관 부압과의 차이
③ 대기압
④ 배기가스 압력

23 배력장치가 적용된 브레이크 장치에서 브레이크 페달 조작이 무거워지는 원인이 아닌 것은?

① 릴레이 밸브 피스톤 작동이 불량하다.
② 유압 피스톤 컵이 손상되었다.
③ 푸시로드의 부트가 찢어졌다.
④ 진공용 체크 밸브의 작동이 불량하다.

정답 16② 17③ 18② 19③ 20① 21① 22② 23③

24 공기식 현가장치의 특징이 아닌 것은?
① 공기 스프링 자체에 감쇠성이 있어서 작은 진동을 흡수하는 효과가 있다.
② 고유 진동수를 높일 수 있으므로 스프링 효과를 유연하게 할 수 있다.
③ 주로 대형버스 등에 사용된다.
④ 하중의 증감과 관계없이 항상 차고를 일정하게 유지하며 앞뒤와 좌우로 기우는 것을 방지할 수 있다.

- 고유 진동수를 낮출 수 있으므로 스프링 효과를 유연하게 할 수 있다.

25 공기식 브레이크 장치에서 공기압을 기계적 운동으로 바꾸어 주는 장치는?
① 릴레이 밸브 ② 가속 페달
③ 브레이크 챔버 ④ 브레이크 밸브

- 압축공기가 브레이크 챔버 내의 다이어프램에 압력을 가하면 제동이 됩니다.

26 공기 브레이크 시스템에서 앞차륜으로 압축공기가 공급되는 순서는?
① 공기 탱크 → 브레이크 밸브 → 퀵 릴리스 밸브 → 브레이크 챔버
② 브레이크 밸브 → 공기 탱크 → 퀵 릴리스 밸브 → 브레이크 챔버
③ 공기 탱크 → 퀵 릴리스 밸브 → 브레이크 밸브 → 브레이크 챔버
④ 공기 탱크 → 브레이크 챔버 → 브레이크 밸브 → 브레이크 슈

27 공기식 제동장치의 구성요소로 틀린 것은?
① 릴레이 밸브 ② EGR 밸브
③ 브레이크 챔버 ④ 언로더 밸브

- EGR 밸브 : 엔진 배기가스 재순환 장치의 구성요소
- EGR(Exhaust Gas Recirculation) 밸브는 엔진 배기가스 재순환 장치를 말합니다.

28 공기식 브레이크 장치의 구성 부품이 아닌 것은?
① 브레이크 챔버 ② 콤프레서
③ 퀵 릴리스 밸브 ④ 브레이크 휠 실린더

- 브레이크 휠 실린더 : 유압식 브레이크의 구성 부품

29 ABS(Anti lock Brake System)의 특징으로 맞는 것은?
① 제동거리를 증가시켜 안정성 유지
② 바퀴가 잠기는 것을 방지하여 조향 안정성 유지
③ 스핀 현상을 일으켜 안정성 유지
④ 제동 시 한쪽 쏠림 현상을 일으켜 안정성 유지

- 제동거리를 감소시켜 안정성 유지

30 ABS 장치(Anti lock Brake System)에서 제동 시 타이어 슬립율(%) 공식은?
① $\dfrac{차륜속도 - 차체속도}{차체속도} \times 100$
② $\dfrac{차체속도 - 차륜속도}{차체속도} \times 100$
③ $\dfrac{차륜속도 - 차체속도}{차륜속도} \times 100$
④ $\dfrac{차체속도 - 차륜속도}{차륜속도} \times 100$

31 ABS(Anti lock Brake System) 장치에서 휠의 회전수를 감지하여 ABS ECU로 입력신호를 보내는 것은?
① 어큐뮬레이터
② 하이드롤릭 유닛
③ 휠 스피드 센서
④ 솔레노이드 밸브

정답 24② 25③ 26① 27② 28④ 29② 30② 31③

32 ABS(Anti lock Brake System) 장치에서 ABS ECU에서 신호를 받아 각 휠 실린더의 유압을 제어하는 것은?

① 앤티 롤 장치
② 유압 모듈레이터
③ 프로포셔닝 밸브
④ 차속 센서

33 ABS(Anti lock Brake System) 장치의 구성요소로 틀린 것은?

① 크랭크 앵글 센서
② 휠 스피드 센서
③ ABS 컨트롤 유닛
④ 하이드롤릭 유닛

> 해설
> • 크랭크 앵글 센서 : 엔진 장치의 구성요소

34 ABS(Anti lock Brake System) 장치의 구성요소가 아닌 것은?

① 하이드롤릭 유닛
② 휠 스피드 센서
③ 프리뷰 센서
④ 하이드롤릭 모터

> 해설
> • 프리뷰 센서 : ECS 장치의 구성요소
> • 프리뷰 센서 : 프론트 범퍼 내측 좌우에 장착되어 초음파로 전방 노면 돌기 검출

35 ABS 시스템(Anti lock Brake system)의 주요 구성부품이 아닌 것은?

① ECU
② 휠 스피드 센서
③ 차고 센서
④ 하이드롤릭 유닛

> 해설
> • 차고 센서 : ECS의 구성부품

36 ABS(Anti lock Brake System) 장치에서 휠 스피드 센서의 역할은?

① 휠 제동압력 감지
② 휠 속도 비교 평가
③ 휠 감속상태 감지
④ 휠 회전속도 감지

> 해설
> • 문제에 '스피드'라는 말이므로 먼저 속도를 고르면 됩니다. 센서는 평가하는 것이 아니라 어떤 정보를 계측·감지하는 것을 말하며, 평가는 컨트롤 유닛이 합니다.

37 ABS(Anti lock Brake System)장치에서 휠 스피드 센서의 기능은?

① 자동차의 과속 억제
② 바퀴 잠금상태 감지
③ 라이닝의 마찰상태 감지
④ 브레이크 유압 조정

38 ABS(Anti lock Brake System)에서 4센서 4채널 방식에 대한 설명으로 틀린 것은?

① 톤 휠 회전에 의해 전압이 변한다.
② 휠 스피드 센서의 출력 주파수는 차량속도에 반비례한다.
③ ABS 작동 시 각 휠을 별도로 제어한다.
④ 각 휠마다 휠 스피드 센서가 1개씩 설치되어 있다.

> 해설
> • 휠 스피드 센서의 출력 주파수는 차량속도에 비례한다.

39 계기판에 주차 브레이크등이 점등되는 조건이 아닌 것은?

① 브레이크액 부족
② EBD 장치에 결함 발생
③ 주차 브레이크가 당겨져 있을 때
④ 브레이크 페이드 현상 발생

정답 32② 33① 34③ 35③ 36④ 37② 38② 39④

계산문제 한눈에 보기 출제예상문제

1 20m/s는 몇 km/h인가?

① 72km/h ② $\frac{1}{3.6}$ km/h

③ $\frac{1}{36}$ km/h ④ 3.6km/h

해설
1km = 1000m이므로 1m = 1/1000km, 1h = 3600s이므로 1s = 1/3600h입니다.

$$20m/s = \frac{20m}{1s} = \frac{\left(20 \times \frac{1}{1000}\right)km}{\left(\frac{1}{3600}\right)h} = 72km/h$$

2 자동차가 28km/h의 속도에서 가속하여 54km/h의 속도를 내는 데 5초가 소요되었다면 평균 가속도(m/s²)는 얼마인가?

① 1m/s² ② 1.2m/s²
③ 1.3m/s² ④ 1.4m/s²

해설
가속도 = (나중속도 - 처음속도) ÷ 소요시간입니다.

$$a = \frac{\vec{v_f} - \vec{v_i}}{t}$$

(여기서, a : 가속도, $\vec{v_f}$: 나중속도, $\vec{v_i}$: 처음속도, t : 소요시간)

문제는 속도의 단위가 km/h인데, 보기에서는 가속도의 단위가 m/s²죠? 1km = 1000m이고 h = 3600sec임을 고려하여 단위 환산을 해주면 됩니다.
따라서,

$$a = \frac{\vec{v_f} - \vec{v_i}}{t}$$

$$= \frac{\left(54\frac{km}{h} - 28\frac{km}{h}\right)}{5s} = \frac{\left(54 \times \frac{1000m}{3600s}\right) - \left(28 \times \frac{1000m}{3600s}\right)}{5s}$$

$$= \frac{\left(\frac{54000m}{3600s}\right) - \left(\frac{28000m}{3600s}\right)}{5s} = \frac{\frac{26000m}{3600s}}{\frac{5s}{1}} = \frac{26000m}{5s \times 3600s}$$

$$\approx 1.4 m/s^2$$

3 어떤 물체가 15m/s로 바닥면에 미끄러진다면 몇 m를 진행하다가 멈추는가?(단, 물체와 바닥면 사이의 마찰계수는 0.5)

① 15m ② 18m
③ 20m ④ 23m

해설
운동에너지를 구합니다.

$$E = \frac{1}{2}Mv^2$$

(여기서, E : 운동에너지, M : 질량, v : 속도(m/s))

따라서, $E = \frac{1}{2}Mv^2 = \frac{1}{2} \times M \times (15m/s)^2 = 112.5M$

마찰력을 구합니다.

$$F = \mu M g$$

(여기서, F : 마찰력, M : 질량, μ : 물체와 바닥면 사이의 마찰계수, g : 중력가속도(9.8m/s²))

따라서, $F = \mu M g = 0.5 \times M \times 9.8 m/s^2 = 4.9M$

마찰 에너지를 구합니다.

$$E_f = F \times S$$

(여기서, E_f : 마찰에너지, F : 마찰력, S : 거리(m))

따라서, $E_f = F \times S = 4.9M \times S = 4.9MS$

운동 에너지와 마찰 에너지가 같아지는 거리, 즉 물체가 멈추는 거리는,
$112.5M = 4.9MS$,
$112.5 = 4.9S$,
$S \approx 23m$

따라서, 물체는 23m 진행하다가 멈춥니다.

4 스프링 상수가 4kgf/mm의 자동차 코일스프링을 2cm 압축하려면 필요한 힘은?

① 8kgf ② 80kgf
③ 800kgf ④ 8000kgf

해설
스프링 반력 구하는 공식입니다.
F = k × L
(여기서, F : 스프링 반력(kgf), k : 스프링 상수(kgf/mm), L : 스프링 압축 길이(mm))
따라서, 4kgf/mm × 20mm = 80kgf

정답 1① 2④ 3④ 4②

5 마스터 실린더 푸시로드에 작용하는 힘이 150kgf이고 피스톤 단면적이 5cm²일 때 마스터 실린더에서 발생하는 유압은?

① 30kgf/cm² ② 40kgf/cm²
③ 50kgf/cm² ④ 60kgf/cm²

 해설

마스터 실린더 압력을 구합니다.
$P_m = \dfrac{F}{A}$

[여기서, P_m : 마스터 실린더 유압(kgf/cm²), F : 푸시로드에 작용하는 힘(kgf), A : 피스톤 단면적(cm²)]

따라서, $P_m = \dfrac{F}{A} = \dfrac{150 kgf}{5 cm^2} = 30 kgf/cm^2$

6 다음 그림과 같은 브레이크 마스터 실린더의 푸시로드에 작용하는 힘(kgf)은 얼마인가?

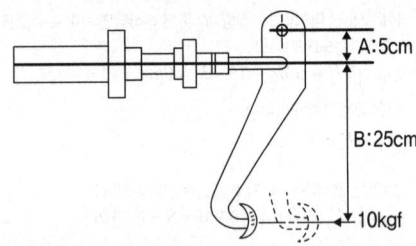

① 60kgf ② 70kgf
③ 80kgf ④ 90kgf

 해설

팬던트형 지렛대 비를 구합니다.
$(A+B) : A = x : 1$

[여기서, A : 고정핀에서부터 푸시로드까지 거리(cm), B : 푸시로드에서부터 페달 중심까지 거리(cm), x : 지렛대 비]

따라서, $(5+25) : 5 = x : 1$,
$5x = 30$,
$x = 6$

푸시로드에 작용하는 힘 = 지렛대 비 × 페달 밟는 힘입니다.
따라서, 6 × 10kgf = 60kgf

7 브레이크 페달에 수평 방향으로 150kgf의 힘을 가했을 때 피스톤의 면적이 10cm²라면 마스터 실린더에 형성되는 유압(kgf/cm²)은?

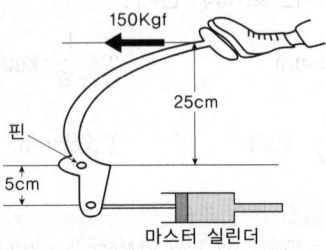

① 65 ② 75
③ 85 ④ 90

 해설

플로어형 페달의 지렛대 비를 구합니다.
$B : A = x : 1$,

[여기서, A : 고정핀에서부터 푸시로드까지 거리(cm), B : 고정핀에서부터 페달 중심까지 거리(cm), x : 지렛대 비]

따라서, $B : A = x : 1$,
$25 : 5 = x : 1$,
$5x = 25$,
$x = 5$

푸시로드에 작용하는 힘 = 지렛대 비 × 페달 밟는 힘입니다.
따라서, 5 × 150kgf = 750kgf
마스터 실린터에 형성되는 유압(kgf/cm²) = 푸시로드에 작용하는 힘(kgf) ÷ 피스톤의 면적(cm²) = 750kgf ÷ 10cm² = 75kgf/cm²

8 최대출력이 70PS인 자동차가 주행 중일 때 변속기 출력축의 회전수가 4,400rpm, 종감속비가 2.2라면, 뒤 액슬의 회전수는 몇 rpm인가?

① 1,500rpm ② 2,000rpm
③ 2,500rpm ④ 3,500rpm

 해설

변속기 출력축 회전수는 곧 추진축 회전수입니다.
추진축 회전수가 일정할 때 종감속비가 커지면 뒤 액슬 회전수는 그만큼 감소하게 되므로 뒤 액슬 회전수와 종감속비는 반비례 관계입니다.

$N_{axle} = \dfrac{N_p}{R_F}$

[여기서, N_{axle} : 뒤 액슬 회전수(rpm), N_p : 추진축 회전수(rpm), R_F : 종감속비]

따라서, $N_{axle} = \dfrac{N_p}{R_F} = \dfrac{4400 rpm}{2.2} = 2000 rpm$

정답 5① 6① 7② 8②

9 변속비가 3.5이고 종감속비는 4.5일 때 총 감속비는?

① 10.5 : 1
② 15.75 : 1
③ 20 : 1
④ 27.5 : 1

 해설

총감속비 구하는 공식입니다.
$$R_{tot} = R_t \times R_F$$
[여기서, R_{tot}: 총감속비, R_t: 변속비, R_F: 종감속비]
따라서, $R_{tot} = R_T \times R_F = 3.5 \times 4.5 = 15.75$

10 엔진 회전수가 3,600rpm이고 변속비가 2.5, 종감속비가 3.5일 때, 오른쪽 바퀴가 400rpm이면 왼쪽 바퀴 회전수는?

① 230rpm
② 423rpm
③ 253rpm
④ 368rpm

 해설

추진축 회전수를 구해야 합니다.
엔진 → 변속기 → 추진축 → 종감속 기어 순이니 엔진 회전수와 변속비만 있으면 되겠죠? 엔진 회전수가 일정할 때 변속비가 커지면 추진축 회전수는 그만큼 감소하게 되므로, 추진축 회전수와 변속비는 반비례 관계입니다.
$$N_P = \frac{N_e}{R_T}$$
[여기서, N_P: 추진축 회전수(rpm), N_e: 엔진 회전수(rpm), R_T: 변속비]
따라서, $N_P = \frac{N_e}{R_T} = \frac{3600rpm}{2.5} = 1440rpm$

추진축 회전수가 일정할 때 종감속비가 커지면 바퀴 회전수는 그만큼 감소하게 되므로, 바퀴 회전수와 종감속비는 반비례 관계입니다.
$$N_{tot} = \left(\frac{N_P}{R_F}\right) \times 2$$
[여기서, N_{tot}: 양쪽 바퀴 회전수(rpm), $\frac{N_P}{R_F}$: 한쪽 바퀴 회전수(rpm), R_F: 종감속비]
$$N_{tot} = \left(\frac{N_P}{R_F}\right) \times 2 = \left(\frac{1440rpm}{3.5}\right) \times 2 \approx 823rpm$$

따라서, 왼쪽 바퀴 회전수는
$N_{tl} = N_{tot} - N_{tr} = 823 - 400 = 423rpm$
[여기서, N_{tl}: 왼쪽 바퀴 회전수(rpm), N_{tr}: 오른쪽 바퀴 회전수(rpm)]

11 변속비가 1.2, 링기어 잇수가 35, 구동 피니언 잇수가 5인 자동차를 왼쪽 바퀴만 들어서 회전하도록 하였을 때 왼쪽 바퀴의 회전수는?(단, 프로펠러 샤프트 회전수는 2,100rpm)

① 300rpm
② 400rpm
③ 600rpm
④ 700rpm

 해설

프로펠러 샤프트 회전수가 주어졌으니 프로펠러 샤프트 이전은 신경 쓸 필요가 없으므로 이 문제에서 변속비는 없어도 됩니다.
종감속비를 구합니다.
$$R_F = \frac{G_r}{G_P} = \frac{35}{5} = 7$$
[여기서, R_F: 종감속비, G_r: 링기어 잇수, G_P: 구동 피니언 잇수]

왼쪽 바퀴만 들어서 회전시켰으므로 오른쪽 바퀴 회전시는 0rpm입니다.
이때 왼쪽 바퀴는 오른쪽 바퀴가 회전하지 못하는 만큼 더 돌게 되므로, 왼쪽 바퀴 회전수를 구하는 것은 양쪽 바퀴 회전수를 구하는 공식과 같습니다.
프로펠러 샤프트 회전수가 일정할 때 종감속비가 커지면 바퀴 회전수는 그만큼 감소하게 되므로, 바퀴 회전수와 종감속비는 반비례 관계입니다.
$$N_{tot} = \left(\frac{N_P}{R_F}\right) \times 2 = \left(\frac{2100rpm}{7}\right) \times 2 = 600rpm$$
[여기서, N_{tot}: 양쪽 바퀴 회전수(rpm), N_P: 프로펠러 샤프트 회전수(rpm), $\frac{N_P}{R_F}$: 한쪽 바퀴 회전수(rpm)]

12 엔진 회전수가 3,000rpm, 변속 3단의 감속비 2.1, 종감속비 4.6, 바퀴의 반경이 0.4m일 때 차속은 얼마인가?(단, 타이어와 지면과의 미끄럼은 무시함)

① 약 37km/h
② 약 47km/h
③ 약 57km/h
④ 약 67km/h

 해설

바퀴 회전수가 나오는 원리를 살펴봅시다.
엔진 → 변속기 → 추진축 → 종감속기어 → 바퀴 순이니 바퀴 회전수를 구하기 위해서는 엔진 회전수, 변속비, 종감속비가 있으면 됩니다. 엔진 회전수가 일정할 때 최종감속비가 커지면 바퀴 회전수는 그만큼 감소하므로, 바퀴 회전수와 최종감속비는 반비례 관계입니다.
$$N_w = \frac{N_e}{R_{tot}} = \frac{N_e}{R_T \times R_F}$$
[여기서, N_w: 바퀴 회전수(rpm), N_e: 엔진 회전수(rpm), R_{tot}: 최종 감속비, R_T: 변속비, R_F: 종감속비]
따라서, $N_w = \frac{N_e}{R_{tot}} = \frac{N_e}{R_T \times R_F} = \frac{3,000rpm}{2.1 \times 4.6} \approx 311rpm$

정답 9 ② 10 ② 11 ③ 12 ②

계산문제 한눈에 보기 출제예상문제

환산 1회선은 360° 회선한다는 뜻이기 때문에 180°(degree) = π(radian)이므로 degree를 radian으로 변환해줘서 2π를 곱해주는 것입니다.
또한, rpm은 rev/min, 즉 1분당 회전수를 말합니다.
그러므로 바퀴의 원둘레를 바퀴가 한 바퀴 회전했을 때 이동하는 거리로 볼 수 있겠죠?
따라서, $Nrev = (2\pi r \times N)m$ 가 됩니다.
1km = 1000m이므로 1m = 1/1000km, 1h = 3600s = 60min이므로 1min = 1/60h입니다.

$$Nrpm = \frac{Nrev}{1\min} = \frac{(2\pi r \times N)m}{\left(\frac{1}{60}\right)h} = \frac{\left[(2\pi r \times N) \times \frac{1}{1000}\right]km}{\left(\frac{1}{60}\right)h}$$

$$= (2\pi r \times N \times \frac{60}{1000})km/h$$

[여기서, 2π : 상수(1rev = 360° = 2π), N : 바퀴 회전수(rpm), r : 바퀴 반지름(m)]

따라서,

$$311rpm = \frac{311rev}{1\min} = \frac{(2\pi r \times 311)m}{\left(\frac{1}{60}\right)h}$$

$$= \frac{\left[(2\pi r \times 311) \times \frac{1}{1000}\right]km}{\left(\frac{1}{60}\right)h}$$

$$= 2\pi r \times 311 \times \frac{60}{1000} = 2 \times 3.14 \times 0.4 \times 311 \times \frac{60}{1000}$$

$$\approx 47km/h$$

13 뒤차축에 1,400kgf의 하중이 작용할 때 뒤차축에 타이어 2개를 장착했을 시 타이어 1개당 받는 하중은?

① 300kgf ② 400kgf
③ 700kgf ④ 900kgf

(해당) 차축의 하중 = 타이어 1개당 받는 하중 × 해당 차축의 타이어 개수

타이어 1개당 받는 하중 = $\frac{(해당) 차축의 하중}{(해당) 차축의 타이어 개수}$

따라서, 타이어 1개당 받는 하중 = $\frac{(뒤) 차축의 하중}{(뒤) 차축의 타이어 개수}$

$= \frac{1400kgf}{2} = 700kgf$

14 차량의 총 중량이 3,000kgf인 자동차가 경사도 30%인 경사로를 올라갈 때 구배저항(Rg)은?

① 300kgf ② 500kgf
③ 700kgf ④ 900kgf

구배저항을 구합니다.
$R_g = W \times m$

[여기서, R_g : 구배저항(kgf), W : 차량 총 중량(kgf), m : 경사도(%)]

따라서, $R_g = W \times m = 3000kgf \times \frac{30}{100} = 900kgf$

15 스티어링 휠이 2회전할 때 피트먼 암이 120° 움직였다면 조향 기어비는 얼마인가?

① 5 : 1 ② 6 : 1
③ 6.5 : 1 ④ 10 : 1

조향 기어비 = $\frac{스티어링 휠이 움직인 각도(°)}{피트먼 암이 움직인 각도(°)}$

따라서, 1회전은 360°이기 때문에 $\frac{360° \times 2회전}{120°} = \frac{720°}{120°} = 6$

16 자동차의 축간 거리가 2.4m, 바퀴 접지면의 중심과 킹핀과의 거리가 30cm인 자동차를 우회전할 때 좌측 바퀴의 조향각은 30°, 우측 바퀴의 조향각은 32°이었을 때 최소 회전 반경은?

① 4.4m ② 5.1m
③ 5.8m ④ 5.9m

최소 회전반경 공식과 기준값을 같이 암기하세요. 기준값은 12m 이하입니다.
참고로, 자동차를 좌회전할 때는 우측 바퀴의 조향각을 측정하고, 우회전할 때는 좌측 바퀴의 조향각을 측정합니다.

$R = \frac{L}{\sin\alpha} + r$

[여기서, R : 최소 회전 반경(m), L : 축간 거리(m), α : 바깥쪽 앞바퀴의 조향각(°), r : 바퀴 접지면 중심과 킹핀과의 거리(m)]
따라서,

$R = \frac{L}{\sin\alpha} + r = \frac{2.4m}{\sin 30°} + 30cm = \frac{2.4m}{0.5} + 0.3m = 5.1m$

정답 13 ③ 14 ④ 15 ② 16 ②

17 사이드슬립 시험기의 측정값이 3m/km라면 1km 주행에 대한 앞바퀴의 슬립량은 얼마인가?

① 3mm ② 3cm
③ 30cm ④ 3m

원래 측정값에 in, out 또는 +, - 도 함께 표기해야합니다.
이 문제는 단위만 표기했습니다. 사이드슬립 시험에서 측정값의 단위는 m/km와 mm/m가 있습니다.
따라서, 3m/km = 3mm/m입니다.

제3장 자동차 전기·전자장치 정비

1 전기 기초

(1) 옴의 법칙

$$I = \frac{E}{R}, \quad E = I \cdot R, \quad R = \frac{E}{I}$$

[여기서, I : 전류(A), E : 전압(V), R : 저항(Ω)]

(2) 키르히호프의 법칙
① **1법칙(전류법칙)** : 들어온 전류의 총합과 나가는 전류의 총합은 같다.
② **2법칙(전압법칙)** : 폐회로에서 기전력의 총합과 저항에 의한 전압 강하의 총합은 같다.

(3) 줄의 법칙

$$H = 0.24I^2Rt$$

[여기서, H : 열량(J), 0.24 : 상수(1J = 0.24cal), I : 전류(A), R : 저항(Ω), t : 시간(sec)]

(4) 쿨롱의 법칙
① **자극의 강도**
  ㉠ 거리의 제곱에 반비례한다.
  ㉡ 자석의 양끝을 자극이라 한다.
  ㉢ 두 자극 세기의 곱에 비례한다.
  ㉣ 자극의 세기는 자기량의 크기에 따라 다르다.

$$f = \frac{m_1 \times m_2}{4\pi \times \mu_0 \times \mu_s \times r^2}$$

[여기서, f : 자극의 강도, m_1, m_2 : 자극의 세기, μ_0 : 자기량(진공투자율), μ_s : 자기량(비투자율), r : 자극간의 거리]

② **콘덴서(축전기)** : 모터 또는 릴레이 작동 시 라디오에 유기되는 고주파 잡음을 저감하는 부품
  ㉠ 콘덴서의 정전용량(Capacitance)
    • 금속판 사이 절연물의 절연도에 정비례한다.
    • 금속판 사이의 거리에 반비례한다.
    • 가해지는 전압에 정비례한다.
    • 반대편 금속판의 면적에 정비례한다.
  ㉡ 콘덴서의 정전용량 관계식

$$Q_c = C \cdot v = \varepsilon \frac{A}{d}$$

(여기서, Q_c: 전하량(C), C : 콘덴서 용량(F), v : 인가전압(V), ε: 평행판 사이 유전율(F/m), A : 평행판 면적(m²), d: 평행판 사이 거리(m))

(5) 전력

$$P = EI, \quad P = I^2 R, \quad P = \frac{E^2}{R}$$

(여기서, P : 전력(W), I : 전류(A), E : 전압(V), R : 저항(Ω))

> **Tip**
>
> **마력과 와트**
> - 1PS(불마력) = 75kgf·m/sec = 736W = 0.736kW
> - 1HP(영마력) = 550ft-1b/sec = 746W = 0.746kW

(6) 전류의 작용
발열작용, 화학작용, 자기작용

(7) 회로연결
① **직렬연결의 특징**
  ㉠ 각 회로의 전류가 동일하므로 전압은 다르다.
  ㉡ 전류는 1개일 때와 같으며 전압은 다르다.
  ㉢ 각 회로에 동일한 전류가 가해지므로 입력 전류는 일정하다.
  ㉣ 합성저항은 각 저항의 합과 같다.

② **병렬연결의 특징**
  ㉠ 각 회로의 전압이 동일하므로 전류는 다르다.
  ㉡ 전압은 1개일 때와 같으며 전류는 다르다.
  ㉢ 각 회로에 동일한 전압이 가해지므로 입력 전압은 일정하다.
  ㉣ 합성저항의 역수는 각 저항의 역수의 합과 같다.

V:전압,I:전류,R:저항,L:코일,C:콘덴서

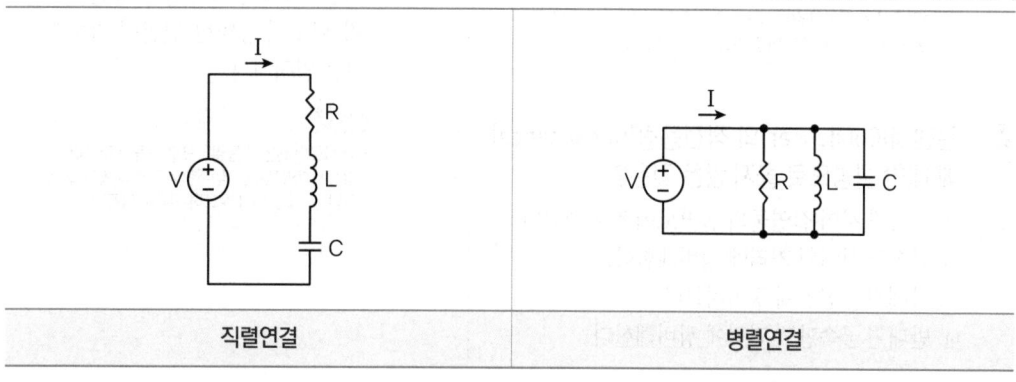

| 직렬연결 | 병렬연결 |

출제예상문제

1 옴의 법칙(Ohm's law)으로 맞는 것은?(단, I : 전류, V : 전압, R : 저항)
① I = R / V
② V = 2R / I
③ I = VR
④ V = IR

> **해설**
> 옴의 법칙
> V = IR (여기서, V : 전압, R : 저항, I : 전류)

2 '회로 내 임의의 한 점에 유입된 전류의 총합과 유출된 전류의 총합은 같다'는 무슨 법칙인가?
① 뉴튼의 법칙
② 키르히호프의 제1법칙
③ 렌쯔의 법칙
④ 앙페르의 법칙

> **해설**
> • 키르히호프 제1법칙 : 전류법칙
> • 키르히호프 제2법칙 : 전압법칙

3 쿨롱의 법칙(Coulomb's Law)에서 자극의 강도에 대한 설명으로 틀린 것은?
① 거리에 반비례한다.
② 자석의 양끝을 자극이라 한다.
③ 두 자극 세기의 곱에 비례한다.
④ 자극의 세기는 자기량의 크기에 따라 다르다.

> **해설**
> • 거리의 제곱에 반비례한다.
> ※ 쿨롱의 법칙
> $f = \dfrac{m_1 \times m_2}{4\pi \times \mu_0 \times \mu_s \times r^2}$
> [여기서, f : 자극의 강도, m1, m2 : 자극의 세기, n_0 : 자기량(진공투자율), n_s : 자기량(비투자율), r : 자극간의 거리]

4 콘덴서(Condenser)의 정전용량(Capacitance)에 대한 설명으로 옳지 않은 것은?
① 금속판 사이 절연물의 절연도에 정비례한다.
② 금속판 사이의 거리에 정비례한다.
③ 가해지는 전압에 정비례한다.
④ 반대편 금속판의 면적에 정비례한다.

> **해설**
> • 금속판 사이의 거리에 반비례한다.

5 콘덴서의 정전용량(Capacitance)에 대한 관계식으로 틀린 것은?(C : 콘덴서 용량, Q_c : 전하량, v : 인가전압)
① $C = Q_c \cdot v$
② $Q_c = C \cdot v$
③ $C = \dfrac{Q_c}{v}$
④ $v = \dfrac{Q_c}{C}$

> **해설**
> 콘덴서의 정전용량(capacitance) 관계식입니다.
> $Q_c = C \cdot v = \varepsilon \dfrac{A}{d}$
> [여기서, Q_c : 전하량(C), C : 콘덴서 용량(F), v : 인가전압(V), ε : 평행판 사이 유전율(F/m), A : 평행판 면적(m²), d : 평행판 사이 거리(m)]

6 모터 또는 릴레이 작동 시 라디오에 유기되는 고주파 잡음을 저감하는 부품은?
① 콘덴서
② 트랜지스터
③ 다이오드
④ 볼륨

7 병렬연결 회로의 설명으로 옳은 것은?
① 각 회로의 저항이 동일하므로 전압은 다르다.
② 합성저항은 각 저항의 합과 같다.
③ 전압은 1개일 때와 같으며 전류도 같다.
④ 각 회로에 동일한 전압이 가해지므로 입력 전압은 일정하다.

> **해설**
> • 각 회로의 전압이 동일하므로 전류는 다르다.
> • 합성저항의 역수는 각 저항의 역수의 합과 같다.
> • 전압은 1개일 때와 같으며 전류는 다르다.

정답 1④ 2② 3① 4② 5① 6① 7④

8 다음과 같이 LED 테스트 램프를 이용하여 릴레이 회로의 각 단자(30, 87, 86, 85)를 점검하였을 때 LED 테스트 램프의 작동이 틀린 것은?(단, LED 테스트 램프의 접지는 차체 접지이다.)

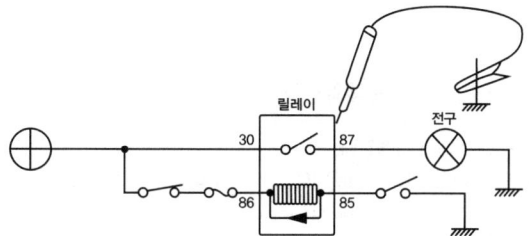

① 30 단자는 점등된다.
② 87 단자는 점등되지 않는다.
③ 86 단자는 점등된다.
④ 85 단자는 점등되지 않는다.

▶해설

• 85 단자는 점등된다.
※ 참고
• 위 회로에서 전구는 점등되지 않습니다. 30, 86, 85번 단자는 배터리 (+)선과 직접 연결되어 있고 릴레이 앞쪽의 스위치가 on 되어 있으므로 LED 테스트 램프를 대면 점등됩니다. 하지만 릴레이 내부 스위치(30-87)가 off되어 있으므로 87번 단자까지 배터리 (+)전기가 들어오지 않습니다. 따라서, 87번 단자에는 LED 테스트 램프를 대도 점등되지 않습니다.

정답 8 ④

② 반도체

(1) 반도체
① 반도체의 주요 물질과 장·단점
  ㉠ 주요 물질 : 게르마늄(Ge), 실리콘(Si) 등
  ㉡ 장·단점

반도체의 장점	반도체의 단점
• 매우 작고 가볍다. • 내부 전력 손실이 매우 적다. • 예열 시간이 필요 없다. • 응답성이 좋다.	• 온도가 상승하면 성능이 매우 나빠진다. - 게르마늄(Ge)은 85℃ 이상, 실리콘(Si)은 150℃ 이상일 때 파손 우려가 크다. • 역방향으로 전압을 가했을 때 허용한계가 매우 낮다. • 정격값을 초과하면 파괴되기 쉽다.

② 진성 반도체
  ㉠ 게르마늄(Ge), 실리콘(Si)과 같이 원자가 4가로 공유 결합하고 있는 반도체이다.
  ㉡ 순도 : 99.99…9% 이상(Nine Eleven)
③ 불순물 반도체 : 진성 반도체에 불순물을 첨가한 반도체이다.
  ㉠ P형 반도체 : (+)성질이며, 불순물의 원자가는 3가이다(알루미늄(Al), 인듐(In) 등).
    ※ 3가의 불순물 : 알루미늄(Al), 인듐(In), 붕소(B)
  ㉡ N형 반도체 : (-)성질이며, 불순물의 원자가는 5가이다(비소(As), 안티몬(Sb), 인(P) 등).
    ※ 5가의 불순물 : 인(P), 비소(As), 안티몬(Sb), 인(P)

(2) 다이오드
① 구조 : PN 접합
② 역할 : 역류 방지, 정류작용
③ 특징
  ㉠ 전류가 역방향으로 흐르는 것을 방지한다.
  ㉡ 순방향 연결 : P형에 (+), N형에 (-)를 연결하는 것으로, 정격 전류를 얻기 위한(공핍층을 뚫기 위한) 최소 전압 범위는 약 1.0~1.25V이다.
  ㉢ 역방향 연결 : N형에 (+), P형에 (-)를 연결하는 것으로, 전압을 상승시키더라도 제너 전압(항복 전압) 내에서는 소량의 전류밖에 흐르지 못한다.
    ※ 제너 전압(항복 전압) : 역방향 전류가 갑자기 커지는 전압
④ 종류 및 특징
  ㉠ 제너 다이오드
    • 제너 전압 이상일 때 : 역방향으로 전류가 흐른다.
    • 제너 전압 미만일 때 : 역방향으로 전류가 흐르지 못한다.
    • 자동차용 교류발전기의 전압조정기, 트랜지스터 점화장치의 트랜지스터 보호용, 정전압 회로 등에 사용한다.

ⓛ 포토 다이오드
- 빛을 받으면 역방향으로 전류가 흐른다.
- 빛의 세기와 전류 흐름은 비례한다.
- 배전기 내 크랭크각 센서, TDC 센서 등에 사용한다.

ⓒ 발광 다이오드
- 전류가 순방향으로 흐르면 빛이 발생한다.
- 배전기 내 크랭크각 센서 및 TDC 센서, 차고 센서, 조향 휠 각속도 센서, 각종 파일럿 램프 등에 사용한다.

| 제너 다이오드 | 포토 다이오드 | 발광 다이오드 |

(3) 트랜지스터

① 구조
  ㉠ NPN형 : 베이스(B)에 (+), 이미터(E)에 (-)를 연결할 때 전류는 컬렉터(C)에서 이미터(E)로 흐른다.
  ㉡ PNP형 : 이미터(E)에 (+), 베이스(B)에 (-)를 연결할 때 전류는 이미터(E)에서 컬렉터(C)로 흐른다.
② **역할** : 스위칭 작용, 증폭 작용

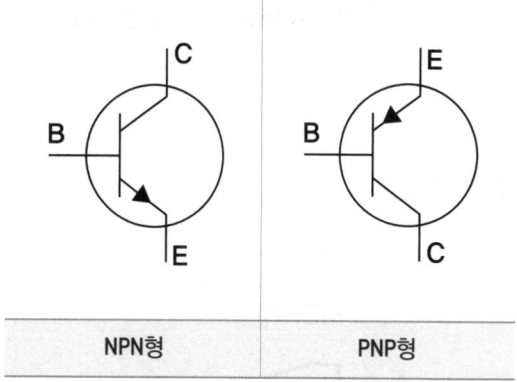

| NPN형 | PNP형 |

Tip
증폭 작용
- 컬렉터 전류(출력)는 베이스 전류(입력)를 100배 증폭한 것으로, 베이스 전류 1을 입력했을 때 컬렉터 전류가 100만큼 지나갈 수 있는 통로를 만들어주는 것을 증폭작용이라 한다.
- 베이스 전류 1을 입력했을 때 트랜지스터 안에서 어떤 발전 작용을 하여 컬렉터 전류가 100으로 증폭되는 것이 아님을 유념해야 한다.

③ **종류 및 특징**
  ㉠ 다링톤 트랜지스터 : 2개의 트랜지스터를 집적한 것으로, 트랜지스터 1개로 트랜지스터 2개의 증폭효과를 얻을 수 있다.
  ㉡ 포토 트랜지스터
    - 빛을 받으면 역방향으로 전류가 흐르며 증폭된다.
    - 포토 다이오드에 비해 빛에 민감하고 반응 속도가 느리다.

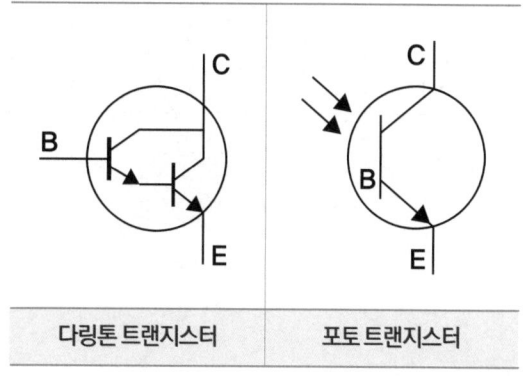

| 다링톤 트랜지스터 | 포토 트랜지스터 |

(4) 사이리스터(SCR)

① **구조** : NPNP형, PNPN형
② **역할** : 스위칭 작용
③ **일반적인 특징**
　㉠ 순방향 연결 : 애노드에 (+), 캐소드에 (-)를 연결한다.
　　• 처음에는 전류가 흐르지 못하고 있지만 게이트에 (+), 캐소드에 (-)를 연결하면 전류가 게이트에서 캐소드로 흐르며 통전된다.
　　• 이후 게이트의 (+)를 제거해도 통전은 유지되지만, 애노드의 (+)를 제거하면 전류가 흐르지 못한다.
　㉡ 역방향 연결 : 캐소드에 (+), 애노드에 (-)를 연결한다.

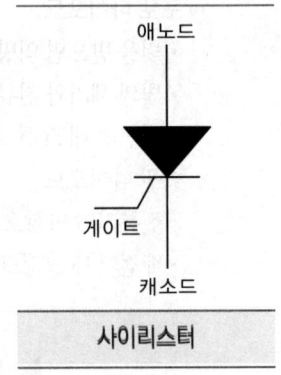

【 사이리스터 】

(5) 서미스터

① 정특성(PTC) 서미스터 : 온도가 상승하면 저항값이 증가한다.
② 부특성(NTC) 서미스터 : 온도가 상승하면 저항값이 감소한다.
③ 냉각 수온 센서(WTS), 흡기 온도 센서(ATS) 등으로 사용한다.

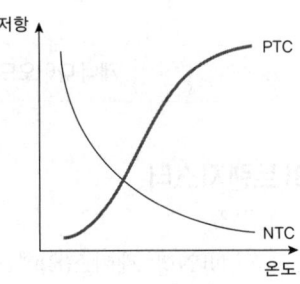

【 PTC, NTC 서미스터 성능 그래프 】

(6) 논리회로

논리적(AND)			논리합(OR)			논리부정(NOT)	
×(곱하기)			+(더하기)			반대	
입력		출력	입력		출력	입력	출력
A	B	C	A	B	C	A	B
0	0	0	0	0	0	1	0
0	1	0	0	1	1	0	1
1	0	0	1	0	1		
1	1	1	1	1	1		

Tip

복합회로 : "OR + NOT 회로(NOR 회로)"

부정논리합(NOR)		
OR 회로 출력의 반대		
입력		출력
A	B	C
0	0	1
0	1	0
1	0	0
1	1	0

- OR 회로는 +(더하기)이므로 입력 A와 B 중 하나라도 1이면 출력은 1이다.
- OR 회로에 NOT 회로가 연결되어 있으므로 OR 회로에서 나온 출력값의 반대가 OR + NOT 회로의 최종 출력값이다.

복합회로 : "AND + NOT 회로(NAND 회로)"

부정논리적(NAND)		
AND 회로 출력의 반대		
입력		출력
A	B	C
0	0	1
0	1	1
1	0	1
1	1	0

- AND 회로는 ×(곱하기)이므로 입력 A와 B 모두 1일 때 출력이 1이다.
- AND 회로에 NOT 회로가 연결되어 있으므로 AND 회로에서 나온 출력값의 반대가 AND + NOT 회로의 최종 출력값이다.

출제예상문제

1 반도체의 장점이 아닌 것은?
① 소형에 경량이다.
② 내부 전력 손실이 매우 적다.
③ 고온에서 안정적으로 작동한다.
④ 예열 시간이 불필요하다.

> 해설
> • 반도체는 온도가 오르면 저항값이 떨어지는 부특성 서미스터 (NTC) 디바이스입니다. 고온에서는 저항값이 많이 떨어지기 때문에 전류가 높아져서 과열되므로 고온에서는 취약합니다.

2 반도체에 대한 설명 중 틀린 것은?
① 예열시간이 불필요하다.
② 내부 전력 손실이 크다.
③ 정격값 이상일 때 파괴된다.
④ 소형이며 가볍다.

> 해설
> • 내부 전력 손실이 작다.

3 힘을 받으면 기전력이 발생하는 반도체 효과는?
① 펠티어효과   ② 제백효과
③ 홀효과   ④ 피에조효과

> 해설
> • 펠티어는 냉각, 제백은 열·저항, 홀은 전자(자기), 피에조는 힘·기전력으로 암기하면 됩니다.

4 P형 반도체와 N형 반도체를 마주대고 접합한 반도체 소자는?
① 홀   ② 캐리어
③ 스위칭   ④ 다이오드

5 발광 다이오드의 특징이 아닌 것은?
① 가시광선으로부터 적외선까지 다양한 빛이 발생한다.
② 역방향으로 전류를 흐르게 하면 빛이 발생한다.
③ 빛이 발생할 때는 0.01A 정도의 전류가 필요하다.
④ 배전기의 크랭크각 센서 등에 사용된다.

> 해설
> • 순방향으로 전류를 흐르게 하면 빛이 발생한다.

6 어떤 기준 전압 이상을 가했을 때 역방향으로 전류가 흐르는 소자는?
① NPN형 트랜지스터   ② PNP형 트랜지스터
③ 제너 다이오드   ④ 발광 다이오드

7 논리회로에서 OR + NOT 회로에 대한 출력의 진리값으로 옳지 않은 것은?(단, 입력 : A, B, 출력 : C)
① A가 0이고, B가 0이면 C는 0이다.
② A가 1이고, B가 0이면 C는 0이다.
③ A가 0이고, B가 1이면 C는 0이다.
④ A가 1이고, B가 1이면 C는 0이다.

> 해설
> • A가 0이고, B가 0이면 C는 1이다.
> ※ 참고
> • 컴퓨터는 이진수만 알아듣기 때문에 입력이건 출력이건 무조건 1, 0 밖에 없습니다. 그리고 AND는 ×(곱하기), OR는 +(더하기), NOT은 반대라는 것만 외우면 끝납니다. 'OR + NOT'라는 것은 OR 회로 다음에 NOT 회로가 붙어 있다는 뜻입니다. OR은 +(더하기)이므로 입력 A와 입력 B 중 하나라도 1이면 출력은 1이 나오겠죠? 거기에 NOT 회로가 붙어 있으니 OR 회로에서 나온 출력값의 반대가 OR + NOT 회로의 최종 출력값입니다.

8 논리회로에서 AND 게이트의 출력이 1이 되는 조건은?
① 한쪽 입력이 1일 때
② 양쪽 입력이 0일 때
③ 양쪽 입력이 1일 때
④ 한쪽 입력이 0일 때

> 해설
> • 한쪽 입력이 1일 때 : 1 × 0 = 0 또는 0 × 1 = 0
> • 양쪽 입력이 0일 때 : 0 × 0 = 0
> • 양쪽 입력이 1일 때 : 1 × 1 = 1
> • 한쪽 입력이 0일 때 : 1 × 0 = 0 또는 0 × 1 = 0

정답 1③ 2② 3④ 4④ 5② 6③ 7① 8③

9 ECU에 입력신호로 들어오는 스위치가 OFF 상태일 때 스위치 시그널 선에서 5V가 측정되었다면 그에 대한 설명으로 옳은 것은?

① ECU 내부 인터페이스는 싱크 방식이다.
② ECU 내부 인터페이스는 소스 방식이다.
③ 스위치 ON일 때 2.5V 이하면 정상적으로 신호를 처리한다.
④ 스위치 신호는 아날로그 신호이다.

- ECU 내부 인터페이스는 싱크 방식이다.
- 스위치 ON일 때 0.8V 이하면 정상적으로 신호를 처리한다.
- 스위치 신호는 디지털 신호이다.

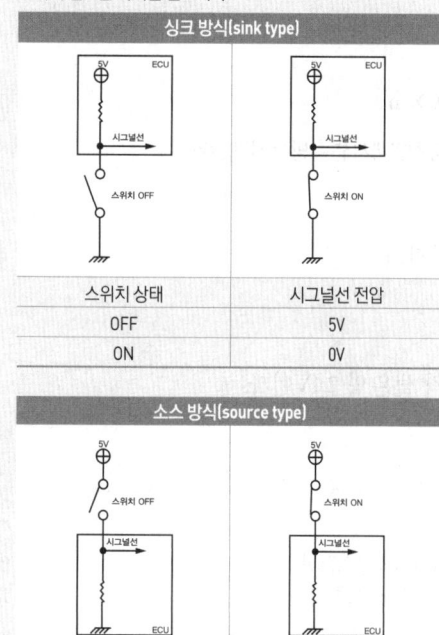

10 ECU(Electronic Control Unit) 내 마이크로컴퓨터의 구성요소로서, 산술연산 또는 논리연산을 위해 데이터를 일시 보관하는 기억장치는?

① 인터페이스 ② 레지스터
③ FET 구동회로 ④ A/D컨버터

정답 9① 10②

3 배터리 및 점화장치

(1) 배터리
화학적 에너지를 전기적 에너지로 변환하는 기구이다.

① 기능
  ㉠ 시동회로의 전기적 부하를 부담한다.
  ㉡ 주행상태에 따른 발전기의 출력 및 부하의 균형을 조정한다.
  ㉢ 주행 중에 발전기가 고장 났을 때 일정 기간 전원 역할을 한다.

② 특징
  ㉠ 온도와 압력이 일정할 때 배터리 비중, 용량, 단자 전압은 비례한다.
  ㉡ 배터리 용량 = 전류 × 시간

$$Ah = A \times h$$

(여기서, Ah : 배터리 용량 단위, A : 연속 방전 전류 단위, h : 방전 종지 전압까지 연속 방전 시간 단위)

  ㉢ 배터리 용량을 결정하는 요소
  • 극판의 크기(또는 면적, 넓이, 두께) • 극판의 수
  • 전해액의 양

③ 구조
  ㉠ 총 6개의 셀로 구성된다.   ㉡ 각 셀은 약 2.1V이다.
  ㉢ 음극판이 양극판보다 1장 더 많다.

> **Tip**
> **방전 종지 전압**
> • 배터리를 방전해서는 안 되는 전압의 기준이며, 각 셀당 1.7~1.8V이다(평균 1.75V).
> • 방전 종지A 전압 이하로 방전을 하면 극판이 손상되어 배터리의 기능을 상실한다.

  ㉣ 배터리 단자 식별 방법
    • 양극은 (+), 음극은 (-) 부호를 사용한다.
    • 양극은 POS, 음극은 NEG로 표기한다.
    • 양극은 적색, 음극은 흑색이다.
    • 양극 기둥이 음극 기둥보다 지름이 더 굵다.
    • 양극이 음극보다 부식물이 더 많다.
    • 배터리를 분리할 때는 (-)단자를 먼저 분리하고, 설치할 때는 (-)단자를 나중에 결합한다.

④ 배터리의 격리판
  ㉠ 역할 : 양극판과 음극판 사이에 끼워 양쪽 극판의 단락을 방지한다.
  ㉡ 구비조건
    • 다공성이고 비전도성일 것

- 전해액이 잘 확산될 것
- 기계적 강도가 있고 전해액에 의해 부식되지 않을 것

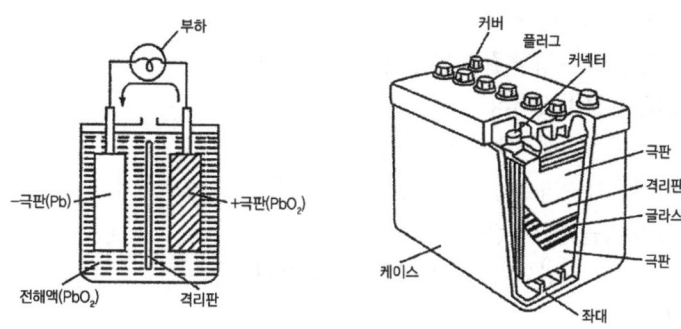

【 납산배터리의 구조 】

⑤ 전해액
  ㉠ 순도가 높은 묽은 황산(H_2SO_4)을 사용한다.
  ㉡ 제조 방법
   - 물에 황산을 부어서 혼합한다(물 65%, 황산 35%).
   - 완전 충전 시 비중 : 1.260~1.280/20℃

$$S_{20} = S_t + 0.0007 \times (t - 20)$$

(여기서, S_{20} : 표준온도 20℃로 환산한 비중, S_t : 현재온도(t)에서 측정한 비중, t : 현재온도(℃))

> **Tip**
> 설페이션 현상 : 극판의 영구 황산납, 배터리의 방전상태가 일정 한도 이상 장시간 지속되어 극판이 결정화되는 현상

⑥ 배터리의 화학작용

(+)극판	전해액	(-)극판		(+)극판	전해액	(-)극판
$PbSO_4$	$2H_2O$	$PbSO_4$	충전 ⇌ 방전	PbO_2	$2H_2SO_4$	Pb
(황산납)	(물)	(황산납)		(과산화납)	(묽은 황산)	(해면상납)

⑦ 배터리의 충전
  ㉠ 정전압 충전 : 일정한 전압으로 충전한다(비발전 제어).
  ㉡ 정전류 충전 : 일정한 전류로 충전하며 표준전류 충전 시 배터리 용량의 약 10%이다.
  ㉢ 단별 전류 충전 : 정전류 충전의 일종이며 단계적으로 전류를 감소시킨다.
  ㉣ 급속 충전 : 충전 전류는 배터리 용량의 약 50%이다.

⑧ MF(Maintenance Free) 배터리
  ㉠ 정비나 보수가 필요 없는 무보수 배터리이다.
  ㉡ 젤 형태의 전해액을 사용한다.
  ㉢ 납과 저안티몬 합금 또는 납과 칼슘 합금 극판을 사용한다.
⑨ AGM(Absorptive Glass Mat) 배터리
  ㉠ 유리섬유 매트를 사용해 전해액의 유동을 방지한다.
  ㉡ 충전 과정에서 발생하는 가스를 재결합해서 전해액 감소를 최소화한다.
  ㉢ 배터리 성능 및 수명을 향상시킨다.
  ㉣ 외기가 배터리 내부와 차단되어 불순물이 생기지 않는다.
⑩ 배터리 용량시험
  ㉠ 20시간율 : 완전 충전된 상태에서 방전 종지 전압(셀당 1.75V)에 이를 때까지 20시간 동안 방전된 전류의 양
  ※ 5A로 연속 방전하여 방전 종지 전압에 이를 때까지 20시간이 소요된 경우 배터리의 용량은 100Ah(5A×20h)가 된다.
  ㉡ 배터리 용량시험 : 배터리 용량의 3배 전류로 15초 동안 방전 후 전압이 9.6V이상이면 양호

(2) 점화장치

① 기본원리 : 점화장치의 기본원리는 렌쯔의 법칙이다.
  ※ 렌쯔의 법칙 : 유도기전력은 코일 내 자속의 변화를 방해하는 방향으로 생긴다는 현상
② 배터리식 점화장치의 종류
  ㉠ 접점식(기계식) : 접점 소손, 고속 회전에서 2차 전압 저하, 배전기 사용
  ㉡ 콘덴서 방전식 : CDI(Condenser Discharge Ignition) 방식, 콘덴서(배터리)와 배전기 사용
  ㉢ 트랜지스터식
    • 세미 트랜지스터 : 접점, 배전기 사용
    • 풀 트랜지스터 : 무접점, 배전기 사용
    • 직접 배전식 : DLI(Distributor Less Ignition) 방식, 배전기 미사용
      ※ 점화시기 제어 순서 : 각종 센서 → ECU → 파워 트랜지스터 → 점화 코일
③ 무배전기(DLI ; Distributor Less Ignition) 방식 점화장치
  ㉠ 분류
    • 다이오드 분배 방식
    • 점화코일 분배 방식
      - 동시 점화 방식 : 2개 실린더당 점화 코일 1개로 동시에 고전압을 분배한다.
      - 독립 점화 방식 : 각 실린더당 점화 코일 1개로 각각 고전압을 분배한다.
  ㉡ 특징
    • 전파 방해가 없다.
    • 점화 진각 폭에 제한이 없다.
    • 고전압 출력을 감소시켜도 방전 유효에너지가 감소하지 않는다.
    • 로터와 배전기 캡 전극 사이에 고전압 에너지 손실이 없다.

④ 점화코일
  ㉠ 종류 및 특징
    • 개자로형 코일
      - 코일의 방열을 위해 내부에 절연유가 들어있다.
      - 2차 전류의 손실이 크다.
      - 전자유도작용에 의해 형성되는 자속이 대기 중으로 빠져나간다.

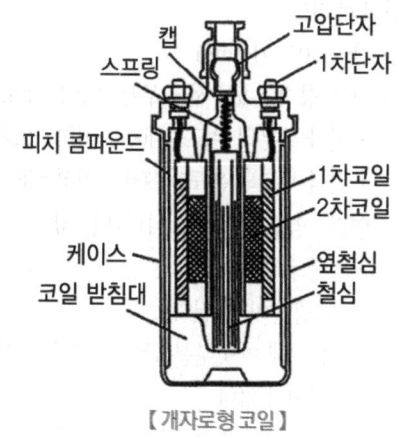
【 개자로형 코일 】

    • 폐자로형 코일
      - 전자유도작용에 의해 형성되는 자속이 외부로 빠져나가지 않는다.
      - 1차 코일을 굵게 하면 큰 전류가 흐를 수 있다.
      - 방열성이 뛰어나다.

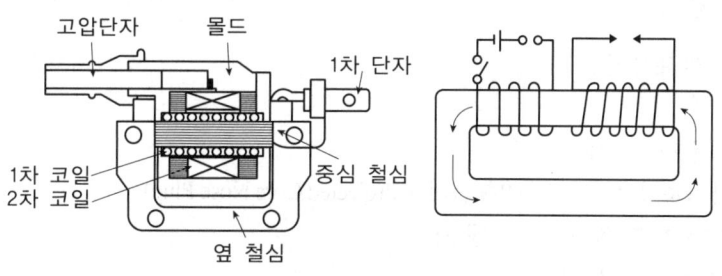
【 폐자로형 코일 】

  ㉡ 구성
    • 1차 코일 : 자기유도 작용 원리를 응용한다.
    • 2차 코일 : 상호유도 작용 원리를 응용한다.
  ㉢ 점화 1·2차 코일의 특징
    • 2차 코일의 유도전압이 1차 코일의 유도전압 보다 높다.
    • 2차 코일의 권수가 1차 코일의 권수보다 약 100배 많다.
    • 2차 코일의 저항이 2차 코일의 저항보다 약 1000배 크다.
    • 2차 코일의 굵기가 1차 코일의 굵기보다 가늘다.
  ㉣ 고전압 유도 공식

$$V_2 = \frac{N_2}{N_1} V_1$$

[(여기서, V_1 : 1차 코일에 유도된 전압, V_2 : 2차 코일에 유도된 전압, N_1 : 1차 코일의 유효권수, N_2 : 2차 코일의 유효권수)]

⑤ 점화 플러그
  ㉠ 간극 : 0.7~1.1mm
  ㉡ 자기 청정 온도 : 전극 부분의 온도가 450~600℃ 정도를 유지하도록 하는 온도이다.
    • 전극 부분의 온도가 400℃ 이하 : 오손
    • 전극 부분의 온도가 800℃ 이상 : 조기 점화
  ㉢ 열값 : 열방산 능력을 나타내는 값
    • 냉형 플러그
      - 열방산이 잘 된다.
      - 절연체 아랫부분 끝에서 아래 실까지의 길이가 짧다.
      - 주로 자동차용 엔진(고속 엔진)에 사용한다.
    • 열형 플러그
      - 열방산이 잘 안 된다.
      - 절연체 아랫부분 끝에서 아래 실까지의 길이가 길다.

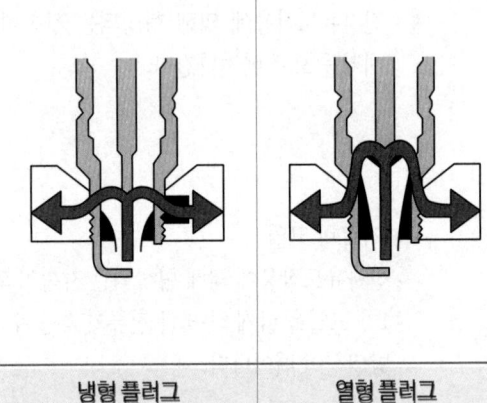

냉형 플러그 | 열형 플러그

  ㉣ 점화 플러그의 표시 기호
    • "BP6ES"
      - B : 점화 플러그 나사 지름
      - P : 자기 돌출형 플러그 또는 P형 플러그(Projected Core Nose Plug)
      - 6 : 열가(※ 2~7 : 열형, 8~13 : 냉형)
      - E : 점화 플러그 나사 길이
      - S : 표준형
    • "BKR5E-11"
      - B : 나사지름   - K : 규격   - R : 저항타입
      - 5 : 열가치수
      - E : 나사길이   - 11 : 간극
  ㉤ 스파크 플러그 요구 전압

구분	요구 전압
플러그 간극이 클 때	증가
공연비가 희박할 때	증가
시동, 급가속 시	증가
가스의 압력이 상승할 때	증가
중심 전극 형상이 뾰족할 때	감소
전극 온도가 높을 때	감소

연소실 가스 온도가 상승할 때	감소
엔진 회전수 증가할 때	감소
점화 시기가 진각(Advance)할 때	감소
공연비가 농후할 때	감소

출제예상문제

1 자동차에서 배터리의 역할이 아닌 것은?
① 차콜 캐니스터의 작동 전원을 공급한다.
② 기동장치의 전기적 부하를 담당한다.
③ 주행상태에 따른 발전기의 출력과 부하와의 불균형을 조정한다.
④ 컴퓨터를 작동시킬 전원을 공급한다.

> **해설**
> • 차콜 캐니스터는 전기부품이 아닙니다. 따라서 배터리가 필요 없습니다.

2 완전충전된 배터리에서 양극판의 물질은?
① 과산화납   ② 납
③ 해면상납   ④ 산화물

> **해설**
> • 과산화납(PbO_2) : 양극판의 물질
> • 해면상납(Pb) : 음극판의 물질

3 배터리 충·방전에 대한 화학반응이 아닌 것은?
① 충전 시 (+) 극판의 황산납($PbSO_4$)은 과산화납(PbO_2)으로 변한다.
② 충전 시 (+) 극판에 수소, (-) 극판에 산소가 발생한다.
③ 방전 시 (+) 극판의 과산화납(PbO_2)은 황산납($PbSO_4$)으로 변한다.
④ 충전 시 물($2H_2O$)은 묽은 황산($2H_2SO_4$)으로 변한다.

> **해설**
> • 충전 시 (+) 극판에 산소, (-) 극판에 수소가 발생한다.
> ※ 참고
> • 충전 과정에서 물($2H_2O$)이 전기 분해되면서 (+) 극판에 산소 가스(O_2), (-) 극판에 수소 가스($2H_2$)가 발생합니다.
>
> | (+)극판 | 전해액 | (-)극판 | | (+)극판 | 전해액 | (-)극판 |
> |---|---|---|---|---|---|---|
> | $PbSO_4$ | $2H_2O$ | $PbSO_4$ | 충전 ⇌ 방전 | PbO_2 | $2H_2SO_4$ | Pb |
> | [황산납] | [물] | [황산납] | | [과산화납] | [묽은 황산] | [해면상납] |

4 배터리의 구성요소가 아닌 것은?
① 전해액   ② 정류자
③ 양극판   ④ 음극판

> **해설**
> • 정류자 : 시동모터의 구성요소

5 배터리의 격리판에 대한 설명으로 틀린 것은?
① 전해액 확산이 잘 되어야 한다.
② 극판에서 이물질이 발생하지 않아야 한다.
③ 내부식성을 갖춰야 한다.
④ 전도성을 갖춰야 한다.

> **해설**
> • 비전도성을 갖춰야 한다.

6 배터리 극판의 작용물질이 동일하다고 가정했을 때 비중이 감소되면 용량은 어떻게 되는가?
① 감소   ② 증가
③ 관계없음   ④ 변화

> **해설**
> • 온도와 압력이 일정할 때 배터리의 비중, 용량, 단자전압은 비례입니다.

7 용량과 전압이 동일한 배터리 2개를 직렬로 연결했을 때의 설명으로 옳은 것은?
① 전압이 2배로 증가한다.
② 용량은 2배로 증가하지만 전압은 같다.
③ 용량은 배터리 2배와 같다.
④ 용량과 전압 모두 2배로 증가한다.

> **해설**
> • 직렬 연결하면 용량은 동일하고 전압은 증가하며, 병렬 연결하면 전압은 동일하고 용량은 증가합니다. 이때 '증가'라는 것은 배터리 개수에 비례합니다. 예를 들어, 동일한 배터리 3개를 병렬 연결하면 전압은 동일하고 용량은 3배 증가합니다.

정답 1① 2① 3② 4② 5④ 6① 7①

8 배터리가 과충전되었을 때 배터리에 미치는 영향은?

① 극판이 황산화된다.
② 용량이 커진다.
③ 양극판 격자가 산화된다.
④ 단자가 산화된다.

- 극판이 황산화된다. : 배터리가 방전되었을 때 배터리에 미치는 영향
- 용량이 작아진다.
- (+)단자 측 셀 커버가 부풀어 오른다.

9 배터리의 온도가 낮아졌을 때 나타나는 현상이 아닌 것은?

① 동결하기 쉽다.
② 전해액 비중이 낮아진다.
③ 용량이 작아진다.
④ 전압이 낮아진다.

- 전해액 비중이 높아진다.
- ※ 참고
- 온도와 압력에 따라 전해액 밀도[kg/ℓ]의 체적[ℓ]이 바뀌므로 비중도 함께 변합니다. 온도가 낮아지면 체적[ℓ]은 수축하니까 작아지겠죠? 질량[kg]은 같고 체적[ℓ]이 작아지면, 분자가 같을 때 분모가 작아지므로 밀도[kg/ℓ]가 높아지고, 따라서, 비중도 높아집니다(단, 압력은 대기압(1atm) 상태로 가정하기 때문에 대개 고려하지 않습니다.).

10 배터리에 대한 설명으로 틀린 것은?

① 극판 수가 늘어나면 배터리 용량은 커진다.
② 전해액 온도가 올라가면 자기방전량이 커진다.
③ 전해액 온도가 올라가면 비중은 떨어진다.
④ 전해액 온도가 낮아지면 황산의 확산이 빨라진다.

- 전해액 온도가 낮아지면 황산의 확산이 느려진다.
- ※ 참고
비중(Specific Gravity)은 밀도 ÷ 밀도로서, 무차원입니다.
질량[kg]이 일정하다고 가정할 때, 온도가 상승하면 밀도[kg/ℓ]는 작아집니다.
왜 그럴까요? 온도가 상승하면 체적[ℓ]이 커지기 때문입니다.
분자(질량)가 일정할 때 분모(체적)가 커지면 값(밀도)이 작아지므로, 온도가 상승하면 비중은 감소합니다.
또한, 온도가 높아지면 전해액 물질의 자유도(Degree of Freedom)가 커지므로 운동에너지가 증가하여 화학적 반응이 더 활발해집니다. 따라서, 온도가 높아질수록 자기방전량도 커집니다.

11 배터리의 전해액 온도가 상승하면 자기방전율은 어떻게 되는가?

① 낮아진다.
② 낮아진 상태로 일정하게 유지된다.
③ 일정하게 유지된다.
④ 높아진다.

- 온도가 높아지면 전해액 물질의 자유도(Degree of Freedom)가 커지므로 운동에너지가 증가하여 화학적 반응이 더 활발해집니다. 따라서 온도가 높아질수록 자기방전량도 커집니다.

12 배터리의 충전상태를 측정하는 테스터기는 무엇인가?

① 비중계 ② 기압계
③ 저항계 ④ 온도계

- 배터리 충전 상태는 비중(비중계)과 전압(전압계 또는 멀티미터)으로 확인할 수 있습니다.

13 '유도기전력은 코일 내 자속의 변화를 방해하는 방향으로 생긴다'는 현상을 설명한 법칙은?

① 뉴튼의 제1법칙 ② 키르히호프 제1법칙
③ 앙페르의 법칙 ④ 렌쯔의 법칙

- 자기유도, 자속의 변화, 특히 '방해하는 방향'이 나오면 렌쯔의 법칙입니다.

14 점화코일에서 고전압 유도 공식으로 옳은 것은?

- V_1 : 1차 코일에 유도된 전압
- V_2 : 2차 코일에 유도된 전압
- N_1 : 1차 코일의 유효권수
- N_2 : 2차 코일의 유효권수

① $V_2 = N_1 \times N_2 \times V_1$
② $V_2 = N_2 + (N_1 \times V_1)$
③ $V_2 = \dfrac{N_1}{N_2} V_1$
④ $V_2 = \dfrac{N_2}{N_1} V_1$

정답 8③ 9② 10④ 11④ 12① 13④ 14④

15 자기유도 및 상호유도작용의 원리를 응용한 것은?
① 점화 코일　② 발전기
③ 시동 모터　④ 배터리

- 발전기도 전자유도작용(자기유도작용)을 응용합니다. 단, 상호유도작용은 발전기와 관계가 없습니다.

16 전자제어 점화장치의 파워 TR에서 엔진 ECU가 제어하는 단자는?
① 베이스 단자　② 이미터 단자
③ 접지 단자　④ 콜렉터 단자

17 폐자로형 코일에 대한 설명 중 틀린 것은?
① 1차·2차 코일은 서로 연결되어 있다.
② 코일의 방열을 위해 내부에 절연유가 들어있다.
③ 전자유도작용에 의해 형성되는 자속이 외부로 빠져나가지 않는다.
④ 1차 코일을 굵게 하면 큰 전류가 흐를 수 있다.

- 코일의 방열을 위해 내부에 절연유가 들어있다. : 개자로형 코일에 대한 설명

18 점화코일(Ignition Coil)의 2차코일 측에서 발생하는 스파크 방전 전압에 영향을 미치는 인자가 아닌 것은?
① 오일 압력
② 연소실 내 연료·공기 혼합기의 압력
③ 스파크 플러그 전극 형태
④ 스파크 플러그 간극

- 스파크 방전 = 불꽃 방전
- 스파크 플러그 = 점화 플러그

19 엔진점화장치의 점화 코일에 대한 설명 중 틀린 것은?
① 2차 코일의 유도전압이 1차 코일의 유도전압보다 낮다.
② 2차 코일의 권수가 1차 코일의 권수보다 많다.
③ 2차 코일의 저항이 2차 코일의 저항보다 크다.
④ 2차 코일의 굵기가 1차 코일의 굵기보다 가늘다.

- 2차 코일의 유도전압이 1차 코일의 유도전압보다 높다.

20 무배전기방식 점화장치(Distributor Less Ignition, DLI)의 내용으로 틀린 것은?
① 독립점화방식과 동시점화방식이 있다.
② 배전기 내부 전극의 에어 갭 조정이 불량하면 에너지 손실이 생긴다.
③ 각 기통을 검출하는 센서가 필요하다.
④ 코일 분배방식과 다이오드 분배방식이 있다.

- 배전기 내부 전극의 에어 갭 조정이 불량하면 에너지 손실이 생긴다. : 배전기방식 점화장치의 내용

21 무배전기 점화(Distributor Less Ignition, DLI)방식에 사용되지 않는 것은?
① 점화 코일　② 원심진각장치
③ 크랭크각 센서　④ 파워 TR

- 원심진각장치 : 배전기 방식에 사용되는 것

22 전자제어 점화장치에서 점화시기 제어 순서는?
① 파워 트랜지스터 → 점화 코일 → ECU → 각종 센서
② 각종 센서 → ECU → 점화 코일 → 파워 트랜지스터
③ 파워 트랜지스터 → ECU → 각종 센서 → 점화 코일
④ 각종 센서 → ECU → 파워 트랜지스터 → 점화 코일

23 스파크 플러그에 불꽃이 튀지 않는 원인이 아닌 것은?
① TPS 불량　② ECU 불량
③ 파워 TR 불량　④ 점화 코일 불량

15 ①　16 ①　17 ②　18 ①　19 ①　20 ②　21 ②　22 ④　23 ①

24 점화 플러그의 표시기호가 'BP6ES'였다면, 이 표시기호에서 열가를 나타내는 것은?
① P
② 6
③ E
④ S

해설
- B : 점화 플러그 나사 지름
- P : 자기돌출형 플러그 또는 P형 플러그(Projected Core Nose Plug)
- 6 : 열가
- E : 점화 플러그 나사 길이
- S : 표준형

정답 24 ②

④ 시동장치 및 충전장치

(1) 시동장치

① 기본 원리
- 기본 원리 : 플레밍의 왼손법칙

② 구성
㉠ 토크를 엔진으로 전달하는 부분
㉡ 피니언 기어를 링기어에 치합하는 부분
㉢ 토크 발생 부분

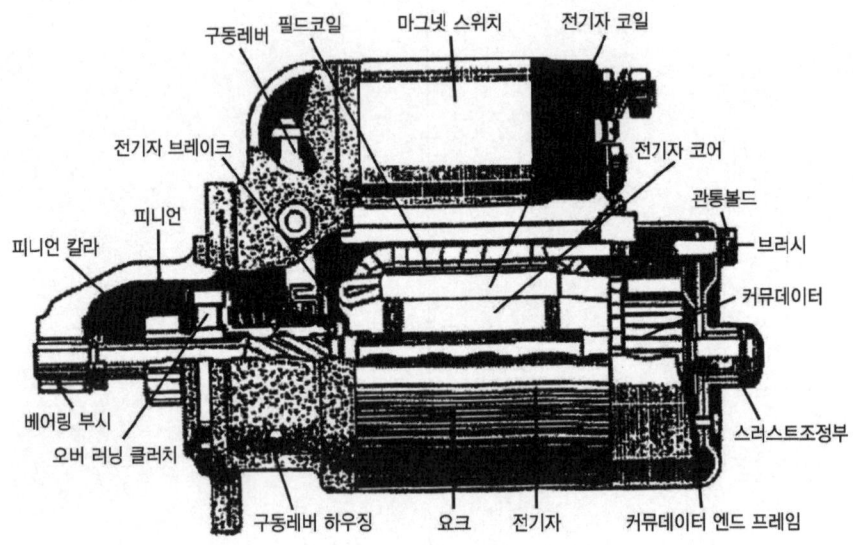

【시동전동기의 내부구조】

③ 종류 및 특징
㉠ 직권식 전동기
- 전기자 코일과 계자 코일을 직렬로 연결한다.
- 자동차용 시동전동기로 가장 많이 사용한다.
- 전류가 일정할 때 분권식이나 복권식보다 토크를 크게 할 수 있다.

㉡ 분권식 전동기
- 전기자 코일과 계자 코일을 병렬로 연결한다.
- 회전력이 작고 속도가 일정하여 냉각팬에 사용된다.

㉢ 복권식 전동기
- 전기자 코일과 계자 코일을 직·병렬로 연결한다.
- 윈드 실드 와이퍼 모터에 사용한다.

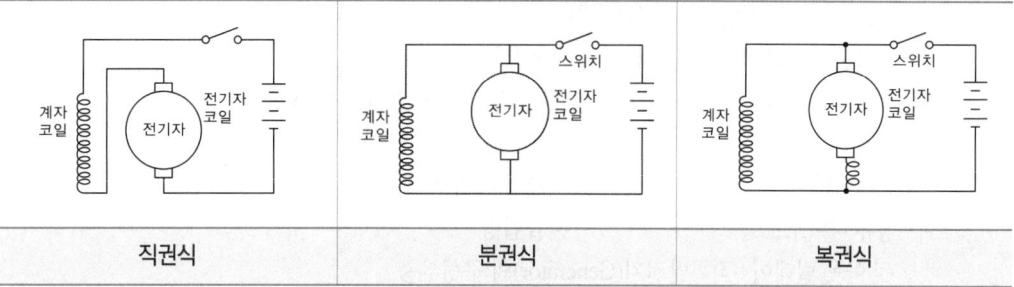

| 직권식 | 분권식 | 복권식 |

④ 시동전동기의 동력전달기구
  ㉠ 플라이 휠 링 기어와 시동전동기 피니언의 감속비 : 약 10~15 : 1
  ㉡ 피니언 접속방식
    • 벤딕스식 : 관성력 이용, 오버러닝 클러치를 사용하지 않는다.
    • 피니언 섭동식 : 수동식, 전자식 2종류가 있다.
    • 전기자 섭동식
  ㉢ 오버러닝 클러치의 역할 : 플라이휠의 회전력이 전동기에 전달되지 않도록 한다.
  ㉣ 오버러닝 클러치의 종류
    • 다판 클러치 방식   • 롤러 방식   • 스프래그 방식

(2) 충전장치

① 전자유도작용의 기본 원리
  ㉠ 페러데이의 법칙 : 도선에 유도되는 기전력은 그 속을 통과하는 자기력선의 수가 변할 때나 도선이 자기력선을 끊고 지나갈 때 나타난다.
  ㉡ 렌쯔의 법칙 : 유도 기전력은 코일 내의 자속 변화를 방해하는 방향으로 생긴다.

② 교류발전기(알터네이터)
  ㉠ 기본 원리 : 플레밍의 오른손법칙

> **Tip**
> **플레밍 오른손 법칙**
> • 교류발전기(알터네이터)의 기본 원리   • 직류발전기(제네레이터)의 기본 원리

  ㉡ 특징
    • 소형에 경량화할 수 있다.
    • 브러시 수명이 길다.
    • 저속에서도 충전이 우수하다.
    • 실리콘 다이오드가 정류작용(컷아웃 릴레이)을 한다.
    • 로터의 회전수가 증가함에 따라 스테이터 코일에서 발생하는 교류 주파수가 높아지므로 전류 상승을 제한하기 때문에 전류조정기가 필요 없다.
  ㉢ 스테이터의 결선 방법에 따른 전압 및 전류
    • Y결선의 선간전압은 상전압의 $\sqrt{3}$ 배이다.
    • Y결선의 선간전류는 상전류와 같다.

- △결선의 선간전압은 상전압과 같다.
- △결선의 선간전류는 상전류의 $\sqrt{3}$ 배이다.

※ 자동차 교류 발전기에서 가장 많이 사용되는 3상 권선의 결선방법 : Y결선

ⓔ 구성
- 스테이터
- 제너 다이오드
- 로터
- 정류 다이오드
- 슬립링

※ 컷 아웃 릴레이 : 직류발전기(Generator)의 구성부품

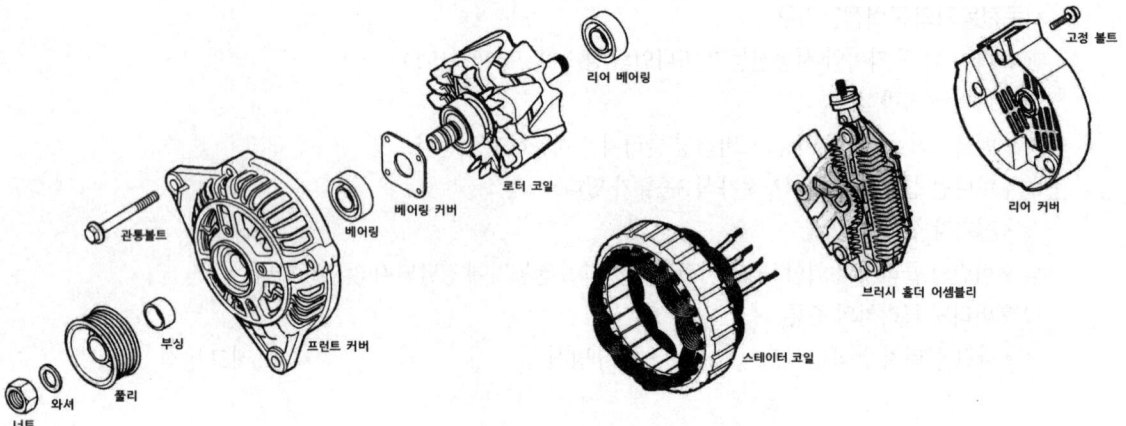

【 교류발전기의 내부구조 】

> **Tip**
> - 교류발전기에서 자속을 만드는 부분 : 로터
> - 교류발전기에서 전류를 만드는 부분 : 스테이터

출제예상문제

1 플레밍의 왼손법칙 원리를 응용한 것은?
① 모터
② 교류발전기
③ 직류발전기
④ 충전기

> 해설
> • 플레밍 왼손법칙 : 모터
> • 플레밍 오른손 법칙 : 교류발전기, 직류발전기

2 시동모터(Starting Motor)의 형식을 바르게 나열한 것은?
① 직렬식, 복렬식, 병렬식
② 직권식, 복권식, 복합식
③ 직권식, 분권식, 복권식
④ 직렬식, 병렬식, 복합식

> 해설
> • 직권식 : 전기자 코일과 계자 코일이 직렬 연결
> • 분권식 : 전기자 코일과 계자 코일이 병렬 연결
> • 복권식 : 전기자 코일과 계자 코일이 직·병렬 연결

3 시동 모터(Starting Motor)의 구성에 대해 설명한 내용으로 틀린 것은?
① 토크를 엔진으로 전달하는 부분
② 피니언 기어를 링기어에 치합하는 부분
③ 무부하 전력을 측정하는 부분
④ 토크 발생 부분

> 해설
> • 시동 모터는 엔진 시동을 위한 전동기입니다. 모터의 동력을 엔진으로 전달하는 것이죠. 시동 모터는 마그네틱 스위치, 전기자 코일(아마추어), 계자 코일(필드 코일), 피니언 기어, 오버러닝 클러치 등으로 구성되어 있습니다.

4 시동 모터(Starting Motor)에서 회전 부분이 아닌 것은?
① 전기자 철심
② 오버러닝 클러치
③ 정류자
④ 계자 코일

> 해설
> • 시동 모터에서 고정되어 있는 부분은 계자 코일, 계자 철심, 브러시 홀더, 마그네틱 스위치 등입니다.

5 오버러닝 클러치가 장착된 시동 모터(Starting Motor)에서 엔진 시동 후에도 계속해서 키 스위치를 작동시키면 어떤 현상이 발생하는가?
① 시동 모터의 아마추어는 무부하 상태로 공회전한다.
② 시동 모터의 아마추어가 정지한다.
③ 시동 모터의 아마추어가 엔진 회전보다 더 고속으로 회전한다.
④ 시동 모터의 아마추어가 열을 받아서 파손된다.

> 해설
> • 쉽게 말하면 아마추어가 헛도는 것이죠? 오버러닝 클러치는 원웨이 클러치이므로 동력이 한쪽 방향으로만 전달됩니다(시동모터→엔진). 만약 오버러닝 클러치가 없다면 시동 모터 피니언이 플라이휠 링기어를 돌려 엔진 시동을 건 이후부터 엔진이 시동 모터를 돌리게 됩니다(엔진→시동 모터). 그러면 시동 모터가 직류 발전기가 되어서 전류가 역으로 흐릅니다.

6 시동 모터(Starting Motor)에서 오버러닝 클러치의 종류가 아닌 것은?
① 전기자식
② 다판 클러치 방식
③ 롤러 방식
④ 스프래그 방식

7 시동 모터(Starting Motor)에 과전류(Over Current)가 흐르는 원인은?
① 계자 코일의 단선
② 높은 내부저항
③ 내부접지
④ 전기자 코일의 단선

> 해설
> • 계자 코일의 단선 : 전류가 흐르지 못하는 원인
> • 높은 내부저항 : 전류가 낮아지는 원인
> • 전기자 코일의 단선 : 전류가 흐르지 못하는 원인

8 정상적인 12V 배터리에서 크랭킹 시 일반적인 전압은 얼마인가?
① 약 5~7V
② 약 9~11V
③ 약 15~18V
④ 약 20~23V

정답 1① 2③ 3③ 4④ 5① 6① 7③ 8②

9 시동 모터(Starting Motor)가 엔진에 장착된 상태에서 크랭킹 시 시동 모터에 흐르는 전류와 시동 모터의 회전수를 점검하는 시험은?

① 단락시험 ② 부하시험
③ 접지시험 ④ 단선시험

- 시동 모터에서 고정되어 있는 부분은 계자 코일, 계자 철심, 브러시 홀더, 마그네틱 스위치 등입니다.

10 시동 모터(Starting Motor)의 무부하시험 시 필요 없는 것은?

① 저항시험기
② 타코미터(Tachometer)
③ 전압 테스터기
④ 전류 테스터기

11 엔진에서 시동모터(Starting Motor)를 탈거 후 분해하여 결함부분을 점검하는 그림이다. 옳은 것은?

① 전기자 코일의 단선 점검
② 전기자 코일의 단락 점검
③ 전기자 축의 마멸 점검
④ 전기자 축의 휨 점검

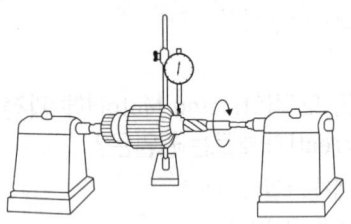

12 발전기 원리에 응용되는 법칙은?

① 플레밍의 왼손법칙
② 가속도 법칙
③ 옴의 법칙
④ 플레밍의 오른손법칙

- 플레밍의 왼손법칙 : 모터(전동기)의 원리에 응용되는 법칙
- 플레밍의 오른손법칙 : 발전기의 원리에 응용되는 법칙

13 자동차용 교류발전기에서 자속을 만드는 부분은?

① 다이오드 ② 브러시
③ 스테이터 ④ 로터

- 로터 : 교류발전기에서 자속을 만드는 부분
- 스테이터 : 교류발전기에서 전류를 만드는 부분

14 교류발전기의 출력을 조정하는 것은?

① 배터리 전압 ② 엔진 회전수
③ 다이오드 전류 ④ 로터코일 전류

전압조정기와 혼동하지 마세요.
발전기의 출력(Power)은 로터코일에 흐르는 전류의 크기에 의해 로터의 자화력이 바뀌어 조정되는 것입니다. 전압조정기 및 제너 다이오드는 발전기의 출력전압을 일정하게 유지하는 역할을 합니다.

15 자동차에서 발전기를 구동하는 축은?

① 크랭크축 ② 캠축
③ 차축 ④ 푸시로드

- 엔진 크랭크축과 발전기 풀리 사이에 벨트가 연결되어 크랭크축 동력으로 발전기를 구동합니다.

16 교류발전기의 기전력 생성에 대한 설명이 아닌 것은?

① 코일 권수가 많고 도선 길이가 길면 기전력은 커진다.
② 자극 수가 많아지면 여자되는 시간이 짧아져 기전력이 작아진다.
③ 로터 회전이 빠르면 기전력은 커진다.
④ 로터코일을 통해 흐르는 여자 전류가 크면 기전력은 커진다.

- 자극 수가 많아지면 여자되는 시간이 길어져 기전력이 커집니다.

17 교류 발전기(Alternator)에서 교류 전기를 직류로 정류하는 것은?

① 아마추어 ② 전압 조정기
③ 실리콘 다이오드 ④ 시동 릴레이

정답 9② 10① 11④ 12④ 13④ 14④ 15① 16② 17③

- 아마추어 : 아마추어는 시동 모터 관련 부품이다.
- 전압 조정기 : 전압조정기는 발전기 출력 전압을 일정한 전압으로 유지시키는 역할을 한다.
- 시동 릴레이 : 시동 릴레이는 시동 회로 관련 부품이다.

18 다음 중 교류발전기(Alternator)의 구성부품과 거리가 먼 것은?
① 스테이터　　　　② 로터
③ 컷 아웃 릴레이　④ 슬립링

- 컷 아웃 릴레이 : 직류발전기(Generator)의 구성부품

19 교류발전기에서 배터리 전류의 역류를 방지하는 컷 아웃 릴레이가 없는 이유는?
① 전압 릴레이가 있어서
② 다이오드가 있어서
③ 트랜지스터가 있어서
④ 점화 스위치가 있어서

- 일반적으로 다이오드는 역류 방지, 정류! 라고 암기하세요. 다이오드(Diode)는 정방향으로 연결했을 때만 전류가 흐르게 하고, 역방향으로 연결했을 때는 전류가 흐르지 못하게 하는 반도체 소자입니다.

20 엔진 정지상태에서 시동 스위치를 ON하였을 때 배터리에서 발전기로 전류가 흘렀다면, 그 원인으로 가장 적절한 것은?
① (+)다이오드 단선
② (+)다이오드 단락
③ (-)다이오드 단선
④ (-)다이오드 단락

21 집적회로 방식의 전압조정기가 내장된 교류발전기의 특징이 아닌 것은?
① 접점 방식에 비해 내진성과 내구성이 크다.
② 접점이 없기 때문에 조정 전압의 변동이 작다.
③ 접점 불꽃에 의한 노이즈가 없다.
④ 스테이터(Stator) 코일 여자전류에 의한 출력이 향상된다.

22 계기판의 충전 경고등 점등 시기는?
① 배터리 전압이 14.5V 이상일 때
② 배터리 전압이 10.5V 이하일 때
③ 발전기에서 충전전압이 높을 때
④ 발전기에서 충전이 안 될 때

- 충전 경고등이니 당연히 충전이 안 되면 점등하겠죠? 더 정확하게 말하면 발전기의 L 단자에서 올라오는 발전기 충전 전압이 배터리 전압보다 낮으면 충전 경고등이 점등됩니다. 전위차를 이용하는 것입니다.

정답　18 ③　19 ②　20 ②　21 ④　22 ④

4 냉방장치, 편의장치 및 등화장치

(1) 냉방장치
① 에어컨 냉매가스 순환 과정

압축기 → 응축기 → 건조기 → 팽창 밸브 → 증발기
(콤프레서 → 콘덴서 → 리시버 드라이어 → 익스팬션 밸브 → 이베퍼레이터)

② 에어컨 시스템 주요 구성품의 특징
 ㉠ 압축기(콤프레서) : 증발기에서 받은 기체 냉매를 고온·고압의 기체로 변환한다.
 ㉡ 응축기(콘덴서) : 냉각팬 및 차량 외부 공기를 이용해 고온·고압의 기체 냉매를 냉각·응축하여 고온·고압의 액체 냉매로 변환한다.
 ㉢ 건조기(리시버 드라이어) : 액체 냉매를 팽창 밸브로 보낸다.
 ㉣ 팽창 밸브(익스팬션 밸브) : 고온·고압의 액체 냉매를 급격히 팽창시켜 저온·저압의 기체 냉매로 변환한다.
 ㉤ 증발기(이베퍼레이터) : 주위로부터 열을 흡수하여 기체 냉매로 변환한다.

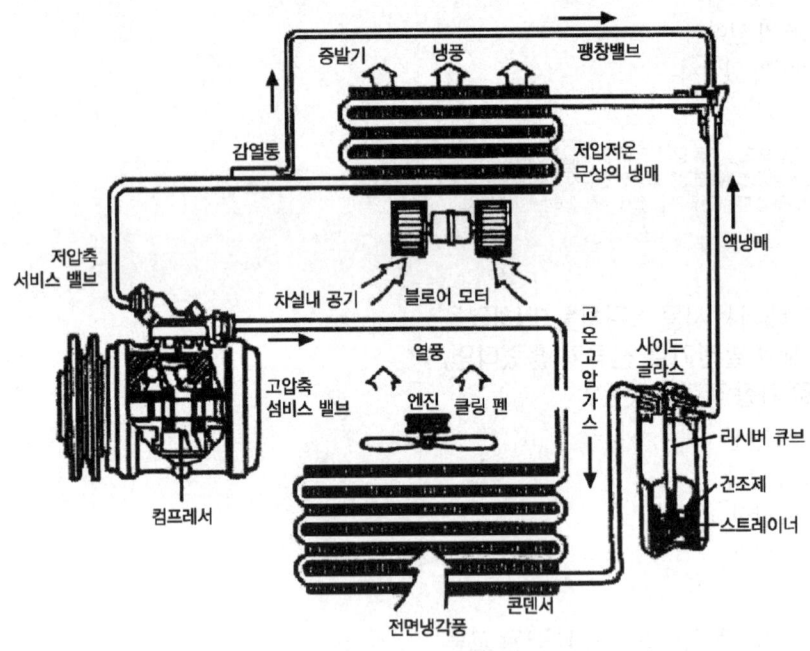

【 에어컨 시스템의 구조 】

③ 에어컨 냉매
 ㉠ 구냉매 : R-22a
 ㉡ 신냉매 : R-134a
  ※ 신냉매(R-134a)는 염소(Cl)가 없다.
④ 전자동 에어컨(Full Automatic Temperature Control, FATC) 장치
 ㉠ 컨트롤 유닛에 입력되는 센서의 종류

- 일사 센서 : 일광량을 검출하여 일광량 증가에 따라 차량 실내 온도가 상승하는 것을 방지한다.
- 실내 온도 센서 : 차량 실내 공기를 흡입한 후 온도를 감지하여 실내 온도를 제어한다.
- 외기 온도센서 : 차량 외부 온도를 검출한다.
- 냉각 수온 센서 : 엔진 냉각수 온도를 감지하여 히터의 풍량을 제어한다.

(2) 편의장치

① ETACS(Electronic Time Alarm Control System) 제어의 종류
  ㉠ 도어록 제어
  ㉡ 간헐 와이퍼 제어
  ㉢ 각종 도어 스위치 제어
  ㉣ 와셔 연동 와이퍼 제어
  ㉤ 실내등 제어
  ㉥ 시트 벨트 경보 제어
  ㉦ 감광식 룸 램프 제어
  ㉧ 시트 벨트 경보 제어

② 텔레매틱스
  ㉠ 위치 정보와 무선통신 기술을 이용한다.
  ㉡ 운전자에게 교통 안내, 긴급 구난, 내비게이션 서비스를 제공한다.
  ㉢ 단말 플랫폼 기술과 다양한 정보를 서버에 저장하고 제공하는 서비스 기술, 통신 기술, 위치 및 지리 정보를 이용한다.
  ㉣ 종류 : V2V(Vehicle to Vehicle), V2I(Vehicle to Interface) 통신

③ X-by-Wire
  ㉠ 기존의 기계식이나 유공압 등으로 연결된 시스템을 전자 시스템으로 대체한 것이다.
  ㉡ 설계 자유도가 증가하고 모듈화로 인한 원가를 절감할 수 있다.
  ㉢ 능동형 안전 기술을 적용할 수 있다.
  ㉣ 운전자의 생명과 직결되기 때문에 시스템 및 통신 시스템의 안정화가 필요하다.
  ㉤ 종류 : Throttle by Wire, Shift by Wire, Brake by Wire, Steer by Wire, Clutch by Wire

④ **주행안전 시스템** : 수동안전시스템(사고 시 운전자 보호), 능동안전시스템(사고를 미연에 방지하거나 최소화)
  ㉠ 차선이탈 경보시스템(LDWS) : 차량이 방향지시등 없이 차선을 이탈하면 운전자에게 경고
  ㉡ 자동긴급 제동시스템(AEB) : 추돌 방지를 위해 자동으로 브레이크를 작동, 자동차 뿐 만아니라 보행자 보호에도 적용
  ㉢ 후측면 경보시스템(RCTA) : 레이더 센서를 이용하여 후진 시 뒤를 지나가는 차량이나 이륜차 등을 감지하여 경고
  ㉣ 사각지대 탐지시스템(BSD) : 레이더 센서를 이용하여 운전자가 차선을 변경하려고 할 때 일어날 수 있는 사고를 방지

(3) 등화장치

① 조명 용어
  ㉠ 광도
    - 광원의 밝기를 말한다.
    - 단위 : 칸델라(cd)
      ※ 1cd : 광원에서 1m 떨어진 $1m^2$의 면에 1lm의 광속이 통과하였을 때의 빛의 세기

ⓒ 광속
- 어떤 면을 통과하는 빛의 양을 말한다.
- 단위 : 루멘(lm)

ⓒ 조도
- 어떤 면이 받는 빛의 세기를 말한다.
- 단위 : 룩스(Lx)
- 빛을 받는 면의 조도는 광원의 광도에 비례한다.
- 광원의 거리의 제곱에 반비례한다.

$$조도(Lx) = \frac{광속(lm)}{거리의 제곱(m^2)} \approx \frac{광도(cd)}{거리의 제곱(m^2)}$$

※ 룩스(Lx)는 루멘(lm)에서, 루멘(lm)은 칸델라(cd)에서 유도된 단위이다.

② 전조등
ⓐ 형식
- 실드빔식 : 필라멘트가 끊어지면 전조등 전체를 교환해야 한다.
- 세미 실드빔식 : 필라멘트가 끊어지면 전구만 교환할 수 있다.
- 2개의 전조등은 서로 병렬로 연결되어 있어 한쪽의 필라멘트가 단선되어도 나머지 한쪽은 계속 작동된다.
- 변환빔(하향등) 광도 규정값 : 3000cd 이상

③ 제동등
ⓐ 단일등화 광도 : 60~260cd(고정), 60~730cd(가변)
ⓒ 다른 등화와 겸용할 경우 광도는 3배 이상 증가해야한다.

④ 램프의 종류
- 할로겐 : 일반 전구의 필라멘트 증발(흑화) 현상을 방지한다.
- HID(High Intensity Discharge) : 금속염제와 불활성 가스가 쓰이며, 보조 전극이나 이그나이터를 이용해 점등한다.
  ※ 크세논, 제논(Xenon) 방전등 : HID의 한 종류, 자연광에 가까운 빛, 형광등의 원리와 유사하다.
- LED : 반도체 다이오드와 PN 접합부에서 전자와 정공의 띠 간격을 넘어서며 발생하는 에너지 차이를 이용한다.

⑤ 주간 주행등(DRL, Daytime Running Lighting)
ⓐ 보행자나 상대편 차량에게 차량의 위치를 전달하여 사고를 줄인다.
ⓒ 방향 지시등이 작동할 때 해당 방향의 주간 주행등은 작동하지 않는다.
ⓒ 전조등이 작동할 때 주간 주행등은 작동하지 않는다.
ⓔ 2015년 7월부터 제작되는 차량에는 의무적으로 장착되어 있다.

⑥ 자동차 배선
ⓐ 배선 규격 표기
 "1.35RG"
- 1.35 : 전선의 단면적(mm^3)
- R : 바탕색
- G : 줄색

ⓒ 배선 색깔 표기

기호	색깔	기호	색깔
B	검은색(Black)	L	파란색(Blue)
Br	갈색(Brown)	Y	노란색(Yellow)
Gr	회색(Gray)	W	흰색(White)
G	초록색(Green)	R	빨간색(Red)

ⓒ 배선 결선방식
- 복선식 : (-)전선이 전원선으로 접지된 방식
- 단선식 : (-)전선을 차체에 연결한 방식

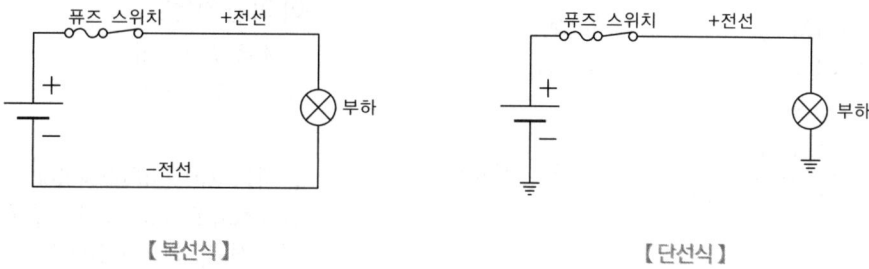

【 복선식 】　　　　　　　　　　【 단선식 】

출제예상문제

1 에어컨 냉매 R-134a(신냉매)의 특징이 아닌 것은?
① 액화 및 증발되지 않아서 오존층이 보호된다.
② 무미·무취이다.
③ 화학적으로 안정되고 내열성이 좋다.
④ 온난화지수가 냉매 R-12(구냉매)보다 낮다.

> 해설
> • 염소(Cl)가 없어서 오존층이 보호된다.

2 오존층 파괴를 줄이고자 R-12(구냉매)에서 염소(Cl)를 제거한 냉매는?
① R-12a ② R-22a
③ R-16a ④ R-134a

> 해설
> • R-134a : 신냉매
> • 프레온가스를 없애서 오존층을 보호하기 위해 R-134a(신냉매)에는 염소(Cl)가 없습니다.

3 자동차 에어컨 시스템의 순환과정으로 옳은 것은?
① 압축기 → 응축기 → 건조기 → 팽창 밸브 → 증발기
② 압축기 → 응축기 → 팽창 밸브 → 건조기 → 증발기
③ 압축기 → 팽창 밸브 → 건조기 → 응축기 → 증발기
④ 압축기 → 건조기 → 팽창 밸브 → 응축기 → 증발기

4 에어컨 장치에서 고온·고압의 기체 냉매를 냉각시켜 액화시키는 것은?
① 압축기(Compressor)
② 응축기(Condenser)
③ 팽창밸브(Expansion Valve)
④ 증발기(Evaporator)

> 해설
> • 압축기(Compressor) : 증발기에서 받은 기체 냉매를 고온·고압의 기체로 변환
> • 응축기(Condenser) : 냉각팬 및 차량 외부 공기로 고온·고압의 기체 냉매를 냉각·응축하여 고온·고압의 액체 냉매로 변환
> • 건조기(Receiver Dryer) : 액체 냉매를 팽창 밸브로 보내는 역할
> • 팽창밸브(Expansion Valve) : 고온·고압의 액체 냉매를 급격히 팽창시켜 저온·저압의 기체 냉매로 변환
> • 증발기(Evaporator) : 주위에서 열을 흡수하여 기체 냉매로 변환
> ※ 냉매 순환 경로 : 압축기 → 응축기 → 건조기 → 팽창 밸브 → 증발기

5 에어컨 장치에서 가변 용량 콤프레서의 장점이 아닌 것은?
① 소음·진동 향상 ② 냉방 성능 향상
③ 냉매 충전효율 향상 ④ 연비 향상

6 전자동 에어컨(Full Automatic Temperature Control, FATC) 장치의 컨트롤 유닛에 입력되는 센서가 아닌 것은?
① 일사 센서 ② 차고 센서
③ 실내온도 센서 ④ 외기온도 센서

> 해설
> • 일사 센서 : 일광량을 검출하여 일광량의 증가에 따른 차량 실내 온도 상승을 방지하는 제어에 사용된다.
> • 차고 센서 : 자동차의 높이 변화와 차축, 차체(Body)의 위치를 감지하는 센서로, ECS 장치에 사용된다.
> • 실내온도 센서 : 차량 실내의 공기를 흡입한 후 온도를 감지하여 실내 온도 제어에 사용된다.
> • 외기온도 센서 : 차량 외부 온도를 검출한다.

7 자동차의 유해가스 차단장치(Air Quality System, AQS)의 기능에 대한 설명 중 틀린 것은?
① 실내공기 청정도 유지
② 실내온도 및 습도 조절
③ 외부 유해가스 유입 차단
④ 실내로 깨끗한 공기만 유입

> 해설
> • 실내온도 및 습도 조절 : 오토 에어컨 장치의 기능에 대한 설명
> • AQS는 실내에 더러운 공기가 들어오지 못하게 하는 장치입니다.

정답 1① 2④ 3① 4② 5③ 6② 7②

8 자동차의 에어컨 장치에서 에어컨 매니폴드 게이지를 접속할 때 주의사항으로 틀린 것은?

① 냉매가 에어컨 사이클에 충전되어 있을 때에는 충전 호스, 매니폴드 게이지의 밸브를 모두 잠근 후 분리한다.
② 모든 밸브를 잠근 후 매니폴드 게이지를 설치한다.
③ 황색 호스를 냉매 회수기 또는 냉매 충전기, 진공펌프에 연결한다.
④ 밸브를 열어 놓은 상태로 에어컨 사이클에 접속한다.

- 밸브를 닫아 놓은 상태로 에어컨 사이클에 접속한다.

9 자동차의 종합경보 제어장치에 포함되지 않는 기능은?

① 엔진 경고등 지시 제어
② 도어 열림 경고 제어
③ 감광식 룸 램프 제어
④ 도어록 제어

- 종합경보 제어장치란 에탁스(Electronic Time Alarm Control System, ETACS)를 말합니다. 주로 편의장치의 작동 및 작동 시간을 제어하는 컴퓨터죠. 엔진 경고등 지시는 엔진과 관련된 것이니 엔진 ECU에서 하는 것이겠죠?

10 에탁스(Electronic Time Alarm Control System, ETACS)에서 각각의 입출력 요소에 대한 설명으로 틀린 것은?

① INT 스위치 - 와셔 작동 여부 감지
② 핸들 록 스위치 - 키 삽입 여부 감지
③ 열선 스위치 - 열선 작동 여부 감지
④ 도어 스위치 - 도어 잠김 여부 감지

- INT 스위치 - 운전자가 조작한 볼륨 감지

11 중앙 집중식 제어장치(Electronic Time Alarm Control System, ETACS) 입출력요소에 대한 설명 중 틀린 것은?

① 키 리마인드 스위치 - 키 삽입 여부 검출
② 와셔 스위치 - 열선 작동 여부 검출
③ INT 볼륨 스위치 - INT 볼륨 위치 검출
④ 각 도어 스위치 - 각 도어 잠김 여부 검출

- 와셔 스위치 - 와셔 스위치 작동 여부 검출

12 파워 윈도우 타이머 제어에 대한 설명이 아닌 것은?

① IG OFF에서 파워 윈도우 릴레이를 일정시간 동안 ON한다.
② IG ON에서 파워 윈도우 릴레이를 ON한다.
③ 파워 윈도우 타이머 제어 중 전조등을 작동시키면 출력을 즉시 OFF한다.
④ 키를 뺐을 때 창문이 열려 있다면 다시 키를 꽂지 않아도 일정시간 내에 창문을 닫을 수 있는 기능을 말한다.

- 차에서 키를 뽑아도 얼마 동안은 창문 스위치를 눌렀을 때 창문이 작동하죠? 바로 이것이 파워 윈도우 타이머 제어입니다. 따라서, 전조등과 파워 윈도우는 전혀 상관이 없습니다.

13 와이퍼 모터 제어와 관련된 입력요소가 아닌 것은?

① 와셔 스위치
② 전조등 HI 스위치
③ 와이퍼 INT 스위치
④ 와이퍼 HI 스위치

- 와이퍼 모터 제어에 대해 물었으니 와이퍼 회로와 관련된 것이 답이겠죠?

14 자동차 도어가 닫히자마자 실내가 어두워지는 것을 방지하는 램프는?

① 도어 램프
② 테일 램프
③ 패널 램프
④ 감광식 룸램프

- 실내가 바로 어두워지는 것을 방지한다는 말은 뭔가를 제어한다는 것이고, 빛을 감지한다는 뜻입니다.

15 도어 잠김 제어에 대한 설명 중 옳은 것은?
① 점화스위치 OFF일 때 도어 중 어느 하나라도 잠김 상태이면 모든 도어를 잠근다.
② 도어 잠김 상태에서 주행하다 충돌하면 에어백 ECU로부터 에어백 전개 신호를 입력받아 모든 도어를 연다.
③ 도어 열림 상태일 때 주행하다 충돌하면 충돌 센서로부터 충돌 정보를 입력받아 승객의 안전을 위해 모든 도어를 잠김으로 한다.
④ 점화 스위치 ON에서만 도어를 열림으로 제어한다.

- 점화스위치 OFF일 때 운전석 도어가 잠김 상태이면 모든 도어를 잠근다.
- 도어 잠김 상태일 때 주행하다 충돌하면 충돌 센서로부터 충돌 정보를 입력받아 승객의 안전을 위해 모든 도어를 열림으로 한다.
- 점화 스위치 OFF에서만 모든 도어를 열림으로 제어한다.

16 자동차의 IMS(Integrated Memory System)에 대한 설명으로 맞는 것은?
① 배터리 교환주기 표시 시스템이다.
② 스위치 조작으로 설정해둔 시트 위치로 재생시킨다.
③ 도난 예방 시스템이다.
④ 장거리 운행 시 자동 운행 시스템이다.

- Memory, 즉 기억장치이니 뭔가 기억해서 저장한다는 뜻이겠죠? IMS는 한 차량을 여러 명이 운전할 때 각각의 채널에 시트나 사이드 미러, 조향핸들 등의 위치를 저장해놓고, 필요한 채널을 누르면 자동으로 저장된 위치로 세팅되는 장치를 말합니다.

17 자동차의 전조등 회로에 대한 설명 중 옳은 것은?
① 좌우 전조등은 직·병렬로 연결되어 있다.
② 전조등 작동 중에는 미등이 소등된다.
③ 좌우 전조등은 병렬 연결되어 있다.
④ 좌우 전조등은 직렬 연결되어 있다.

- 보기 ①과 ③을 혼동하기 쉬우나 좌우 전조등이 서로 어떻게 연결되어 있는가를 묻는 문제이므로 답은 ③입니다.

18 전조등 회로의 구성부품이 아닌 것은?
① 스테이터　② 디머 스위치
③ 라이트 스위치　④ 전조등 릴레이

- 스테이터 : 발전기의 구성부품

19 배선에 표기된 기호와 색의 연결이 틀린 것은?
① Y - 노랑　② Gr - 보라
③ B - 검정　④ G - 녹색

- Gr - 회색
- Blue(L)와 Black(B), Green(G)과 Gray(Gr)처럼 혼동하기 쉬운 것만 주의하세요.

계산문제 한눈에 보기 **출제예상문제**

1 저항에 12V를 가했더니 전류계에 3A로 나타났다. 이때 저항값은?

① 1Ω　　② 2Ω
③ 4Ω　　④ 6Ω

▶해설◀
직렬 회로인지, 병렬 회로인지 확인해야 합니다. 문제에 저항이 1개이므로 직렬 회로가 되겠죠?
따라서, 바로 옴의 법칙을 적용하여 저항값을 구할 수 있습니다.
옴의 법칙: $v = R \cdot i$ (여기서, v: 전압, R: 저항, i: 전류)
따라서, $R = \dfrac{v}{i} = \dfrac{12V}{3A} = 4Ω$

2 주어진 회로에서 12V 배터리에 저항 3개를 직렬로 연결하였을 때 전류는 얼마인가?

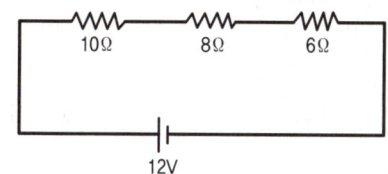

① 0.5A　　② 1A
③ 2.5A　　④ 3A

▶해설◀
문제에 '직렬'이라고 적혀 있죠?
전체 회로에 대한 합성저항을 구합니다.
$R_{tot} = 10Ω + 8Ω + 6Ω = 24Ω$ (여기서, R_{tot}: 합성저항)
옴의 법칙: $v = R \cdot i$ (여기서, v: 전압, R: 저항, i: 전류)
따라서, $i = \dfrac{v}{R} = \dfrac{12V}{24Ω} = 0.5A$

3 주어진 회로에서 합성저항(Ω)은 얼마인가?

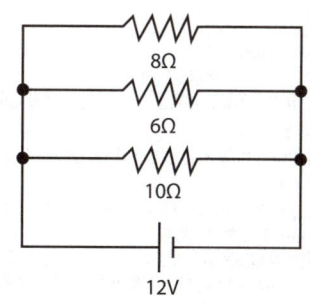

① 1.2Ω　　② 2.2Ω
③ 2.5Ω　　④ 4.1Ω

▶해설◀
병렬회로의 합성저항 구하는 공식입니다!
$$\dfrac{1}{R_{tot}} = \dfrac{1}{R_1} + \dfrac{1}{R_2} \cdots + \dfrac{1}{R_n}$$
(여기서, R_{tot}: 합성저항(Ω), $R_1, R_2 \cdots R_n$: 각각의 저항(Ω))
따라서,
$\dfrac{1}{R_{tot}} = \dfrac{1}{8} + \dfrac{1}{6} + \dfrac{1}{10} = \dfrac{15}{120} + \dfrac{20}{120} + \dfrac{12}{120} = \dfrac{15+20+12}{120} = \dfrac{47}{120}$
≈ 0.4 ,
$R_{tot} = \dfrac{1}{0.4} = 2.5$

4 제동등 회로에서 12V 배터리에 12W의 전구 2개가 연결되어 점등된 상태라면 합성 저항은?

① 2Ω　　② 3Ω
③ 6Ω　　④ 10Ω

▶해설◀
직렬 회로인지, 병렬 회로인지 확인해야 합니다.
이 문제는 제동등 회로이므로 각 전구가 병렬로 연결되어 있다고 봐야겠죠?
$P_E = v \times i$ (여기서, P_E: 전력(W), v: 전압(V), i: 전류(A))

병렬 회로에서는 전압이 일정하므로 $P_E = v \times i$ 에서 v는 상수이고 i가 변수입니다.
$i = \dfrac{v}{R}$ (여기서, R: 저항(Ω), v: 전압(V), i: 전류(A))
$i = \dfrac{v}{R}$ 을
$P_E = v \times i$ 의 i 에 대입하면 $P_E = v \times i = v \times \dfrac{v}{R} = \dfrac{v^2}{R}$,

회로의 합성저항은
$R = \dfrac{v^2}{P_E} = \dfrac{(12V)^2}{12W+12W} = \dfrac{144V^2}{24W} = \dfrac{6V^2}{1V \cdot 1} = \dfrac{6V}{1I} = 6Ω$

만약 직렬 회로라면 어떻게 될까요?
병렬 회로에서는 전류가 일정하므로 $P_E = v \times i$ 에서 i는 상수이고 v가 변수입니다.
따라서,
$v = i \times R$ 를 $P_E = v \times i$ 의 v에 대입하면
$P_E = v \times i = (i \times R) \times i = i^2 \times R$ 입니다.

▶정답◀ 1③ 2① 3③ 4③

5 다음 그림에서 I₁ = 2A, I₃ = 4A, I₄ = 7A, I₅ = 5A 이다. I₂에 흐르는 전류는 얼마인가?

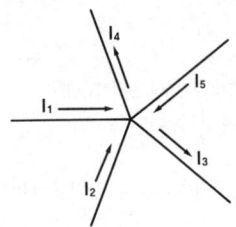

① 2A ② 3A
③ 4A ④ 10A

키르히호프 전류법칙(1법칙)이므로 들어오는 전류의 합과 나가는 전류의 합은 같습니다.
들어오는 전류의 합 = I₁ + I₂ + I₅ = 2 + I₂ + 5 = 7 + I₂(A)
나가는 전류의 합 = I₃ + I₄ = 4 + 7 = 11(A)
따라서, 7 + I₂(A) = 11(A), I₂ = 4(A)

6 정상상태의 80Ah 배터리가 160A를 방전한다고 할 때 얼마동안 지속 가능한가?(현재온도는 20℃)

① 1시간 ② 2시간
③ 30분   ④ 50분

배터리 용량 공식을 적용하면 지속적으로 방전 가능한 시간을 알 수 있습니다.
배터리 용량 = 전류 × 시간입니다.
Ah = A × h
(여기서, Ah : 배터리 용량 단위, A : 연속 방전 전류 단위, h : 방전 종지 전압까지 연속 방전 시간 단위)
따라서, $h = \dfrac{Ah}{A} = \dfrac{80Ah}{160A} = 0.5h = 30분$

7 배터리 전해액 비중을 측정하였더니 1.160 이었다. 이 배터리의 방전율(%)은 얼마인가?(단, 완전충전 시 비중은 1.280이고, 완전방전 시 비중은 1.060임)

① 약 40% ② 약 45%
③ 약 50% ④ 약 55%

방전율(%) 구하는 공식입니다.
방전율(%) = (완전충전 비중 - 측정 비중) ÷ (완전충전 비중 - 완전방전 비중) × 100
따라서, $\dfrac{완전충전\ 비중 - 측정\ 비중}{완전충전\ 비중 - 완전방전\ 비중} \times 100$
$= \dfrac{1.280 - 1.160}{1.280 - 1.060} \times 100 ≒ 55\%$

8 40℃에서 배터리 비중을 측정하였더니 1.272이었다. 표준온도 20℃에서 비중은 얼마인가?

① 1.265 ② 1.272
③ 1.286 ④ 1.293

온도와 압력에 따라 전해액 밀도[kg/ℓ]의 체적[ℓ]이 바뀌므로 비중도 함께 변합니다. 따라서 현재온도에서 측정한 비중을 표준온도(20℃) 상태로 환산하여 기준을 맞춰야 비교가 가능합니다(단, 압력은 대기압(1atm) 상태로 가정하므로 대개 고려하지 않음).
$S_{20} = S_t + 0.0007(t-20)$
(여기서, S_{20} : 표준온도(20℃) 일 때의 비중, S_t : 현재온도(t)에서 측정한 비중, t : 현재온도(℃))
따라서,
$S_{20} = S_t + 0.0007(t-20) = 1.272 + 0.0007(40-20) = 1.286$

9 비중이 1.280(20℃)인 묽은 황산 1ℓ에 75%(질량 기준)의 황산이 포함되어 있다면 물의 질량(g)은 얼마인가?

① 270g ② 310g
③ 320g ④ 430g

1ℓ의 묽은 황산은 물과 황산의 혼합물을 뜻합니다. 여기서 질량 비율이 황산이 75% 라고 했으니 물은 25%입니다.
따라서, 묽은 황산 혼합물의 질량을 구하기만 하면 답을 구할 수 있습니다.
질량(g) 구하는 공식은 밀도(g/ℓ) × 체적(ℓ)인데, 문제에 밀도는 없고 비중과 체적만 있기 때문에 먼저 묽은 황산의 밀도를 구해야 합니다.

어떤 물질의 비중
= $\dfrac{어떤\ 물질의\ 밀도}{어떤\ 물질과\ 동일한\ 체적을\ 가진\ 4℃\ 상태\ 물의\ 밀도}$

어떤 물질의 밀도
= 어떤 물질의 비중 × 어떤 물질과 동일한 체적을 가진 4℃ 상태 물의 밀도

문제에 질량의 단위가 g, 체적의 단위가 ℓ로 주어졌으므로 밀도는 g/ℓ 기준으로 구하면 되겠죠?
묽은 황산의 밀도는 묽은 황산의 비중 × 1000g/ℓ 가 됩니다.
따라서, 1.280 × 1000g/ℓ = 1280g/ℓ 이므로 묽은 황산의 밀도는 1280g/ℓ 입니다.

그럼 묽은 황산의 질량을 구해볼까요?
묽은 황산의 질량
= 묽은 황산의 밀도 × 묽은 황산의 체적 = $1280 \frac{g}{l} \times 1l = 1280g$

묽은 황산의 질량은 1280g입니다.

따라서, 물의 질량은 $1280g \times \frac{25}{100} = 320g$이며,

황산의 질량은 $1280g \times \frac{75}{100} = 960g$ 입니다.

10 엔진 플라이휠 링기어 잇수가 100개, 시동 모터 피니언 잇수가 10개, 1,300cc급 엔진의 회전저항이 5kgf·m일 때 시동 모터가 필요로 하는 최소 회전 토크는?

① 0.5kgf·m   ② 0.7kgf·m
③ 0.9kgf·m   ④ 1kgf·m

감속비 = 링기어 잇수 ÷ 구동 피니언 잇수입니다.
엔진 부하 토크(회전저항)가 일정할 때 감속비가 커지면 그만큼 시동 모터의 회전수는 낮아지고 토크는 커질 수 있으므로 시동 모터가 필요로 하는 회전 토크는 감소하게 됩니다.
즉, 엔진 부하 토크가 일정할 때 시동 모터가 필요로 하는 회전 토크와 감속비는 반비례 관계입니다.

$$T_m = \frac{T_e}{R_R} = \frac{T_e}{\frac{G_r}{G_p}} = \frac{T_e \times G_p}{G_r}$$

[여기서, T_m : 시동 모터가 필요로 하는 회전 토크(kgf·m), T_e : 엔진 부하 토크(kgf·m), R_R : 감속비, Gr : 링기어 잇수, G_p : 구동 피니언 잇수]

따라서, $T_m = \frac{T_e \times G_p}{G_r} = \frac{5kgf \cdot m \times 10}{100} = 0.5 kgf \cdot m$

정답 10 ①

제4장 안전관리

1 자동차 안전기준

(1) 용어 정의
① **윤중** : 자동차가 수평상태일 때 1개 바퀴가 수직으로 지면을 누르는 중량
② **축중** : 자동차가 수평상태일 때 1개의 차축에 연결된 모든 바퀴의 윤중을 합한 것
③ **차량중량** : 공차상태일 때 자동차의 중량
※ **공차상태** : 자동차에 사람이 승차하지 아니하고 물품(예비 부분품 및 공구 기타 휴대 물품을 포함)을 적재하지 아니한 상태에서 연료·냉각수 및 윤활유를 만재하고 예비 타이어(예비 타이어를 설치할 수 있는 자동차에 한함)를 설치하여 운행할 수 있는 상태
④ **차량총중량** : 적차상태일 때 자동차의 중량
※ **적차상태** : 공차상태의 자동차에 승차 정원의 인원이 승차하고, 최대 적재량의 물품이 적재된 상태

> **Tip**
> - 윤중은 5톤을 초과하여서는 안 된다.
> - 축중은 10톤을 초과하여서는 안 된다.
> - 자동차의 차량총중량은 20톤을 초과하여서는 안 된다.
>   - 승합자동차의 경우에는 30톤을 초과하여서는 안 된다.
>   - 화물자동차 및 특수자동차의 경우에는 40톤을 초과하여서는 안 된다.

(2) 차량총중량이 3.5톤 이상인 화물자동차 등의 후부안전판 설치기준
① 가장 아랫부분과 지상과의 간격은 550mm 이내일 것
② 모서리부의 곡률반경은 2.5mm 이상일 것
③ 너비는 자동차너비의 100% 미만일 것
④ 차량 수직방향의 단면 최소 높이는 100mm 이상일 것

> **Tip**
> 차량총중량이 3.5톤 이상인 화물자동차에 설치되는 후부안전판의 너비 : 자동차 너비의 100% 미만

(3) 최저지상고
자동차 접지부분 이외의 부분은 지면과의 사이에 최소 12cm 이상 간격이 있어야 한다.

(4) 자동차 길이는 13m(연결자동차의 경우에는 16.7m)를 초과하여서는 안 된다.

(5) 자동차 너비는 2.5m를 초과하여서는 안된다.
① 후사경·환기장치 또는 밖으로 열리는 창의 경우
  ㉠ 승용자동차 : 25cm를 초과하여서는 안 된다.
  ㉡ 기타자동차 : 30cm를 초과하여서는 안 된다.

② 다만, 피견인자동차의 너비가 견인자동차의 너비보다 넓은 경우, 그 견인자동차의 후사경에 한하여 피견인자동차의 가장 바깥쪽으로 10cm를 초과할 수 없다.

(6) 자동차 구조·장치의 변경 승인을 얻은 자동차정비업자로부터 구조·장치의 변경과 그에 따른 정비를 받고 승인일로부터 **45일** 이내에 구조변경검사를 받아야 한다.

(7) 승용차를 제외한 기타자동차의 주차 제동능력 측정 시 조작력 기준
  ㉠ 발 조작시 : 70kg 이하
  ㉡ 손 조작시 : 50kg 이하

(8) 연료탱크의 주입구 및 가스 배출구는 노출된 전기단자로부터 **200mm**, 배기관의 끝으로부터 **300mm** 떨어져 있어야 한다.

② 등화장치

(1) 전조등
① 변환빔(하향등) 광도 : 3000cd 이상
② 등광색은 백색으로 할 것
③ 공차상태에서 지상 500mm이상 1200mm 이하 범위가 되도록 설치할 것
④ 주행 빔 전조등의 발광면 : 상·하·내·외측의 5° 이내에서 관측이 가능해야 한다.
⑤ 변환빔 전조등 설치 기준(발광면 관측각도 범위)

구분	관측각도(°) 범위			
	상측	하측	내측	외측
주행빔 렌즈	5° 이내	5° 이내	5° 이내	5° 이내
변환빔 렌즈	15° 이내	10° 이내	10° 이내	45° 이내

전조등 변환빔 광축·광도 검사 기준값			
구분		기준값	비고
진폭	설치높이 : 1m 이하	-0.5% ~ -2.5%	10m 위치
	설치높이 : 1m 초과	-1.0% ~ -3.0%	-
광도		3000cd 이상	

(2) 안개등
① 등광색은 황색 또는 백색으로 할 것
② 후미등이 점등된 상태에서 전조등과 연동하여 점등 또는 소등할 수 없는 구조일 것

③ 등화의 중심점은 자동차 중심선을 기준으로 좌우가 대칭이 되도록 할 것
④ 안개등을 비추는 방향은 전면 진행 방향을 향할 것

(3) 방향지시등
① 등광색은 황색 또는 호박색으로 할 것
② 좌측·우측에 설치된 방향지시등은 한 개의 스위치에 의해 동시 점멸하는 구조일 것
③ 1분 간 90±30회(60~120회)로 점멸하는 구조일 것
④ 다른 등화장치와 독립적으로 작동되는 구조일 것
⑤ 시각적·청각적으로 동시에 작동되는 표시장치를 설치할 것
⑥ 자동차 앞면·뒷면 및 옆면 좌·우에 각각 1개를 설치할 것
⑦ 승용자동차와 차량총중량 3.5톤 이하 화물자동차 및 특수자동차를 제외한 자동차에는 2개의 뒷면 방향지시등을 추가로 설치할 수 있다.

(4) 후퇴등
① 등광색은 백색 또는 황색일 것
② 공차상태에서 지상 25cm 이상 120cm 이하 범위가 되도록 설치할 것

(5) 차폭등
① 단일등화 광도 : 4~140cd
② 등광색은 백색일 것
③ 공차상태에서 지상 35cm 이상 150cm 이하 범위가 되도록 설치할 것

(6) 번호등
① 등광색은 백색일 것
② 전조등과 별도로 소등할 수 없는 구조일 것
③ 차폭등과 별도로 소등할 수 없는 구조일 것
④ 등록번호판 숫자 위의 조도가 8룩스 이상일 것
※ 자동차 뒷면 차량등록번호판 숫자 위의 조도는 각 측정점에서 8룩스 이상이어야 한다.

(7) 제동등
① 단일등화 광도 : 60~260cd(고정), 60~730cd(가변)
② 등광색은 적색일 것
③ 제동등을 다른 등화와 겸용하는 경우 브레이크 조작 시 광도가 3배 이상 증가할 것
④ 공차상태에서 지상 35cm 이상 150cm 이하 범위가 되도록 설치할 것

(8) 후미등
① 단일등화 광도 : 4~17cd(고정), 4~42cd(가변)
② 등광색은 적색일 것
③ 공차상태에서 지상 35cm 이상 150cm 이하 범위가 되도록 설치할 것

③ 자동차 소음 검사

(1) 경음기 음량 기준값
① 2000년식 이전 : 90~115dB
② 2000년식 이후 : 90~110dB

(2) 자동차 소음도 검사
① 소음덮개의 훼손여부를 확인한다.
② 경적소음은 원동기 정지 및 자동차 정차상태에서 5초간 작동하여 최대치를 측정한다.
③ 경음기의 추가 부착여부를 확인한다.
④ 배출가스가 최종배출구 전에서 유출되는지 확인한다.

(3) 자동차 배기소음 검사
① 배기관이 2개 이상인 경우 인도측과 가까운 쪽 배기관에서 측정한다.
② 회전속도계를 사용하지 않은 경우 정지가동상태에서 원동기 최고 회전속도로 배기소음을 측정한다.
③ 원동기의 최고 출력 시의 75% 회전속도로 4초 동안 운전하여 최대 소음도를 측정한다.
④ 배기관 중심선에 45°±10°의 각을 이루는 연장선 방향에서 0.5m 떨어진 곳에서 측정한다.

(4) 자동차로 인한 소음과 암소음의 차이 및 보정치

단위 : dB

자동차로 인한 소음과 암소음의 차이	3	4~5	6~9
보정치	3	2	1

④ 운행차 배출가스 정기검사

(1) 경유자동차 매연 검사
① 3회 연속 측정한 매연농도를 산술 평균하여 소수점 이하는 버린 값을 최종 측정치로 한다.
② 3회 연속 측정한 매연농도의 최대치와 최소치의 차가 5%를 초과한 경우 최대 2회까지 추가 측정한다.
③ 측정기의 시료 채취관을 배기관의 벽면으로부터 5mm이상 떨어지도록 설치하고 5cm 이상의 깊이로 삽입한다.
④ 시료 채취를 위한 급가속 시 가속페달을 밟을 때부터 놓을 때 까지 소요시간은 4초 이내로 한다.

Tip
- 여지반사식 매연측정기 : 시료채취관은 배기관의 중앙에 오도록 하고, 20cm 정도의 깊이로 삽입한다.
- 광투과식 매연측정기 : 시료채취관은 배기관의 벽면으로부터 5mm 이상 떨어지도록 설치하고, 5cm 정도의 깊이로 삽입한다.

(2) 휘발유자동차 배출가스 검사
① 배출가스측정기 시료 채취관을 배기관 내에 30cm 이상 삽입하여야 한다.
② 일산화탄소는 소숫점 둘째자리에서 절사하여 0.1%단위로 최종측정치를 읽는다.
③ 탄화수소는 소숫점 첫째자리에서 절사하여 1ppm단위로 최종측정치를 읽는다.
④ 공기과잉률은 소숫점 둘째자리에서 0.01단위로 최종측정치를 읽는다.

(3) 운행차 배출가스 정밀검사를 받아야 하는 자동차
① 대기환경규제 지역에 등록된 자동차
② 일정 차령이 지난 자동차

차종		정밀검사대상 자동차		
		2003.12.31까지	2004.1.1부터 2005.12.31까지	2006.1.1부터
비사업용	승용자동차	12년 경과된 자동차	7년 경과된 자동차	4년 경과된 자동차
	기타자동차	7년 경과된 자동차	5년 경과된 자동차	3년 경과된 자동차
사업용	승용자동차	3년 경과된 자동차	2년 경과된 자동차	2년 경과된 자동차
	기타자동차	4년 경과된 자동차	3년 경과된 자동차	2년 경과된 자동차

> **Tip**
> **운행차의 배출가스 정밀검사 대상에서 제외되는 자동차**
> • 대기환경규제지역에 등록되지 않은 자동차
> • 원동기 없는 피견인자동차
> • 저공해자동차 중 환경부령으로 정하는 자동차(천연가스 자동차, 전기자동차 등)

5 산업안전보건법

(1) 산업재해
생산활동을 하는 중에 에너지와 충돌하여 생명의 기능이나 노동능력을 상실하는 현상을 말한다.

(2) 빈도율(도수율)
(사고 건수 ÷ 연 근로시간 수) × 1,000,000

(3) 사고예방대책 5단계
안전관리 조직 → 사실 발견 → 평가 분석 → 시정책 선정 → 시정책 적용

(4) 안전 · 보건표지의 종류

① **금지표지(8종)** : 기본모형은 빨간색, 바탕은 흰색, 부호 및 그림은 검은색

② **안내표지(8종)** : 바탕은 녹색, 부호 및 그림은 흰색

③ **경고표지(15종)** : 기본모형은 검은색 · 빨간색, 바탕은 노란색 · 무색, 부호 및 그림은 검은색

부식성물질 경고	방사성물질 경고	고온 경고	저온 경고

매달린 물체 경고	몸 균형 상실 경고	레이저광선 경고	고압전기 경고

④ **지시표지(9종)** : 바탕은 파란색, 그림은 흰색

보안경 착용	안전모 착용	귀마개 착용	방진마스크 착용	방독마스크 착용

안전복 착용	안전화 착용	안전장갑 착용	보안면 착용	

(5) 안전 · 보건표지의 색채

색 채	용 도	표시 장소
빨간색	경고	화학물질 취급장소에서의 유해 · 위험 경고
	금지	정지신호, 소화설비 및 그 장소, 유해행위의 금지
노란색	경고	화학물질 취급장소에서의 유해 · 위험 경고 이외의 위험경고, 주의표지 또는 기계방호
파란색(청색)	지시	특정행위의 지시 및 사실의 고지
녹색	안내	비상구 및 피난소, 사람 또는 차량의 통행표시
백색(흰색)		파란색 또는 녹색에 대한 보조색
검은색		문자 및 빨간색 또는 노란색에 대한 보조색
보라색(자주색)		방사능 등의 표시에 사용

> **Tip**
> 자동차 적재함 밖으로 물건이 돌출된 상태로 운반할 경우 위험표시 : 적색

(7) 화재

① 연소의 3요소 : 가연물, 점화원, 산소

② 화재의 분류

A급 화재	일반 화재(목재, 종이, 천 등 고체 가연물 화재)
B급 화재	기름 화재(휘발유, 벤젠 등 유류 화재)
C급 화재	전기 화재
D급 화재	금속 화재

③ 소화 방법
  ㉠ 가연물질의 공급을 차단한다.
  ㉡ 점화원을 발화점 온도 이하로 낮춘다.
  ㉢ 산소 공급을 차단한다.
  ㉣ 유류화재일 경우 모래 혹은 흙을 뿌린다.

④ 유기용제 취급장소의 색채
  ㉠ 제1종 유기용제 : 빨강
  ㉡ 제2종 유기용제 : 노랑
  ㉢ 제3종 유기용제 : 파랑

# 출제예상문제

1 윤중(Wheel Load)에 대한 정의로 옳은 것은?
① 자동차가 수평상태일 때 공차 중량이 4개 바퀴에 수직으로 걸리는 중량
② 자동차가 수평상태일 때 차량 총 중량이 2개 바퀴에 수직으로 걸리는 중량
③ 자동차가 수평상태일 때 차량 중량이 1개 바퀴에 수평으로 걸리는 중량
④ 자동차가 수평상태일 때 1개 바퀴가 수직으로 지면을 누르는 중량

2 자동차의 성능 기준에서 제동등을 다른 등화와 겸용하는 경우 브레이크 조작 시 광도가 몇 배 이상 증가해야 하는가?
① 2배　② 2.5배
③ 3배　④ 4배

3 차량총중량이 3.5톤 이상인 화물자동차 등의 후부안전판 설치기준에 대한 설명이 아닌 것은?
① 가장 아랫부분과 지상과의 간격은 550mm 이내일 것
② 모서리부의 곡률반경은 2.5mm 이상일 것
③ 너비는 자동차너비의 100% 미만일 것
④ 차량 수직방향의 단면 최소 높이는 100mm 이하일 것

> 해설
> • 차량 수직방향의 단면 최소 높이는 100mm 이상일 것

4 차량 총 중량이 3.5톤 이상인 화물자동차에 설치되는 후부안전판의 너비는?
① 자동차 너비의 50% 이상
② 자동차 너비의 70% 미만
③ 자동차 너비의 100% 이상
④ 자동차 너비의 100% 미만

5 화물자동차 및 특수자동차의 차량 총 중량은 몇 톤을 초과해서는 안 되는가?
① 10톤　② 20톤
③ 30톤　④ 40톤

6 자동차 구조·장치의 변경 승인을 얻은 자동차정비업자로부터 구조·장치의 변경과 그에 따른 정비를 받고 (a)로부터 (b) 이내에 구조변경검사를 받아야 한다. a, b에 들어갈 말로 적합한 것은
① a : 정비일, b : 15일　② a : 정비일, b : 45일
③ a : 승인일, b : 15일　④ a : 승인일, b : 45일

7 연료탱크의 주입구 및 가스 배출구는 노출된 전기단자로부터 (a)mm, 배기 관의 끝으로부터 (b)mm 떨어져 있어야 한다. ( )안에 알맞은 것은?
① a : 300, b : 200　② a : 200, b : 300
③ a : 200, b : 250　④ a : 250, b : 200

8 자동차 전조등 변환빔 진폭 측정 시 전방 10m 위치에서 설치높이가 1m 초과일 때 기준은 얼마인가?
① -0.5%~-2.5%　② -1.0%~-3.0%
③ -0.7%~-2.4%　④ -1.2%~-3.2%

> 해설
> 전조등 변환빔 광축·광도 검사 기준값
>
> | 구분 | | 기준값 | 비고 |
> |---|---|---|---|
> | 진폭 | 설치높이 : 1m 이하 | -0.5% ~ -2.5% | 10m 위치 |
> | | 설치높이 : 1m 초과 | -1.0% ~ -3.0% | |
> | 광도 | | 3000cd 이상 | |

정답 1④ 2③ 3④ 4④ 5④ 6④ 7② 8②

9 자동차 주행 빔 전조등의 발광면은 상·하·내·외측의 몇 도 이내에서 관측이 가능해야 하는가?
① 4°   ② 5°
③ 10° ④ 15°

10 자동차의 전면에 안개등을 설치할 경우 적용되는 기준으로 틀린 것은?
① 후미등이 점등된 상태에서 전조등과 연동하여 점등 또는 소등할 수 있는 구조일 것
② 등광색은 황색 또는 백색으로 할 것
③ 등화의 중심점은 자동차 중심선을 기준으로 좌우가 대칭이 되도록 할 것
④ 안개등을 비추는 방향은 전면 진행 방향을 향할 것

- 후미등이 점등된 상태에서 전조등과 연동하여 점등 또는 소등할 수 없는 구조일 것

11 멀티테스터기로 전기회로를 점검할 때 주의사항으로 틀린 것은?
① 전류 측정 시 테스터를 병렬로 연결한다.
② 저항 측정 시 회로의 전원을 끄고 단품을 탈거한 후 측정한다.
③ 전압 측정 시 적색 프로브는 (+)선에, 흑색 프로브는 (-)선에 연결한다.
④ 측정 범위 변경은 큰 쪽부터 작은 쪽으로 한다.

- 전류 측정 시 테스터를 직렬로 연결한다.

12 멀티미터를 사용할 때 주의사항으로 틀린 것은?
① 지침은 정면에서 읽는다.
② 직류전압을 측정할 때 선택 스위치는 ACV에 놓는다.
③ 0점 조정 후 측정한다.
④ 고온·다습한 환경 및 직사광선을 피한다.

- 직류전압을 측정할 때 선택 스위치는 DCV에 놓는다.
- 직류는 DC, 교류는 AC입니다.

13 휴대용 전동기를 안전하게 사용하는 방법으로 틀린 것은?
① 감전 위험이 큰 곳에는 1중 절연 구조가 적용된 전기 기기를 사용한다.
② 누전차단기를 접속하고 작동상태를 점검한다.
③ 접지선이 설치된 코드 선을 사용한다.
④ 회로 시험기로 절연상태를 점검한다.

- 감전 위험이 큰 곳에는 2중 또는 2중 이상 절연 구조가 적용된 전기 기기를 사용한다.

14 전동기 및 조정기를 청소한 후 점검할 사항으로 틀린 것은?
① 아크 발생 여부
② 단자부 주유 상태
③ 연결의 견고성
④ 과열 여부

15 감전사고 방지책이 아닌 것은?
① 물기가 있는 손으로 작업하지 않는다.
② 차광용 안경을 착용한다.
③ 반드시 절연장갑을 착용한다.
④ 고전압이 흐르는 부품에는 표기를 한다.

- 차광용 안경을 착용한다. : 차광용 안경 착용은 감전사고 방지책과 관계없다.

제4장 안전관리

16 감전사고 위험이 큰 곳에 전기를 차단하여 수선을 점검할 때 조치해야 할 사항과 관계 없는 것은?
① 위험에 대한 방지 장치를 설치한다.
② 필요한 곳에 통전 금지 기간에 관한 사항을 표기한다.
③ 스위치 박스에 통전 장치를 설치한다.
④ 스위치에 안전장치를 설치한다.

17 다이얼게이지 사용 시 유의사항이 아닌 것은?
① 게이지를 설치할 때 지지대 암을 최대한 짧게 하고 고정한다.
② 게이지에 충격을 가하면 안 된다.
③ 스핀들에 주유하거나 그리스를 발라서 보관한다.
④ 함부로 분해하여 청소하거나 조정해서는 안 된다.

- 스핀들에 기름이 묻으면 안 된다.

18 다이얼게이지를 취급할 때 유의사항이 아닌 것은?
① 다이얼 지시기에 충격을 가하면 안 된다.
② 측정할 때는 스핀들을 측정 대상에 직각으로 설치한 후 가급적 접촉하지 않는다.
③ 작동이 불량할 때는 스핀들에 주유하거나 그리스를 도포한다.
④ 분해하여 청소하거나 조정하지 않는다.

- 작동이 불량할 때는 주유하거나 그리스를 도포하면 안 된다.

19 부품을 분해할 때 반드시 신품으로 교환해야 하는 부품이 아닌 것은?
① 오링(O-ring)
② 개스킷
③ 볼트 및 너트
④ 오일 씰

- 개스킷류와 씰류(Seal), 와셔류는 분해 후 다시 조립할 때 반드시 신품으로 교환해야 합니다. 엄밀히 말해 실린더 헤드볼트와 같은 특정 부품을 분해한 후에는 볼트와 너트도 신품으로 교환해야 하지만, 문제에 '반드시'라는 말이 있으므로 볼트와 너트는 제외하고 생각하면 됩니다.

20 정밀기계를 수리할 때 부속품을 세척하는 가장 안전한 방법은?
① 와이어 브러시를 사용한다.
② 솔을 사용한다.
③ 에어건을 사용한다.
④ 걸레로 닦는다.

- 정밀기계를 수리할 때 에어건을 사용하면 부속품들을 잃어버릴 소지가 클 것이라고 생각할 수도 있는데 아닙니다.

21 정비용 기계의 검사·수리·유지에 관한 내용이 아닌 것은?
① 동력차단장치는 작업자 가까이에 설치한다.
② 동력기계에 급유할 때는 기계를 서행한다.
③ 청소할 때는 기계를 정지한다.
④ 동력기계 이동장치에는 동력차단장치를 설치한다.

- 동력기계에 급유할 때는 기계를 정지한다.

22 압축공기 및 공기압축기 취급에 대한 안전사항이 아닌 것은?
① 전선 및 터미널 등에 접촉할 경우 감전 위험이 크므로 주의한다.
② 공기압축기, 공기 탱크, 관 내부의 압축공기를 완전히 배출한 후 분해한다.
③ 주기적으로 공기 탱크에 고여 있는 수분을 제거한다.
④ 작업 중 작업자의 땀을 식히기 위해 압축공기를 호흡하면 작업효율이 높아진다.

정답 16 ③ 17 ③ 18 ③ 19 ③ 20 ③ 21 ② 22 ④

23 일반 공구를 안전하게 사용하는 방법으로 틀린 것은?
① 렌치에 파이프 등과 같은 연장대를 끼워서 사용하면 안 된다.
② 조정 죠에 잡아당기는 힘이 가해져야 한다.
③ 부식된 볼트와 너트에는 오일을 약간 넣어 스며들게 한 후에 돌린다.
④ 언제나 청결한 상태로 보관한다.

• 조정 죠에 잡아당기는 힘이 가해져서는 안 된다.

24 해머작업을 할 때 지켜야 할 안전사항으로 틀린 것은?
① 타격 가공하려는 곳에 시선을 고정할 것
② 처음 작업과 마지막 작업 시 타격력을 크게 할 것
③ 녹슨 것을 때릴 때는 반드시 보안경을 착용할 것
④ 해머의 사용면이 손상된 것은 사용하지 말 것

25 정 작업 시 주의사항이 아닌 것은?
① 철재를 절단할 때는 철편이 튀는 방향에 주의할 것
② 보호안경을 착용할 것
③ 열처리된 재료는 깎아내지 말 것
④ 서로 마주보고 작업할 것

• 서로 마주보고 작업하면 안 된다.

26 줄 작업을 할 때 유의사항으로 틀린 것은?
① 공작물을 바이스에 확실하게 고정한다.
② 몸 쪽으로 당길 때만 힘을 가한다.
③ 절삭가루는 솔로 털어낸다.
④ 날이 메워지면 와이어 브러시로 털어낸다.

• 몸 쪽으로 밀 때만 힘을 가한다.

27 줄 작업에서 줄에 손잡이를 끼우고 사용하는 이유는?
① 중량을 높이기 위해
② 사용자의 손을 보호하기 위해
③ 보관을 편리하게 하기 위해
④ 평형을 유지하기 위해

28 조정 렌치의 사용 방법으로 틀린 것은?
① 고정 죠에 힘이 가해지도록 사용해야 한다.
② 볼트 및 너트 크기에 따라 죠의 크기를 조절하여 사용한다.
③ 조정 너트를 돌려 죠가 볼트에 꽉 끼게 한다.
④ 큰 볼트를 풀 때 렌치 끝에 파이프를 끼워서 세게 돌린다.

29 임팩트 렌치를 사용할 때 안전수칙으로 틀린 것은?
① 항상 위험요소를 점검한다.
② 에어호스를 몸에 감고 작업한다.
③ 가급적 회전부에서 떨어져서 작업한다.
④ 렌치를 사용할 때 헐거운 옷은 착용하지 않는다.

30 드라이버를 사용할 때 유의사항으로 틀린 것은?
① 홈의 폭과 길이가 같은 드라이버 날을 사용한다.
② 드라이버 날 끝이 수평이어야 한다.
③ 작은 부품은 한 손으로 잡고 사용한다.
④ 전기 작업을 할 때는 금속 부분이 자루 밖으로 돌출되어 있으면 안 된다.

31 렌치 사용 방법에 대한 설명으로 틀린 것은?
① 스패너 자루가 짧을 때 긴 파이프를 연결할 것
② 스패너를 사용할 때는 앞으로 당길 것
③ 스패너는 조금씩 돌리며 사용할 것
④ 파이프 렌치는 주로 둥근 물체를 조립할 때 사용할 것

• 스패너 자루가 짧을 때 긴 파이프를 연결하면 안 된다.

정답 23② 24② 25④ 26② 27② 28④ 29② 30③ 31①

제4장 안전관리

32 스패너로 작업할 때 주의사항 중 틀린 것은?
① 스패너 자루에 파이프나 연장대를 이어서 사용하면 안 된다.
② 너트에 스패너를 깊이 물리고 조금씩 당기는 식으로 풀고 조인다.
③ 스패너와 너트 사이에 쐐기를 넣고 사용하는 것이 편리한다.
④ 스패너의 입이 볼트 및 너트 치수에 맞는 것을 사용해야 한다.

· 스패너와 너트 사이에 쐐기를 넣고 사용하면 안 된다.

33 오픈렌치 사용 방법으로 틀린 것은?
① 오픈렌치를 작업자 앞으로 잡아당기면서 사용한다.
② 오픈렌치를 해머 대신에 사용해서는 안 된다.
③ 오픈렌치와 너트의 크기가 맞지 않으면 쐐기를 넣어 사용한다.
④ 오픈렌치에 파이프를 끼우거나 해머로 두들겨서 사용하지 않는다.

· 오픈렌치와 너트의 크기가 맞지 않으면 쐐기를 넣어 사용하면 안 된다.

34 디젤엔진 분해·조립 시 스패너 사용 요령 중 틀린 것은?
① 항상 몸의 균형을 잡아 넘어지는 것을 방지한다.
② 스패너를 파이프에 끼우고 발로 민다.
③ 몸의 중심을 유지할 수 있도록 한 손을 작업물에 지지한다.
④ 스패너를 너트에 깊이 넣고 몸 쪽으로 당기는 식으로 풀고 조인다.

35 공작기계 작업 시 주의사항이 아닌 것은?
① 몸에 묻은 먼지나 철분 등의 이물질은 손으로 털어낸다.
② 정해진 공구를 사용하여 파쇄철이 긴 것은 절단하고 짧은 것은 막대로 제거한다.
③ 무거운 공작물을 옮길 때는 운반기계를 사용한다.
④ 기름걸레는 정해진 용기에 따로 분류해서 버려 화재를 방지한다.

36 드릴링 머신으로 작업할 때 주의사항으로 틀린 것은?
① 드릴 주축에 단단히 고정하여 사용한다.
② 가공 중에 드릴이 관통했는지 손으로 확인한 후 기계를 멈춘다.
③ 공작물 제거 시 회전을 완전히 멈추고 한다.
④ 드릴 날이 무디어 소리가 날 때는 회전을 멈추고 드릴을 교환하거나 연마한다.

37 드릴머신으로 작업할 때 주의사항으로 틀린 것은?
① 드릴 탈·부착은 회전이 완전히 멈춘 후에 실시한다.
② 가공 중 드릴에서 이상한 소음이 들리면 회전 상태에서 그 원인을 찾아 수리한다.
③ 작은 물건은 바이스를 사용하여 고정한다.
④ 회전하고 있는 주축이나 드릴에 손이나 걸레를 대거나 머리를 가까이 하지 않는다.

· 가공 중 드릴에서 이상한 소음이 들리면 회전을 멈춘 후에 그 원인을 찾아 수리한다.

38 드릴링 머신 작업을 할 때 주의사항이 아닌 것은?
① 가공 중 드릴이 관통했는지 손으로 확인한 후 기계를 멈춘다.
② 드릴을 주축에 튼튼하게 설치하여 사용한다.
③ 드릴 날이 무뎌 소음이 발생하면 회전을 멈추고 드릴을 교환하거나 연마한다.
④ 공작물을 제거할 때는 회전을 완전히 멈추고 한다.

39 드릴 작업 시 칩을 제거하는 방법으로 옳은 것은?
① 회전 중지 후 손으로 제거
② 회전 중지 후 솔로 제거
③ 회전 중 솔로 제거
④ 회전 중 막대로 제거

정답 32③ 33③ 34② 35① 36② 37② 38① 39②

40 큰 구멍을 가공할 때 가장 먼저 해야 하는 작업은?
① 작은 치수의 구멍을 먼저 작업한다.
② 스핀들 속도를 증가시킨다.
③ 금속을 연하게 한다.
④ 강한 힘으로 작업한다.

• 이런 문제는 보기가 다 맞는 것 같아서 많이 혼동됩니다. 문제에 구멍을 뚫는다는 말이 나오니 보기에서도 구멍 뚫는 것과 관계되는 것을 고르면 되겠죠?

41 드릴로 큰 구멍을 뚫으려 할 때 먼저 해야 할 작업은?
① 작은 구멍을 뚫는다.
② 드릴 커팅 앵글을 증가시킨다.
③ 스핀들 속도를 빠르게 한다.
④ 금속을 연하게 한다.

42 드릴 작업을 할 때 지켜야 할 안전사항으로 틀린 것은?
① 머리가 길 때는 단정하게 하여 작업모를 착용한다.
② 장갑을 끼고 작업한다.
③ 공작물을 단단히 고정해서 같이 돌지 않게 한다.
④ 쇳가루를 입으로 불어서는 안 된다.

• 드릴 작업 또는 밀링·선반작업을 할 때 장갑을 끼면 장갑이 말려들어가므로 손이 다칠 위험이 크겠죠?

43 드릴링 머신을 사용할 때 유의사항으로 틀린 것은?
① 가공물에 구멍을 뚫을 때 바이스에 가공물을 고정하고 작업한다.
② 드릴 회전 중에는 손으로 칩을 털거나 불어내지 않는다.
③ 드릴을 회전시킨 후 머신 테이블을 조정한다.
④ 솔로 절삭유를 바를 때는 위에서 바른다.

• 드릴을 정지시킨 후 머신 테이블을 조정한다.

44 리머(Reamer) 가공에 대한 설명으로 옳은 것은?
① 드릴 구멍보다 정밀도가 높은 구멍을 가공하는 데 사용한다.
② 드릴 구멍보다 먼저 작업한다.
③ 액슬축 외경 가공 시 사용한다.
④ 드릴 구멍보다 더 작은 구멍을 가공하는 데 사용한다.

45 연삭 작업을 할 때 지켜야 할 안전사항으로 틀린 것은?
① 숫돌과 받침대와의 간격은 3mm 이내로 유지한다.
② 숫돌의 표면이 과다하게 변형된 것은 반드시 수정한다.
③ 나무 해머로 숫돌을 가볍게 두들겼을 때 맑은 음이 들리면 정상이다.
④ 연삭기의 받침 대는 숫돌차의 중심선보다 낮게 한다.

• 연삭기의 받침대는 숫돌차의 중심선과 같게 한다.

46 운반기계를 취급할 때 지켜야 할 안전사항으로 틀린 것은?
① 무거운 물건은 밑에 놓고 가벼운 것은 위에 쌓는다.
② 무거운 물건을 운반할 때는 반드시 경고음을 울린다.
③ 기중기는 규정 용량을 준수한다.
④ 흔들리는 화물은 보조자가 탑승하여 움직이지 못하도록 한다.

• 흔들리는 화물은 결박하여 움직이지 못하도록 한다.

47 지렛대를 사용할 때 유의사항이 아닌 것은?
① 물건의 무게와 크기에 적합한 것을 사용한다.
② 철제 대신 파이프를 사용한다.
③ 깨진 부분이나 마디 부분에 결함이 없어야 한다.
④ 손잡이가 미끄러지지 않도록 한다.

정답 40① 41① 42② 43③ 44① 45④ 46④ 47②

제4장 안전관리

48 중량물 운반수레를 취급할 때 주의사항으로 틀린 것은?
① 시야를 가릴 정도로 화물을 적재하지 않는다.
② 적재중심은 가능한 한 위로 오게 한다.
③ 화물이 앞뒤 혹은 측면으로 편중되지 않게 한다.
④ 사용 전에 운반수레의 각 부위를 점검한다.

- 적재중심은 가능한 한 아래로 오게 한다.

49 물건을 운반할 때 안전하지 못한 경우는?
① 공동으로 운반할 때는 서로 협조하여 운반한다.
② 드럼통을 굴려서 운반한다.
③ 긴 물건을 운반할 때는 앞쪽을 위로 올린다.
④ 무리한 자세나 몸가짐으로 물건을 운반하지 않는다.

- 드럼통을 굴려서 운반하면 안 된다.
※ 참고
- 일상생활에서 드럼통을 굴리면서 옮기는 것에 익숙해져서 자칫 ③을 답으로 선택할 수 있습니다. 주의하세요.

50 자동차 정비작업에 적절한 작업복 상태는?
① 가급적 소매가 넓어 편한 것
② 가급적 바지가 길고 폭이 넓지 않을 것
③ 가급적 소매가 없거나 짧은 것
④ 가급적 주머니가 많이 붙어 있는 것

- 가급적 소매가 길면서 폭이 넓지 않은 것
- 가급적 소매가 길면서 폭이 넓지 않은 것
- 가급적 주머니가 없거나 적은 것
※ 참고
자동차를 정비할 때는 몸을 보호하기 위해 긴팔, 긴바지를 입어야 합니다.
그러나 드릴, 밀링, 선반작업 등과 같이 어떤 물체가 회전하는 작업들은 소매가 길면 말려들어갈 수 있기 때문에 오히려 부적절하겠죠? 그래서 보기 ②, ③이 은근히 혼동될 수 있습니다.

51 엔진을 운전상태에서 점검할 수 있는 부분이 아닌 것은?
① 오일 압력 경고등
② 엔진 소음 점검
③ 엔진 오일량 측정
④ 배기가스의 색깔 확인

- 엔진 시동을 걸어야 배기가스가 나오고, 오일 압력이 발생하고, 작동음이 들리겠죠?

52 엔진 점검 시 운전상태에서 점검하는 사항이 아닌 것은?
① 기어 소음   ② 급유
③ 매연   ④ 클러치

- 시동을 건 상태 또는 주행을 하고 있는 운전상태에서는 오일이나 연료를 주유할 수 없기 때문에 답은 ②입니다.

53 엔진을 정비할 때 주의사항으로 틀린 것은?
① 차콜 캐니스터를 점검할 때는 몸체를 흔들어서 연료증발가스를 활성화시킨 후 점검한다.
② 콤프레서를 사용할 때는 눈에 이물질이 튀지 않도록 주의한다.
③ 배기가스를 점검할 때는 통풍이 잘 되는 곳에서 측정한다.
④ 맵 센서 등 센서류는 솔벤트로 세척하지 않는다.

- 차콜 캐니스터를 점검할 때는 몸체를 흔들면 안 된다.

54 엔진 과열상태에서 냉각수를 보충할 때 올바른 방법은?
① 시동을 끄고 냉각시킨 후 보충한다.
② 주행하면서 조금씩 보충한다.
③ 시동을 끄고 즉시 보충한다.
④ 엔진을 가·감속하면서 보충한다.

- 보기 ①을 더 정확하게 표현하자면 '(엔진을) 냉각시킨 후 시동을 끄고 보충한다.'로 바뀌어야 합니다.

55 엔진을 분해하기 전 점검사항이 아닌 것은?
① 엔진 오일 압력
② 피스톤 링 이음 간극
③ 실린더 압축압력
④ 엔진 운전 중 출력 및 소음

- 피스톤 링 이음 간극 : 엔진을 분해한 후 점검사항

 48 ② 49 ② 50 ② 51 ③ 52 ② 53 ① 54 ① 55 ②

56 연료 파이프 피팅(Fitting)을 풀 때 가장 적절한 공구는?
① 복스 렌치
② 오픈엔드 렌치
③ 탭 렌치
④ 소켓 렌치

57 연료압력 및 진공압력을 점검할 때 유의사항으로 틀린 것은?
① 소화기를 준비한다.
② 엔진 크랭킹 또는 시동 시 회전 부위에 옷이나 손 등이 접촉되지 않도록 주의한다.
③ 배터리 전해액이 옷이나 피부에 닿지 않도록 주의한다.
④ 연료가 누설되지 않도록 하고 주위에 화기가 있는지 확인한다.

- 다 맞는 말입니다. 하지만 문제에서는 '연료압력 및 진공압력 점검'을 묻고 있습니다. 따라서, 배터리 점검과는 관련이 없습니다.

58 부동액을 사용할 때 주의사항으로 틀린 것은?
① 부동액을 도료 부분에 떨어뜨리지 않도록 주의한다.
② 맛을 봐서 품질을 구별할 수 있다.
③ 부동액은 원액을 사용하지 않는다.
④ 품질이 불량한 부동액은 사용하지 않는다.

- 맛을 봐서 품질을 구별할 수 있다. : 부동액은 독극물이다.

59 화학 세척제를 사용하여 라디에이터를 세척하는 방법으로 틀린 것은?
① 세척제 용기를 냉각장치 내에 가득 넣는다.
② 라디에이터의 냉각수를 완전히 배출시킨다.
③ 주행 직후 엔진 시동을 끄자마자 바로 라디에이터 캡을 연다.
④ 엔진 시동을 걸고 냉각수 온도를 80℃ 이상으로 한다.

- 주행 후에는 냉각수 온도가 80~90℃ 정도로 매우 뜨겁고, 냉각장치 내 압력이 대기압 이상으로 높습니다. 따라서 주행 직후 엔진 시동을 끄자마자 라디에이터 캡을 열면 뜨거운 냉각수가 뿜어져 나와 화상을 입을 위험이 큽니다.

60 LPG(Liquefied Petroleum Gas) 자동차를 점검할 때 주의사항으로 틀린 것은?
① LPG는 온도가 상승함에 따라 압력이 상승하기 때문에 직사광선을 피해 용기를 설치하고 용기가 과열되지 않도록 한다.
② 손으로 가스가 누출되는 부위를 막으면 안 된다.
③ 가스를 충전할 때는 합격 용기 여부를 확인한 후 과충전하지 않는다.
④ 엔진룸 또는 트렁크 내부를 점검할 때는 성냥이나 라이터를 켜고 점검한다.

- 엔진룸 또는 트렁크 내부를 점검할 때는 성냥이나 라이터를 켜고 점검하지 않는다.

61 자동차 소모품에 대한 설명 중 틀린 것은?
① 자동변속기 오일은 제작회사가 추천하는 오일을 사용한다.
② 냉각수는 경수를 사용하는 것이 좋다.
③ 부동액은 차체 도색 부분을 손상시킬 수 있다.
④ 전해액은 차체를 부식시킨다.

- 냉각수는 증류수를 사용하는 것이 좋다.
※ 참고
- '경수'라는 말을 몰라서 틀릴 수 있는 문제입니다. 경수는 지하수를 말합니다.

62 변속기 탈착 시 안전하지 않은 작업 방법은?
① 잭으로 올릴 때 물체를 흔들어서 중심을 확인한다.
② 하부 작업 시 보안경을 착용한다.
③ 사용 목적에 적합한 공구를 사용한다.
④ 잭으로 올린 후 스탠드로 고정한다.

정답 56 ② 57 ③ 58 ② 59 ③ 60 ④ 61 ② 62 ①

제4장 안전관리

63 수동변속기 분해 · 조립 작업 시 유의사항으로 틀린 것은?
① 록(Lock) 너트는 재사용이 가능하다.
② 싱크로나이저 허브와 슬리브는 일체로 교환한다.
③ 세척이 필요한 부품은 반드시 세척한다.
④ 분해 · 조립 순서에 따라 작업한다.

• 록(Lock) 너트는 재사용이 불가능하다.

64 기계의 동력전달장치를 정비할 때 주의사항으로 틀린 것은?
① 동력을 빨리 전달하기 위해 회전하는 풀리에 벨트를 손으로 걸어도 좋다.
② 회전하고 있는 벨트나 기어 근처에 불필요한 접근을 하지 않는다.
③ 기어가 회전하고 있는 곳은 뚜껑으로 잘 덮어 위험을 방지한다.
④ 천천히 움직이는 벨트라도 손으로 잡지 않는다.

65 FF 방식(Front engine Front drive type) 자동차에서 등속 조인트를 정비할 때의 유의사항이 아닌 것은?
① 등속 조인트를 탈거할 때마다 오일 씰(Oil Seal)을 교환한다.
② 탈거 공구를 최대한 깊이 끼워서 사용한다.
③ 등속 조인트의 고무 부트 주위에 그리스가 누유되어 있는지 점검한다.
④ 등속 조인트를 탈거한 후에는 변속기 케이스의 등속 조인트 장착 구멍을 마개로 막는다.

66 전자제어 현가장치를 점검할 때 지켜야 할 안전수칙으로 틀린 것은?
① 부품은 시동이 켜진 상태에서 교환한다.
② 공기는 드라이어에서 나온 공기를 사용한다.
③ 차고 조정은 공회전 상태로 평탄하고 수평인 위치에서 한다.
④ 배터리 (-) 단자를 분리하고 작업한다.

• 부품은 시동이 꺼진 상태에서 교환한다.

67 동력조향장치를 정비할 때 안전 및 유의사항이 아닌 것은?
① 정비 지침서를 참고하여 정비한다.
② 각종 볼트와 너트는 규정 토크로 조인다.
③ 공간이 좁으므로 다치지 않게 주의한다.
④ 하부에서 작업할 때는 시야확보를 위해 보안경을 벗는다.

• 하부에서 작업할 때는 시야확보를 위해 보안경을 착용한다.

68 유압식 브레이크 정비 방법에 대한 설명 중 틀린 것은?
① 브레이크액이 공기와 접촉하면 끓는점이 높아져 제동 성능이 좋아진다.
② 패드는 안쪽과 바깥쪽을 세트로 교환한다.
③ 패드는 좌우 중 어느 한쪽이 교환할 때가 되면 좌우를 모두 교환한다.
④ 패드를 교환한 후 브레이크 페달을 2~3회 정도 밟는다.

69 브레이크 드럼을 연삭할 때 갑자기 정전이 되었다면 가장 먼저 취해야 할 행동은?
① 작업하던 공작물을 탈거한다.
② 스위치는 그대로 두고 정전 원인을 점검한다.
③ 연삭이 불량해졌기 때문에 신품으로 교환한 후 작업을 마무리한다.
④ 스위치의 전원을 내리고 주전원의 퓨즈를 확인한다.

70 자동차 시험기기를 취급할 때 유의사항으로 틀린 것은?
① 깨끗한 곳이면 아무 곳에나 기기를 보관해도 된다.
② 기기의 누전 여부를 점검한다.
③ 기기 전원 및 용량을 확인한 후 전원을 연결한다.
④ 정기적으로 기기의 0점을 조정한다.

• 깨끗한 곳이면 아무 곳에나 기기를 보관해도 된다. : 자동차 시험기기를 취급할 때는 습기와 온도 등도 함께 고려해야 한다.

정답 63 ① 64 ① 65 ② 66 ① 67 ④ 68 ① 69 ④ 70 ①

71 제동력 테스터기 사용 시 주의사항으로 틀린 것은?
① 브레이크 페달을 확실히 밟은 상태에서 측정한다.
② 시험 중 타이어, 가이드롤러와 접촉이 없도록 한다.
③ 타이어 트레드 표면의 습기를 제거한다.
④ 롤러 표면은 항상 그리스로 충분히 윤활한다.

72 휠 밸런스를 점검할 때 유의사항이 아닌 것은?
① 회전하는 휠에 손을 대지 않는다.
② 속도를 과도하게 높이지 않고 점검한다.
③ 점검한 후에는 기기의 스위치를 끄고 스스로 정지하도록 한다.
④ 타이어의 회전 방향에서 점검한다.

• 타이어의 회전 반대 방향에서 점검한다

73 휠 밸런스를 사용할 때의 유의사항으로 옳지 못한 것은?
① 평형추를 정확히 장착한다.
② 기기 사용 방법 및 유의사항을 모두 숙지한 후 사용한다.
③ 휠을 탈·부착할 때 무리한 힘을 가하지 않는다.
④ 계기판은 회전이 시작된 즉시 판독한다.

74 사이드슬립 테스터기를 사용할 때 주의사항으로 틀린 것은?
① 답판 위에서 차속이 빠르면 브레이크를 사용하여 차속을 맞춘다.
② 시험기에 대하여 직각방향으로 진입시킨다.
③ 시험기의 운동 부분은 항상 청결해야 한다.
④ 시험기의 답판과 타이어에 부착된 수분과 기름, 흙 등을 제거해야 한다.

• 답판 위에서 차속이 빠르면 브레이크를 사용하여 차속을 맞춘다.
 : 브레이크를 작동하면 측정값이 완전히 달라진다.

75 머플러(Muffler) 교환 시 유의사항이 아닌 것은?
① 장착 완료 후 다른 부품과 접촉하는지 확인한다.
② 분해 전에 촉매를 정상온도로 높인다.
③ 조립 시 개스킷은 신품으로 교환한다.
④ 배기가스가 누출되지 않도록 조립한다.

76 배터리를 취급할 때 유의사항이 아닌 것은?
① 배터리 터미널 연결 시 (+)단자부터 연결한다.
② 배터리 터미널 분리 시 (-)단자부터 분리한다.
③ 전해액이 부족하면 지하수로 보충한다.
④ 전해액이 몸에 튀지 않도록 주의한다.

• 전해액이 부족하면 증류수로 보충한다.

77 다음 중 배터리를 안전하게 교환하는 방법은?
① (+), (-)케이블을 동시에 연결한다.
② 케이블을 탈거할 때는 (+)단자 측을 먼저 탈거한다.
③ 점화 스위치를 ON한 후 케이블을 연결한다.
④ 케이블을 조립할 때는 (-)단자 측을 나중에 연결한다.

78 배터리 육안점검 사항이 아닌 것은?
① 단자의 부식 상태
② 케이스의 균열
③ 전해액의 비중 측정
④ 케이스 외부 전해액 누출 상태

• 육안점검이니 공구나 측정기 없이 눈으로만 확인할 수 있는 것을 골라야겠죠?

79 배터리 단자의 부식을 막기 위한 조치로 옳은 것은?
① 솔벤트를 바른다.
② 탄산나트륨을 바른다.
③ 엔진오일을 바른다.
④ 그리스를 바른다.

정답 71 ④ 72 ④ 73 ④ 74 ① 75 ② 76 ③ 77 ④ 78 ③ 79 ④

제4장 안전관리

80 배터리 단자에 터미널을 연결할 때 옳은 것은?
① 주기적으로 단자와 터미널을 교환할 수 있도록 가체결한다.
② 단자와 터미널 접속부 틈새에 이물질이 없도록 청소한 후 나사를 잘 조인다.
③ 단자와 터미널 접속부 틈새에 부식을 방지하기 위해 냉각수를 소량 도포한 후 나사를 잘 조인다.
④ 단자와 터미널 접속부 틈새에 흔들림이 없도록 (-)드라이버를 단자 끝에 대고 망치를 이용하여 적당한 충격을 가한다.

• 단자와 터미널 접속부 틈새에 부식을 방지하기 위해 그리스를 소량 도포한 후 나사를 잘 조인다.

81 배터리를 탈거할 때 작업 방법으로 옳은 것은?
① 벤트 플러그를 열고 작업한다.
② 극성에 상관없이 작업이 편한 터미널부터 탈거한다.
③ (-)단자 터미널을 먼저 탈거한다.
④ (+)단자와 (-)단자 터미널을 같이 탈거한다.

• 터미널 탈거 순서 : (-) → (+) 조립 순서 : (+) → (-)

82 배터리 전해액을 제조할 때 황산에 물을 부으면 안 되는 원인은?
① 폭발 위험이 있기 때문에
② 혼합이 잘 안 되기 때문에
③ 비중 맞추기가 쉽기 때문에
④ 유독가스가 발생하기 때문에

• 이 문제는 폭발 위험이 있다는 것보다 황산에 물을 부어야 하는지, 물에 황산을 부어야 하는지를 외우는 것이 더 중요합니다. 전해액을 제조할 때는 물에 황산을 부어야 안전합니다.

83 배터리 충전 시 주의사항으로 틀린 것은?
① 자동차의 (+), (-)선을 배터리 단자에서 분리시킨 후 충전한다.
② 충전은 환기가 잘 되는 장소에서 실시한다.
③ 충전할 때는 배터리 주위에 화기를 가까이 두지 않는다.
④ 벤트플러그가 잘 닫혀 있는지 확인한 후 충전한다.

• 벤트플러그가 잘 열려 있는지 확인한 후 충전한다.

84 배터리를 충전할 때 올바른 방법이 아닌 것은?
① 환기가 잘 되는 곳에서 충전한다.
② 과충전 및 과방전을 피한다.
③ 자동차에서 배터리를 분리할 때는 (+)단자를 먼저 분리한다.
④ 전해액 온도가 45℃ 이상 넘지 않도록 한다.

• 자동차에서 배터리를 분리할 때는 (-)단자를 먼저 분리한다.

85 배터리 급속 충전 시 주의사항으로 틀린 것은?
① 전해액의 온도가 45℃가 넘지 않도록 한다.
② 충전 중인 배터리에 충격을 가하지 않도록 한다.
③ 자동차의 배터리 (+), (-) 케이블을 연결한 상태로 충전한다.
④ 통풍이 잘 되는 곳에서 충전한다.

• 자동차의 배터리 (+), (-) 케이블을 분리한 상태로 충전한다.

86 배터리가 자동차에 설치된 상태에서 급속충전할 때 주의사항이 아닌 것은?
① 전해액 온도가 약 45℃를 넘지 않도록 한다.
② 배터리 (+), (-)케이블을 확실히 고정한 후 충전한다.
③ 벤트플러그를 모두 열어 놓는다.
④ 배터리 근처에 화기를 접근시키지 않는다.

• 배터리 (+), (-)케이블을 단자에서 분리한 후 충전한다.

정답 80 ② 81 ③ 82 ① 83 ④ 84 ③ 85 ③ 86 ②

87 배터리 급속 충전할 때 주의사항으로 틀린 것은?

① 통풍이 잘 되는 곳에서 충전한다.
② 충전시간을 가능한 한 길게 한다.
③ 전해액의 온도가 약 45℃를 넘지 않도록 한다.
④ 배터리에 충격을 가하지 않는다.

• 충전시간을 가능한 한 짧게 한다.

88 시동모터(Starting Motor)의 분해·조립 시 주의사항이 아닌 것은?

① 브러시 배선과 하우징과의 배선을 확실히 연결할 것
② 마그네틱 스위치의 B, M 단자를 잘 구분할 것
③ 관통 볼트 조립 시 브러시 배선과의 접촉에 주의할 것
④ 시프트레버 방향과 스프링, 홀더의 순서를 혼동하지 말 것

89 시동 모터(Starting Motor)를 탈·부착할 때 유의사항으로 틀린 것은?

① 시동 모터를 고정한 후 배터리 단자를 연결한다.
② 하부작업을 할 때는 보안경을 착용한다.
③ 배터리의 벤트플러그가 열려 있는지 확인한 후 작업한다.
④ 배터리 단자에서 케이블을 분리한 후 작업한다.

90 윈드실드 와이퍼 장치의 관리 요령으로 틀린 것은?

① 전면유리는 기름 묻은 수건으로 닦으면 안 된다.
② 와이퍼 블레이드는 수시로 점검하여 교환한다.
③ 와셔액이 부족한 경우 와셔액 경고등이 점등된다.
④ 전면유리는 왁스로 깨끗이 닦는다.

• 전면유리는 왁스로 닦으면 안 된다.

91 계기 및 보안장치를 정비할 때 주의사항이 아닌 것은?

① 충격을 가하거나 이물질이 유입되지 않도록 주의한다.
② 엔진 정지상태 및 키 스위치가 ON인 상태에서 계기판을 분리한다.
③ 센서 단품을 점검할 때는 배터리 전원을 직접 연결하지 않는다.
④ 회로 내 허용치보다 높은 전류가 흐르지 않도록 한다.

• 엔진 정지상태 및 키 스위치가 OFF인 상태에서 계기판을 분리한다.

92 에어백 장치를 정비할 때 올바르지 못한 행동은?

① 배터리 전원을 차단하고 일정 시간이 경과한 후에 정비를 시작한다.
② 인플레이터(Inflater)의 저항은 절대 측정하지 않는다.
③ 조향 휠을 탈거할 때는 에어백 모듈 인플레이터(Inflater) 단자를 반드시 분리한다.
④ 조향 휠을 장착할 때는 클럭 스프링의 중립 위치를 확인한다.

• 조향 휠을 탈거할 때는 에어백 모듈 인플레이터(Inflater) 단자를 분리하면 안 된다.
※ 참고
• 인플레이터(Inflater)는 부풀게 하는 것으로, 에어백 가스 발생장치를 말합니다. 따라서, 에어백 문제가 나왔을 때는 "인플레이터는 건들면 안 된다"라고 생각하고 답을 찾으면 됩니다.

93 하이브리드 자동차(Hybrid Vehicle)를 정비할 때 유의사항이 아닌 것은?

① 모터작업을 할 때는 휴대폰이나 신용카드 등을 휴대하지 않는다.
② 엔진 룸을 고압세척하지 않는다.
③ 도장 후 고압 배터리는 헝겊으로 덮어두고 열처리한다.
④ 고전압 케이블(U, V, W상)의 극성을 정확히 연결한다.

제4장 안전관리

94 하이브리드 자동차(Hybrid Vehicles)의 고전압 배터리를 취급할 때 유의사항이 아닌 것은?
① 12V 배터리 접지선을 분리한다.
② 반드시 안전 플러그(Safety Plug)를 연결한다.
③ 절연장갑을 착용한다.
④ 키 스위치는 OFF한다.

- 반드시 안전 플러그(Safety Plug)를 분리한다.

95 전기장치의 커넥터를 분리 혹은 결합할 때 잘못된 작업 방식은?
① 커넥터는 딸깍 소리가 날 때까지 확실히 결합시킨다.
② 배선을 분리할 때는 배선을 잡아당긴다.
③ 커넥터를 분리할 때는 커넥터의 잠금장치를 누른 상태에서 분리한다.
④ 커넥터를 결합할 때는 커넥터 부위를 잡고 끼운다.

- 배선을 분리할 때는 커넥터를 잡고 분리한다.

96 보안경을 반드시 착용해야 하는 작업은?
① 스로틀 포지션 센서 점검
② 인젝터 파형 점검
③ 클러치 탈거 · 조립
④ 전조등 점검

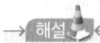
- 보안경은 하체작업이나 쇳가루 등 잔해물이 발생하는 작업을 할 때 착용해야 합니다.

97 귀마개를 착용해야 하는 작업과 가장 거리가 먼 것은?
① 제관 작업
② 단조 작업
③ 엔진 정비 작업
④ 콤프레서가 가동되는 기계실 내 작업

- 제관 작업 : 파이프와 같은 관을 자르고 휘는 작업
- 단조 작업 : 금속재료를 해머로 두들기는 작업

98 안전장치를 선정할 때 고려사항으로 옳지 않은 것은?
① 안전장치를 제거하거나 기능 정지 시 쉽게 할 수 있을 것
② 정기점검 외에는 사람의 손으로 조정할 필요가 없을 것
③ 안전장치 기능 면에서 신뢰도가 클 것
④ 안전장치 사용에 따라 방호가 완전할 것

99 산소용접을 할 때 지켜야 할 안전수칙으로 옳은 것은?
① 산소 밸브를 먼저 연다.
② 기름이 묻은 복장으로 작업한다.
③ 역화 시 아세틸렌 밸브를 빨리 잠근다.
④ 아세틸렌 밸브를 먼저 연다.

- 밸브를 열 때 : 아세틸렌 밸브를 먼저 연다.
- 밸브를 잠글 때 : 산소 밸브를 먼저 잠근다.

100 인력으로 중량물을 운반하는 과정에서 발생할 수 있는 재해 유형이 아닌 것은?
① 충돌   ② 요통
③ 급성중독   ④ 협착(압상)

101 구급처치 중 환자의 상태를 확인하는 것과 관련 없는 것은?
① 상처   ② 안정
③ 의식   ④ 출혈

- 응급상황이니 환자의 안정은 나중에 살펴볼 일이겠죠?

102 산업재해는 생산활동을 하는 중에 에너지와 충돌하여 생명의 기능이나 (   )을 상실하는 현상을 말한다. (   )에 들어갈 말로 옳은 것은?
① 노동환경   ② 노동능력
③ 작업조건   ④ 작업상 업무

정답 94 ② 95 ② 96 ③ 97 ③ 98 ① 99 ④ 100 ③ 101 ② 102 ②

103 안전사고율 중 빈도율(도수율) 공식은?
① (사고 건수 ÷ 연 근로시간 수) × 1000000
② (노동 손실 일수 ÷ 노동 총 시간 수) × 1000
③ (사고 건수 ÷ 노동 총 시간 수) × 1000
④ (연간 사상자 수 ÷ 평균 근로자 수) × 1000

104 사고예방대책 5단계에 속하지 않는 것은?
① 시정책 선정　② 엄격한 규율 책정
③ 사실 발견　　④ 평가 분석

> 해설
> • 사고예방대책 5단계 순서 : 안전관리 조직 → 사실 발견 → 평가 분석 → 시정책 선정 → 시정책 적용

105 기계 부품에 작용하는 하중 중에서 안전율을 가장 크게 해야 하는 하중은?
① 충격하중　② 반복하중
③ 교번하중　④ 정 하중

106 관리감독자의 업무내용 및 점검대상이 아닌 것은?
① 보호구 착용 및 관리실태 여부
② 산업재해 발생 시 보고 및 응급조치
③ 안전 관리자 선임 여부
④ 안전수칙 준수 여부

107 산업재해 예방을 위해 안전시설 점검을 하는 가장 큰 이유는?
① 장비 가동 상태를 점검하기 위해서
② 작업자의 안전교육 실시 여부를 점검하기 위해서
③ 공장시설 및 설비의 레이아웃을 점검하기 위해서
④ 위험요소를 사전에 확인하여 조치하기 위해서

108 산업체에서 안전수칙을 준수하였을 때의 이점으로 틀린 것은?
① 회사 내 질서가 유지된다.
② 인간관계가 개선된다.
③ 기업의 투자 경비가 늘어난다.
④ 직장 신뢰도를 높여준다.

109 작업장 환경을 개선했을 때 나타나는 현상이 아닌 것은?
① 기계 소모가 많고 동력 손실이 크다.
② 작업 능률을 향상시킬 수 있다.
③ 피로를 경감할 수 있다.
④ 좋은 품질의 생산품을 얻을 수 있다.

110 작업장의 안전을 점검할 때 유의사항이 아닌 것은?
① 점검 내용을 공유하고 상호 협조한다.
② 점검자 능력에 적응하는 점검 내용을 활용한다.
③ 과거 재해요인이 제거되었는지 점검한다.
④ 안전점검 후 강평을 하고 사소한 사항은 묵인한다.

111 안전·보건표지에서 아래 그림이 나타내는 표시는?

① 탑승금지
② 출입금지
③ 사용금지
④ 보행금지

> 해설

정답 103① 104② 105① 106③ 107④ 108③ 109① 110④ 111④

제4장 안전관리

112 산업안전보건법상의 안전·보건표지의 종류와 형태에서 다음 그림이 나타내는 표시는?

① 출입금지
② 차량통행금지
③ 보행금지
④ 직진금지

113 안전·보건표지에서 다음 그림이 나타내는 표시는?

① 탑승금지
② 출입금지
③ 사용금지
④ 보행금지

114 안전표시의 종류를 바르게 나열한 것은?
① 사용표시, 권장표시, 주의표시, 지시표시
② 경고표시, 주의표시, 금지표시, 사용표시
③ 지시표시, 금지표시, 권장표시, 경고표시
④ 경고표시, 금지표시, 안내표시, 지시표시

115 안전·보건표지의 색채에서 화학물질 취급 장소에서 위험·유해·경고 용도로 사용되는 색채는?
① 검은색
② 빨간색
③ 노란색
④ 녹색

색 채	용도	표시 장소
빨간색	경고	화학물질 취급장소에서의 유해·위험 경고
	금지	정지신호, 소화설비 및 그 장소, 유해행위의 금지
노란색	경고	화학물질 취급장소에서의 유해·위험 경고 이외의 위험경고, 주의표시 또는 기계방호
파란색(청색)	지시	특정행위의 지시 및 사실의 고지
초록색(녹색)	안내	비상구 및 피난소, 사람 또는 차량의 통행표시
백색(흰색)		파란색 또는 녹색에 대한 보조색
검은색(흑색)		문자 및 빨간색 또는 노란색에 대한 보조색
보라색(자주색)		방사능 등의 표시에 사용

116 안전·보건표지의 색채가 잘못된 것은?
① 자주색 - 안전지도
② 녹색 - 피난, 안전, 보호
③ 노란색 - 주의, 경고
④ 청색 - 수리 중, 지시, 유도

해설
• 자주색 - 방사능 위험

117 산업안전표지의 종류에서 비상구 등을 나타내는 표지는?
① 경고표지
② 금지표지
③ 안내표지
④ 지시표지

118 작업현장의 안전표시 색채에서 재해 및 상해가 발생하는 장소의 위험표시로 사용되는 색채는?
① 주황색
② 보라색
③ 파란색
④ 녹색

119 자동차 적재함 밖으로 물건이 돌출된 상태로 운반할 경우 위험표시는 무슨 색깔로 하는가?
① 적색
② 흰색
③ 청색
④ 흑색

120 연소의 3요소에 해당되지 않는 것은?
① 가연물
② 점화원
③ 산소
④ 물

121 화재의 분류 중 B급 화재물질로 옳은 것은?
① 휘발유
② 종이
③ 석탄
④ 목재

해설

A급 화재	일반 화재(목재, 종이, 천 등 고체 가연물 화재)
B급 화재	기름 화재(휘발유, 벤젠 등 유류 화재)
C급 화재	전기 화재
D급 화재	금속 화재

정답 112 ④ 113 ① 114 ④ 115 ② 116 ① 117 ③ 118 ① 119 ① 120 ④ 121 ①

122 일반 가연성 물질 화재로서 물 또는 소화기를 이용하여 소화하는 화재는 몇 급인가?
① A급
② B급
③ C급
④ D급

123 화재 분류 기준 중 휘발유로 인해 발생한 화재는 몇 급 화재인가?
① A급 화재
② B급 화재
③ C급 화재
④ D급 화재

124 제3종 유기용제의 취급 장소를 표시한 색깔은?
① 빨강
② 노랑
③ 녹색
④ 파랑

- 빨강 : 제1종 유기용제
- 노랑 : 제2종 유기용제
- 녹색 : 해당없음
- 파랑 : 제3종 유기용제

125 화재가 발생했을 때 소화 방법으로 틀린 것은?
① 가연물질의 공급을 차단한다.
② 점화원을 발화점 온도 이하로 낮춘다.
③ 산소 공급을 차단한다.
④ 유류화재일 경우 물을 뿌린다.

- 유류화재일 경우 모래 혹은 흙을 뿌린다.

자동차정비기능사
CBT 총정리문제

PART 2 | CBT 실전모의고사

※ 안내사항
기존의 책들과 달리 보기의 내용과 중복되는 불필요한 해설을 모두 삭제하였습니다.
따라서, 바로 답을 풀이한 것도 있지만 문제의 난이도를 고려하여 답이 아니라 문제를 푸는데
도움이 되는 내용을 풀이한 것도 있으므로 정답과 해설을 비교해가며 문제를 푸십시오.

제1회 CBT 실전모의고사

1 점화 순서가 1 - 3 - 4 - 2인 4행정 사이클 엔진의 2번 실린더가 압축행정을 할 때 3번 실린더의 행정은?
① 흡입　　　② 압축
③ 폭발　　　④ 배기

2 터보차저(Turbo Charger)의 사용 목적이 아닌 것은?
① 체적효율이 낮아진다.
② 엔진 토크가 증가한다.
③ 평균유효압력이 향상된다.
④ 엔진 출력이 상승한다.

3 커먼레일(Common Rail Direct Injection, CRDI) 엔진에서 예비분사를 하지 않는 경우로 틀린 것은?
① 예비분사가 주분사보다 너무 빠른 경우
② 엔진 회전수가 고속인 경우
③ 연료압력이 너무 낮은 경우
④ 연료분사량 보정제어 중인 경우

4 디젤엔진에서 연료 분사 펌프의 거버너(Governor)는 어떤 역할을 하는가?
① 착화 시기 조정
② 분사 시기 조정
③ 분사량 조정
④ 분사 압력 조정

5 다음은 흡기계통의 동적효과 특성을 설명한 것이다. ( ) 안에 들어갈 말로 적절한 것은?

> 흡입행정 말에 흡기 밸브가 닫히면 새로운 공기의 흐름이 갑자기 차단되어 (a)가 발생한다. 이 압력파는 음으로 흡기다기관 입구를 향해서 진행하고 입구에서 반사되므로 (b)가 되어 흡기밸브 쪽을 향해 음속으로 되돌아온다.

① a : 유도파, b : 간섭파
② a : 정압파, b : 서지파
③ a : 서지파, b : 정압파
④ a : 정압파, b : 부압파

6 밸브 오버랩(Overlap)에 대한 설명으로 옳은 것은?
① 밸브 시트와 면의 접촉 면적
② 밸브 스프링을 이중으로 사용
③ 로커암에 의해 밸브가 열리기 시작할 때
④ 흡기 밸브와 배기 밸브가 동시에 열려 있는 상태

7 시동모터(Starting Motor)가 정상적으로 회전하지만 엔진 시동이 되지 않는다면 그 원인은?
① 산소 센서가 고장일 때
② 현가장치에 문제가 있을 때
③ 밸브 타이밍이 맞지 않을 때
④ 조향 핸들 유격이 클 때

8 엔진 압축 압력 측정 방법에 대한 설명으로 틀린 것은?
① 엔진오일을 넣고도 측정한다.
② 엔진을 정상 작동 온도로 한다.
③ 엔진 회전수를 1000rpm으로 한다.
④ 스파크 플러그를 모두 탈거한다.

9 피스톤 평균속도를 높이지 않고 엔진 회전속도를 높일 수 있는 방법은?
① 행정을 크게 한다.
② 행정을 작게 한다.
③ 실린더 지름을 작게 한다.
④ 실린더 지름을 크게 한다.

10 윤활유의 역할이 아닌 것은?
① 냉각작용　② 방청작용
③ 마멸작용　④ 밀봉작용

11 엔진오일 압력이 높아지는 원인이 아닌 것은?
① 릴리프 밸브의 스프링 장력이 클 때
② 회로의 일부가 막혔을 때
③ 베어링과 샤프트의 간극이 클 때
④ 오일의 점도가 높을 때

12 연료(Fuel)의 구비조건이 아닌 것은?
① 점도가 커야 한다.
② 저장 및 취급이 용이해야 한다.
③ 상온에서 기화가 용이해야 한다.
④ 단위중량 또는 단위체적당 발열량이 커야 한다.

13 실린더 내경 70mm, 행정 65mm, 압축비가 11 : 1인 4실린더 엔진의 총 연소실 체적은?
① 약 89cc　② 약 100cc
③ 약 105.7cc　④ 약 132.4cc

14 액화석유가스(Liquefied Petroleum Gas, LPG) 엔진의 장점이 아닌 것은?
① 스파크 플러그 수명이 길다.
② 가솔린 엔진에 비해 출력이 높다.
③ 연소실 내 카본 생성이 적다.
④ 연료소비율이 낮다.

15 액화석유가스(Liquefied Petroleum Gas, LPG) 엔진에서 액체 상태의 연료를 기체 상태의 연료로 전환시키는 장치는?
① 봄베
② 믹서
③ 베이퍼라이저
④ 솔레노이드 밸브 유닛

16 가솔린 엔진에서 연료(가솔린)를 완전 연소시켰을 때 발생하는 화합물은?
① H_2O, CO_2　② H_2O, CO
③ CO, CO_2　④ H_2SO_3, CO_2

17 전자제어 가솔린 엔진에서 질소산화물(NOx)을 저감시키는 장치는?
① 퍼지 컨트롤 밸브(Purge Control Sol-enoid Valve, PCSV)
② 배기가스 재순환장치(Exhaust Gas Recirculation, EGR)
③ 캐니스터(Canister)
④ 퓨얼 컷(Fuel Cut)

18 차콜 캐니스터를 설치하는 목적은?
① HC 증발가스 저감
② CO_2 증발가스 저감
③ CO 증발가스 저감
④ NOx 증발가스 저감

19 머플러(Muffler)의 소음 방지 방법으로 틀린 것은?
① 음파를 간섭시키는 방법과 공명에 의한 방법
② 압력의 감소와 배기가스를 냉각하는 방법
③ 흡음재를 사용하는 방법
④ 튜브의 단면적을 일정 길이만큼 작게 하는 방법

20 가솔린 엔진에 대비해 디젤엔진의 장점으로 틀린 것은?
① 부분 부하 영역에서 연료소비율이 낮다.
② 넓은 회전수 범위에 걸쳐 회전토크가 크고 균일하다.
③ CO와 NOx 배출이 적다.
④ 열효율이 높다.

21 조향장치의 구비조건이 아닌 것은?
① 고속주행에서 조향 휠이 안정될 것
② 적절한 회전 감각이 있을 것
③ 선회 시 저항이 적고 조향 휠의 복원성이 좋을 것
④ 조향 핸들의 회전과 차륜의 선회 차이가 클 것

22 조향장치에서 앞바퀴 얼라이먼트(Alignment)의 목적으로 틀린 것은?
① 조향 휠에 주행 안정성을 부여한다.
② 조향 휠에 조작 안정성을 부여한다.
③ 조향 휠의 복원성을 감소시킨다.
④ 타이어의 수명을 연장시킨다.

23 클러치가 미끄러지는 원인이 아닌 것은?
① 클러치 압력 스프링 파손
② 압력판 및 플라이휠 손상
③ 페달 자유간극 과대
④ 마찰면 경화, 오일 묻음

24 수동변속기에서 싱크로메시(Synchro Mesh) 기구의 기능은?
① 감속기능
② 동기치합기능
③ 배력기능
④ 가속기능

25 추진축의 슬립이음은 어떤 것의 변화를 일으키는가?
① 회전수
② 회전 토크
③ 드라이브 각
④ 축의 길이

26 엔진 출력이 일정할 때 가속 성능을 향상시키는 방법으로 틀린 것은?
① 종감속비를 크게 한다.
② 주행저항을 작게 한다.
③ 차량 총 중량을 증가시킨다.
④ 여유 구동력을 크게 한다.

27 타이어 공기압에 대한 설명으로 틀린 것은?
① 공기압이 낮으면 타이어의 트레드 마모가 심해진다.
② 공기압이 낮으면 포장도로에서 미끄러지기 쉽다.
③ 좌우 공기압에 편차가 발생하면 브레이크를 작동할 때 위험하다.
④ 좌우 공기압에 편차가 발생하면 차동 사이드 기어가 빨리 마모된다.

28 자동차의 축간 거리가 2.4m, 바퀴 접지면의 중심과 킹핀과의 거리가 30cm인 자동차를 우회전할 때 좌측 바퀴의 조향각은 30°, 우측 바퀴의 조향각은 32°이었을 때 최소 회전 반경은?
① 4.4m
② 5.1m
③ 5.8m
④ 5.9m

29 파워스티어링 장치의 조향 휠 조작이 무거울 때 고장 부위로 가장 거리가 먼 것은?
① 조향 기어 박스 내부 백래시 과다
② 랙 피스톤 손상으로 내부 유압 작동 불량
③ 오일펌프 결함
④ 리저브 탱크 오일 부족

30 앞바퀴 독립현가장치에 포함되지 않는 것은?
① 맥퍼슨 형식
② SLA 형식
③ 위시본 형식
④ 트레일링 암 형식

31 엔진 회전수가 3,000rpm, 변속 3단의 감속비 2.1, 종감속비 4.6, 바퀴의 반경이 0.4m일 때 차속은 얼마인가?(단, 타이어와 지면과의 미끄럼은 무시함)
① 약 37km/h
② 약 47km/h
③ 약 57km/h
④ 약 67km/h

32 계기판에 주차 브레이크등이 점등되는 조건이 아닌 것은?
① 브레이크액 부족
② EBD 장치에 결함 발생
③ 주차 브레이크가 당겨져 있을 때
④ 브레이크 페이드 현상 발생

33 공기 브레이크 시스템에서 앞차륜으로 압축 공기가 공급되는 순서는?
① 공기 탱크 → 브레이크 밸브 → 퀵 릴리스 밸브 → 브레이크 챔버
② 브레이크 밸브 → 공기 탱크 → 퀵 릴리스 밸브 → 브레이크 챔버

③ 공기 탱크 → 퀵 릴리스 밸브 → 브레이크 밸브 → 브레이크 챔버
④ 공기 탱크 → 브레이크 챔버 → 브레이크 밸브 → 브레이크 슈

34 디스크 브레이크 방식의 장점은?
① 브레이크 패드 교환이 쉽다.
② 브레이크 패드 마모가 덜하다.
③ 자기 작동 효과가 크다.
④ 오염이 잘 되지 않는다.

35 전동식 동력조향장치(Electronic Power Steering system, EPS)에서 토크센서의 역할은?
① 모터 작동 시 발생되는 부하를 보상하기 위한 보상신호로 사용된다.
② 조향 핸들을 돌릴 때 조향력을 연산할 수 있도록 기본신호를 컨트롤 유닛에 보낸다.
③ 모터 내의 로터 위치를 검출하여 모터 출력의 위상을 결정하는 데 사용된다.
④ 차속에 따라 조향력을 최적화하기 위한 기준신호로 사용된다.

36 파워스티어링 장치의 조향 휠 조작이 무거울 때 고장 부위로 가장 거리가 먼 것은?
① 조향 기어 박스 내부 백래시 과다
② 랙 피스톤 손상으로 내부 유압 작동 불량
③ 오일펌프 결함
④ 리저브 탱크 오일 부족

37 차량의 총 중량이 3,000kgf인 자동차가 경사도 30%인 경사로를 올라갈 때 구배저항(Rg)은?
① 300kgf   ② 500kgf
③ 700kgf   ④ 900kgf

38 스프링의 진동 중 스프링 위 질량 진동과 관련 없는 것은?
① 휠 트램프   ② 롤링
③ 피칭   ④ 바운싱

39 차동장치에서 차동 피니언과 사이드 기어의 백래시 조정 방법은?
① 스러스트 와셔(심, Shim) 두께를 가감하여 조정한다.
② 차동장치의 링기어 조정 장치를 조정한다.
③ 축받이 차축의 오른쪽 조정 심을 가감하여 조정한다.
④ 축받이 차축의 왼쪽 조정 심을 가감하여 조정한다.

40 '회로 내 임의의 한 점에 유입된 전류의 총합과 유출된 전류의 총합은 같다'는 무슨 법칙인가?
① 뉴튼의 법칙
② 키르히호프의 제1법칙
③ 렌쯔의 법칙
④ 앙페르의 법칙

41 ECU에 입력신호로 들어오는 스위치가 OFF 상태일 때 스위치 시그널 선에서 5V가 측정되었다면 그에 대한 설명으로 옳은 것은?
① ECU 내부 인터페이스는 싱크 방식이다.
② ECU 내부 인터페이스는 소스 방식이다.
③ 스위치 ON일 때 2.5V 이하면 정상적으로 신호를 처리한다.
④ 스위치 신호는 아날로그 신호이다.

42 엔진에서 시동모터(Starting Motor)를 탈거 후 분해하여 결함부분을 점검하는 그림이다. 옳은 것은?

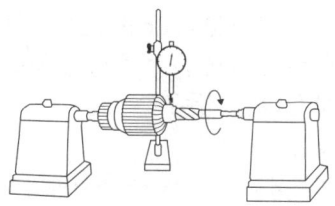

① 전기자 코일의 단선 점검
② 전기자 코일의 단락 점검
③ 전기자 축의 마멸 점검
④ 전기자 축의 휨 점검

43 배터리의 구성요소가 아닌 것은?
① 전해액   ② 정류자
③ 양극판   ④ 음극판

44 정상상태의 80Ah 배터리가 160A를 방전한다고 할 때 얼마동안 지속 가능한가?(현재온도는 20℃)
① 1시간   ② 2시간
③ 30분   ④ 50분

45 모터 또는 릴레이 작동 시 라디오에 유기되는 고주파 잡음을 저감하는 부품은?
① 콘덴서
② 트랜지스터
③ 다이오드
④ 볼륨

46 반도체에 대한 설명 중 틀린 것은?
① 예열시간이 불필요하다.
② 내부 전력 손실이 크다.
③ 정격값 이상일 때 파괴된다.
④ 소형이며 가볍다.

47 어떤 기준 전압 이상을 가했을 때 역방향으로 전류가 흐르는 소자는?
① NPN형 트랜지스터
② PNP형 트랜지스터
③ 제너 다이오드
④ 발광 다이오드

48 점화코일(Ignition Coil)의 2차코일 측에서 발생하는 스파크 방전 전압에 영향을 미치는 인자가 아닌 것은?
① 오일 압력
② 연소실 내 연료·공기 혼합기의 압력
③ 스파크 플러그 전극 형태
④ 스파크 플러그 간극

49 산업재해 예방을 위해 안전시설 점검을 하는 가장 큰 이유는?
① 장비 가동 상태를 점검하기 위해서
② 작업자의 안전교육 실시 여부를 점검하기 위해서
③ 공장시설 및 설비의 레이아웃을 점검하기 위해서
④ 위험요소를 사전에 확인하여 조치하기 위해서

50 차량 총 중량이 3.5톤 이상인 화물자동차에 설치되는 후부안전판의 너비는?
① 자동차 너비의 50% 이상
② 자동차 너비의 70% 미만
③ 자동차 너비의 100% 이상
④ 자동차 너비의 100% 미만

51 자동차 전조등 변환빔 진폭 측정 시 전방 10m 위치에서 설치 높이가 1m 이하일 때 기준 얼마인가?
① -0.5%~-1.5%   ② -0.5%~-2.5%
③ -1.0%~-3.0%   ④ -2.0%~-3.5%

52 해머작업을 할 때 지켜야 할 안전사항으로 틀린 것은?
① 타격 가공하려는 곳에 시선을 고정할 것
② 처음 작업과 마지막 작업 시 타격력을 크게 할 것
③ 녹슨 것을 때릴 때는 반드시 보안경을 착용할 것
④ 해머의 사용면이 손상된 것은 사용하지 말 것

53 조정 렌치의 사용 방법으로 틀린 것은?
① 고정 죠에 힘이 가해지도록 사용해야 한다.
② 볼트 및 너트 크기에 따라 죠의 크기를 조절하여 사용한다.
③ 조정 너트를 돌려 죠가 볼트에 꽉 끼게 한다.
④ 큰 볼트를 풀 때 렌치 끝에 파이프를 끼워서 세게 돌린다.

54 스패너로 작업할 때 주의사항 중 틀린 것은?
① 스패너 자루에 파이프나 연장대를 이어서 사용하면 안 된다.
② 너트에 스패너를 깊이 물리고 조금씩 당기는 식으로 풀고 조인다.
③ 스패너와 너트 사이에 쐐기를 넣고 사용하는 것이 편리하다.
④ 스패너의 입이 볼트 및 너트 치수에 맞는 것을 사용해야 한다.

55 드릴 작업 시 칩을 제거하는 방법으로 옳은 것은?
① 회전 중지 후 손으로 제거
② 회전 중지 후 솔로 제거
③ 회전 중 솔로 제거
④ 회전 중 막대로 제거

56 엔진을 분해하기 전 점검사항이 아닌 것은?
① 엔진 오일 압력
② 피스톤 링 이음 간극
③ 실린더 압축압력
④ 엔진 운전 중 출력 및 소음

57 화재의 분류 중 B급 화재물질로 옳은 것은?
① 휘발유 ② 종이
③ 석탄 ④ 목재

58 안전·보건표지에서 다음 그림이 나타내는 표시는?

① 탑승금지 ② 출입금지
③ 사용금지 ④ 보행금지

59 사고예방대책 5단계에 속하지 않는 것은?
① 시정책 선정
② 엄격한 규율 책정
③ 사실 발견
④ 평가 분석

60 드릴로 큰 구멍을 뚫으려 할 때 먼저 해야 할 작업은?
① 작은 구멍을 뚫는다.
② 드릴 커팅 앵글을 증가시킨다.
③ 스핀들 속도를 빠르게 한다.
④ 금속을 연하게 한다.

제1회 CBT 실전모의고사 정답 및 해설

1	④	2	①	3	④	4	③	5	④	6	④	7	③	8	③
9	②	10	③	11	③	12	③	13	②	14	②	15	③	16	①
17	②	18	①	19	④	20	③	21	④	22	①	23	③	24	②
25	④	26	③	27	②	28	②	29	①	30	④	31	①	32	④
33	①	34	①	35	②	36	①	37	④	38	①	39	①	40	②
41	①	42	④	43	②	44	③	45	①	46	②	47	③	48	①
49	④	50	④	51	②	52	②	53	④	54	③	55	②	56	④
57	①	58	①	59	②	60	①								

1 ④

4기통 엔진의 점화 순서 문제가 나오면 먼저 문제에서 제시한 점화 순서를 적습니다. 이 문제의 점화 순서는 1 - 3 - 4 - 2이고 '몇 번 실린더가 무슨 행정이다'라고 적혀 있을 것입니다. 그럼 조금 전에 적었던 1 - 3 - 4 - 2 숫자 밑에 몇 번 실린더가 무슨 행정을 했는지 적습니다. 그 다음에 점화 순서의 반대 방향으로 그 다음 행정을 적으면 됩니다. 다음 표를 참고하세요.

1	←	3	←	4	←	2
흡입		배기		폭발		압축

2 ①
- 체적효율이 높아진다.

3 ④
- 연료분사량이 과다한 경우

4 ③
- 거버너(조속기)는 분사량 제어, 타이머는 분사시기 제어입니다.

5 ④

6 ④

7 ③
- 산소 센서는 삼원 촉매의 정화율을 높이기 위해 이론 공연비 제어에 필요한 피드백 신호만 제공합니다. 고장이 나도 연료·공기 혼합비에는 영향을 미치지만 엔진 시동을 방해하지는 않습니다.

8 ③
- 엔진 회전수를 200~300rpm으로 한다(크랭킹 상태).

9 ②
- 행정을 크게 한다. : 장행정 엔진(언더 스퀘어 엔진)에 대한 설명
- 행정을 작게 한다. : 단행정 엔진(오버 스퀘어 엔진)에 대한 설명
※ 참고
- 피스톤 평균속도를 높이지 않고 엔진 회전수와 단위체적당 출력을 높일 수 있는 방법은 단행정 엔진입니다.

10 ③

11 ③
- 베어링과 샤프트의 간극이 클 때 : 오일 압력이 낮아지는 원인

12 ③
- 보기 ②, ④ 내용은 에너지 밀도가 높아야 한다는 뜻입니다. 연료는 에너지 밀도가 높아야 합니다.

13 ②

문제에 '총 연소실 체적'을 구하는지, 그냥 1개 실린더의 '연소실 체적'을 구하는지 파악해야 합니다. 압축비 구하는 공식을 응용하면 되겠죠?

$$\varepsilon = \frac{V_c + V_d}{V_c} = 1 + \frac{V_d}{V_c},$$

$$\varepsilon - 1 = \frac{V_d}{V_c},$$

$$\left(\frac{1}{\varepsilon-1}\right) \times V_d = \left(\frac{V_c}{V_d}\right) \times V_d,$$

$$V_c = \frac{V_d}{\varepsilon - 1} \quad \text{또는,} \quad V_{totc.} = \frac{V_{totd.}}{\varepsilon - 1}$$

(여기서, ε : 압축비, V_c : 연소실 체적, V_d : 행정 체적, $V_{totc.}$: 총 연소실 체적, $V_{totd.}$: 총 행정 체적(총 배기량))

문제에 총 연소실 체적을 물었으니 총 행정 체적(총 배기량)을 구하면 됩니다.

따라서, 총 배기량 = 총 행정 체적 = (1개 실린더의 행정 체적) × (실린더 수)입니다.

$$V_{totd.} = V_d \times n = \left(\frac{\pi d^2}{4} \times L\right) \times n$$

(여기서, $V_{totd.}$: 총 행정 체적(cm^3), d : 실린더 내경(cm), L : 실린더(또는 피스톤) 행정(cm), n : 실린더 수)

보기에 단위가 cc로 되어 있으니 단위 변환을 해야 합니다.($1cm^3 = 1cc$)

$$V_{totd.} = V_d \times n = \left(\frac{\pi d^2}{4} \times L\right) \times n$$

$$= \left(\frac{3.14 \times (7cm)^2}{4} \times 6.5cm\right) \times 4$$

$$= 1000.09 cm^3 = 1000.09 cc$$

따라서, $V_{totc.} = \frac{V_{totc.}}{\varepsilon - 1} = \frac{1000.09cc}{11-1} \approx 100cc$

14 ②

- 가솔린 엔진에 비해 출력이 낮다.

15 ③

- 액체를 기체로 바꾸는 것은 곧 기화를 말합니다. 기화는 영어로 베이퍼라이제이션(Vaporization)이니, 이런 식으로 답을 찾을 수도 있습니다.

16 ①

탄화수소계 연료가 완전연소하면 이산화탄소(CO_2), 물(H_2O), 질소(N_2)가 나옵니다.
$C_nH_m + aO_2 + 3.76N_2 = bCO_2 + cH_2O + dN_2$
문제에서 가솔린 엔진이라고 했으니 C_nH_m에 가솔린의 주요물질인 옥탄(C_8H_{18})을 대입해서 계산하면 a는 12.5, b는 8, c는 9, d는 47이 나옵니다. 또한 a, b, c, d는 몰(Mole)이므로, 연료(C_8H_{18}) 1몰과 공기(O_2+N_2) 12.5몰이 반응하여 완전연소하면 CO_2가 8몰, H_2O가 9몰, N_2가 47몰 생성됩니다.

17 ②

- 배기가스 재순환장치(EGR)의 목적은 배기가스 재순환을 통해 연소온도를 떨어뜨려 NOx를 낮추는 것입니다.

18 ①

19 ④

- 튜브의 단면적을 일정 길이만큼 크게 하는 방법

20 ③

- CO와 HC 배출이 적다.

21 ④

- 조향 핸들의 회전과 차륜의 선회 차이가 작을 것(더 정확하게는 '적절할 것')

22 ③

- 조향 휠의 복원성을 향상시킨다.

23 ③

- 페달 자유간극 과소

※ 참고

- 문제에 '미끄러진다'는 말이 나오면 상식적으로 오일이 묻은 경우를 생각할 수 있겠죠? 또한 클

러치 면과 닿는 부분이 이상하거나, 클러치가 연결되었을 때 압력판이 제대로 못 밀어줘도 플라이휠에 딱 붙지 못해서 미끄러질 가능성이 있습니다.

24 ②
- 싱크로메시는 동기물림 변속기어를 말합니다. 즉, 변속할 때 속도가 다른 두 기어를 마찰로 조절하여 두 기어의 속도가 일치되었을 때 서로 맞물리게 하는 기구입니다.

25 ④
- 슬립이음 : 길이 변화
- 자재이음 : 각도 변화

26 ③
- 차량 총 중량을 감소시킨다.

27 ②
- 공기압이 낮으면 포장도로에서 미끄러지지 않는다.

28 ②
최소 회전반경 공식과 기준값을 같이 암기하세요. 기준값은 12m 이하입니다. 참고로, 자동차를 좌회전할 때는 우측 바퀴의 조향각을 측정하고, 우회전할 때는 좌측 바퀴의 조향각을 측정합니다.

$$R = \frac{L}{\sin\alpha} + r$$

(여기서, R : 최소 회전 반경(m), L : 축간 거리(m), α : 바깥쪽 앞바퀴의 조향각(°), r : 바퀴 접지면 중심과 킹핀과의 거리(m))

따라서, $R = \frac{L}{\sin\alpha} + r = \frac{2.4m}{\sin 30°} + 30cm$

$= \frac{2.4m}{0.5} + 0.3m = 5.1m$

29 ①
- 조향 기어 박스 내부 백래시 과다 : 조향 휠 유격이 커질 때 고장 부위

※ 참고
- 백래시와 조향 휠 조작력은 관계가 없습니다. 조향 휠 조작력은 파워스티어링 장치의 오일 압력, 앞 차륜 얼라이먼트와 관련 있습니다.

30 ④
- 트레일링 암 형식 : 뒷바퀴 독립현가장치

31 ②
바퀴 회전수가 나오는 원리를 살펴봅시다.
엔진 → 변속기 → 추진축 → 종감속기어 → 바퀴 순이니 바퀴 회전수를 구하기 위해서는 엔진 회전수, 변속비, 종감속비가 있으면 됩니다. 엔진 회전수가 일정할 때 최종감속비가 커지면 바퀴 회전수는 그만큼 감소하므로, 바퀴 회전수와 최종감속비는 반비례 관계입니다.

$$N_w = \frac{N_e}{R_{tot}} = \frac{N_e}{R_T \times R_F}$$

(여기서, N_w : 바퀴 회전수(rpm), N_e : 엔진 회전수(rpm), R_{tot} : 최종감속비, R_T : 변속비, R_F : 종감속비)

따라서, $N_w = \frac{N_e}{R_{tot}} = \frac{N_e}{R_T \times R_F} = \frac{3,000 rpm}{2.1 \times 4.6}$

$\approx 311 rpm$

이 문제는 rpm을 km/h로 변환하는 문제입니다.
엔진 1회전은 360° 회전한다는 뜻이기 때문에 180°(degree) = π(radian)이므로 degree를 radian으로 변환해줘서 2π를 곱해주는 것입니다.
또한, rpm은 rev/min, 즉 1분당 회전수를 말합니다. 그러므로 바퀴의 원둘레를 바퀴가 한 바퀴 회전했을 때 이동하는 거리로 볼 수 있겠죠?
따라서, $N_{rev} = (2\pi \times N) m$가 됩니다.
1km = 1000m이므로 1m = 1/1000km, 1h = 3600s = 60min이므로 1min = 1/60h입니다.

$$Nrpm = \frac{Nrev}{1\min} = \frac{(2\pi r \times N)m}{\left(\frac{1}{60}\right)h}$$

$$= \frac{\left[(2\pi r \times N) \times \frac{1}{1000}\right]km}{\left(\frac{1}{60}\right)h}$$

$$= (2\pi r \times N \times \frac{60}{1000}) km/h$$

(여기서, 2π : 상수(1rev = 360° = 2π), N : 바퀴 회전수(rpm), r : 바퀴 반지름(m))

따라서, $311 rpm = \frac{311 rev}{1 \min} = \frac{(2\pi r \times 311)m}{\left(\frac{1}{60}\right)h}$

$$= \frac{\left[(2\pi r \times 311) \times \frac{1}{1000}\right]km}{\left(\frac{1}{60}\right)h} = 2\pi r \times 311 \times \frac{60}{1000}$$

$$= 2 \times 3.14 \times 0.4 \times 311 \times \frac{60}{1000} \approx 47 km/h$$

32 ④

33 ①

34 ①
- 브레이크 패드 마모가 빠르다.
- 자기 작동 효과가 작다.
- 오염이 잘 된다.

35 ②
- 조향 토크센서 : 조향 핸들 조작력 검출
- 조향 핸들의 각속도 센서 : 조향 휠 각도 및 속도 검출

36 ①
- 조향 기어 박스 내부 백래시 과다 : 조향 휠 유격이 커질 때 고장 부위

※ 참고
- 백래시와 조향 휠 조작력은 관계가 없습니다. 조향 휠 조작력은 파워스티어링 장치의 오일 압력, 앞 차륜 얼라이먼트와 관련 있습니다.

37 ④
구배저항을 구합니다.
$R_g = W \times m$

(여기서, R_g : 구배저항(kgf), W : 차량 총 중량(kgf), m : 경사도(%))

따라서, $R_g = W \times m = 3000 kgf \times \frac{30}{100}$
$= 900 kgf$

38 ①
- 휠 트램프 : 스프링 아래 질량 진동
- 롤링 : 스프링 위 질량 진동
- 피칭 : 스프링 위 질량 진동
- 바운싱 : 스프링 위 질량 진동

39 ①
- 심 조정방식 : 심의 두께를 가감하여 조정
- 너트 조정방식 : 좌우 베어링 캡 볼트를 풀고 조정 너트를 조정

40 ②
- 키르히호프 제1법칙 : 전류법칙
- 키르히호프 제2법칙 : 전압법칙

41 ①
- ECU 내부 인터페이스는 싱크 방식이다.
- 스위치 ON일 때 0.8V 이하이면 정상적으로 신호를 처리한다.
- 스위치 신호는 디지털 신호이다.

싱크 방식(sink type)		소스 방식(source type)	
스위치 상태	시그널선 전압	스위치 상태	시그널선 전압
OFF	5V	OFF	0V
ON	0V	ON	5V

42 ④

43 ②
- 정류자 : 시동모터의 구성요소

44 ③
배터리 용량 공식을 적용하면 지속적으로 방전 가능한 시간을 알 수 있습니다.
배터리 용량 = 전류 × 시간입니다.
$Ah = A \times h$
(여기서, Ah : 배터리 용량 단위, A : 연속 방전 전류 단위, h : 방전 종지 전압까지 연속 방전 시간 단위)
따라서, $h = \dfrac{Ah}{A} = \dfrac{80 Ah}{160 A} = 0.5h = 30분$

45 ①

46 ②
- 내부 전력 손실이 적다.

47 ③

48 ①
- 스파크 방전 = 불꽃 방전
- 스파크 플러그 = 점화 플러그

49 ④

50 ④

51 ②
전조등 변환빔 광축·광도 검사 기준값

구분		기준값	비고
진폭	설치높이 : 1m 이하	-0.5% ~ -2.5%	10m 위치
	설치높이 : 1m 초과	-1.0% ~ -3.0%	
광도		3000cd 이상	

52 ②

53 ④

54 ③
- 스패너와 너트 사이에 쐐기를 넣고 사용하면 안 된다.

55 ②

56 ②
- 피스톤 링 이음 간극 : 엔진을 분해한 후 점검 사항

57 ①

A급 화재	일반 화재(목재, 종이, 천 등 고체 가연물 화재)
B급 화재	기름 화재(휘발유, 벤젠 등 유류 화재)
C급 화재	전기 화재
D급 화재	금속 화재

58 ①

출입금지	사용금지	금연	화기금지
보행금지	탑승금지	차량통행금지	물체이동금지

59 ②
- 사고예방대책 5단계 순서 : 안전관리 조직 → 사실 발견 → 평가 분석 → 시정책 선정 → 시정책 적용

60 ①

제2회 CBT 실전모의고사

1. 엔진이 과열되는 원인이 아닌 것은?
   ① 냉각팬 고장
   ② 써모스탯 불량
   ③ 과다한 냉각수
   ④ 라디에이터 캡 불량

2. 윤활유의 기능으로 틀린 것은?
   ① 세척작용, 소음 감소작용
   ② 냉각작용, 윤활작용
   ③ 방수작용, 마찰작용
   ④ 방청작용, 밀봉작용

3. 기화기(Carburetor) 방식과 대비하여 전자제어 가솔린 연료분사장치의 장점으로 틀린 것은?
   ① 연료공기 혼합비를 최적 제어하여 유해 배출가스가 증가한다.
   ② 고출력 및 혼합비 제어에 유리하다.
   ③ 연료소비율이 낮다.
   ④ 응답성이 좋다.

4. 피에조(Piezo) 저항효과를 응용한 센서는?
   ① 맵 센서   ② 냉각수온센서
   ③ 크랭크각 센서   ④ 차속센서

5. 스로틀 포지션 센서(Throttle Position Sensor, TPS)의 설명으로 틀린 것은?
   ① 가변저항기이고 스로틀 밸브 개도량을 감지한다.
   ② 출력전압의 범위는 약 0~12V이다.
   ③ 자동변속기에서 변속 시기를 결정하는 역할을 한다.
   ④ 공기 유량 센서(Air Flow Sensor, AFS)가 고장 났을 때 TPS 신호에 의해 연료 분사량을 결정한다.

6. 전자제어 연료분사장치에서 엔진 ECU로 입력되는 센서가 아닌 것은?
   ① 휠 스피드 센서   ② 흡기온도 센서
   ③ 공기 유량 센서   ④ 대기압 센서

7. 140PS 엔진이 24시간 동안에 330ℓ의 연료를 소비했다면, 이 엔진의 연료소비율(g/PS·h)은?(단, 연료의 비중은 0.9)
   ① 약 80   ② 약 88
   ③ 약 95   ④ 약 115

8. 어떤 엔진의 열정산(Heat Balance)에서 냉각 손실이 30%, 배기와 복사에 의한 열 손실이 35%이고 기계 효율이 80%라면 제동 열효율(%)은 얼마인가?
   ① 27%   ② 28%
   ③ 29%   ④ 30%

9. 단위에 대한 설명으로 옳은 것은?
   ① 초속 1m/s는 시속 36km/h와 같다.
   ② 1kW는 1,000kgf·m/s의 일률이다.
   ③ 1J은 0.24cal이다.
   ④ 1PS는 75kgf·m/h의 일률이다.

10. 다음 중 내연기관의 일반적인 내용으로 옳은 것은?
    ① 크롬 도금한 라이너에는 크롬 도금된 피스톤 링을 사용하지 않는다.
    ② 엔진오일은 계절마다 교환한다.
    ③ 2행정 사이클 엔진의 인젝션 펌프 회전속도는 크랭크축 회전속도의 2배이다.
    ④ 가압식 라디에이터 부압 밸브가 밀착 불량이면 라디에이터가 손상되는 원인이 된다.

11 자동차용 내연기관의 기본 사이클이 아닌 것은?
① 사바테 사이클 ② 오토 사이클
③ 역 브레이튼 사이클 ④ 디젤 사이클

12 실린더 헤드를 알루미늄 합금으로 제작하는 이유는?
① 부식성이 좋기 때문이다.
② 가볍고 열전도율이 높기 때문이다.
③ 연소실 온도를 높여 체적효율을 낮출 수 있기 때문이다.
④ 주철에 비해 열팽창계수가 작기 때문이다.

13 엔진 실린더 헤드를 탈거할 때, 볼트를 올바르게 푸는 방법은?
① 바깥쪽에서 안쪽으로 향하여 대각선으로 푼다.
② 중앙에서 바깥쪽을 향하여 대각선으로 푼다.
③ 풀기 쉬운 것부터 푼다.
④ 실린더 보어를 먼저 탈거하고 실린더 헤드를 탈거한다.

14 디젤엔진의 습식 라이너(Wet Type Liner)에 대한 설명이 아닌 것은?
① 냉각수와 직접적으로 접촉하지 않는다.
② 냉각효율이 좋다.
③ 조립 시 라이너 바깥둘레에 비눗물을 바른다.
④ 실링(Sealing)이 손상되면 크랭크 케이스로 냉각수가 유입된다.

15 액화석유가스(Liquefied Petroleum Gas, LPG) 엔진에서 믹서(Mixer)의 스로틀 밸브 개도량을 감지하여 ECU로 신호를 보내는 것은?
① 대시포트
② 아이들 업 솔레노이드
③ 스로틀 포지션 센서
④ 공회전 속도 조절 밸브

16 자동차 배출가스에 속하지 않는 것은?
① 연료증발 가스 ② 블로바이 가스
③ 탄산가스 ④ 배기가스

17 EGR(Exhaust Gas Recirculation) 밸브의 구성 및 기능에 대한 설명으로 틀린 것은?
① 질소산화물(NOx)을 감소시키는 장치이다.
② 연료 증발 가스(HC)를 억제시키는 장치이다.
③ 배기가스 재순환장치를 말한다.
④ EGR 파이프, EGR 밸브, 서모 밸브로 구성된다.

18 디젤 노크(Diesel Knock) 방지 대책으로 맞는 것은?
① 압축비를 낮춘다.
② 흡기온도를 높인다.
③ 실린더 벽 온도를 낮춘다.
④ 착화 지연 기간을 늘린다.

19 디젤 엔진의 연소실 형식 중 연소실 표면적이 작아 냉각 손실이 작고, 냉시동성이 우수한 형식은 무엇인가?
① 와류실식 ② 공기실식
③ 직접분사식 ④ 예연소실식

20 기계식 디젤엔진에서 연료 분사 노즐의 구비 조건이 아닌 것은?
① 분포 ② 관통력
③ 청결 ④ 무화

21 다음 중 단위 환산이 올바른 것은?
① 1lb = 1.55kg ② 1mile = 2km
③ 9.81J = 9.81N·m ④ 1kgf·m = 1.42ft·lbf

22 내연기관에서 언더 스퀘어 엔진은 어느 것인가?
① (실린더 행정) ÷ (실린더 내경) ≤ 1
② (실린더 행정) ÷ (실린더 내경) > 1
③ (실린더 행정) ÷ (실린더 내경) < 1
④ (실린더 행정) ÷ (실린더 내경) = 1

23 4실린더 4행정 사이클 엔진에서 실린더의 지름이 100mm, 실린더 행정이 100mm이고, 엔진 회전수가 2000rpm, 지시평균 유효압력이 10kgf/cm²라면 지시마력은 몇 PS인가?
① 70　　② 75
③ 80　　④ 85

24 후륜구동(Front engine Rear wheel drive, FR) 방식 자동차에서 바퀴 또는 허브를 탈거하지 않고 액슬축을 탈거할 수 있는 방식은?
① 3/4부동식　　② 반부동식
③ 전부동식　　④ 배부동식

25 타이어의 뼈대가 되는 부분으로 튜브의 공기압에 견디면서 일정한 체적을 유지하고 하중이나 충격에 변형되면서 완충작용을 하며, 내열성 고무로 밀착시킨 구조인 것은 무엇인가?
① 카커스(Carcass)
② 트레드(Tread)
③ 브레이커(Breaker)
④ 비드(Bead)

26 현가장치의 구비조건이 아닌 것은?
① 구동력 및 제동력이 발생할 때 적당한 강성이 있어야 한다.
② 승차감 향상을 위해 상하 움직임에 대한 적당한 유연성이 있어야 한다.
③ 주행 안정성이 있어야 한다.
④ 원심력이 발생되어야 한다.

27 주행 중인 자동차에서 트램핑(Tramping) 현상 발생 원인으로 틀린 것은?
① 휠 허브 불량
② 앞 브레이크 디스크 불량
③ 파워펌프 불량
④ 타이어 불량

28 다음에서 a, b, c에 들어갈 말로 알맞은 것은?

> 애커먼 장토의 원리는 조향각도를 [a]로 하고, 선회할 때 선회하는 내측 바퀴의 조향각도가 외측 바퀴의 조향각도보다 [b] 되며, [c]의 연장선상의 한 점을 중심으로 동심원을 그리면서 선회하는 것을 말한다.

① a : 최대, b : 크게, c : 앞차축
② a : 최대, b : 크게, c : 뒷차축
③ a : 최대, b : 작게, c : 앞차축
④ a : 최소, b : 작게, c : 뒷차축

29 제어 밸브와 동력 실린더가 일체로 결합된 것으로 주로 버스, 대형트럭과 같은 대형차량에서 사용하는 동력조향장치 방식은?
① 일체형　　② 독립형
③ 분리형　　④ 조합형

30 유압식 브레이크 장치와 가장 관계있는 이론은?
① 애커먼장토의 원리
② 베르누이의 방정식
③ 뉴턴의 방정식
④ 파스칼 원리

31 브레이크액의 장점이 아닌 것은?
① 큰 점도지수　　② 강한 흡습성
③ 낮은 응고점　　④ 높은 비등점

32 스티어링 휠이 2회전할 때 피트먼 암이 120° 움직였다면 조향 기어비는 얼마인가?
① 5 : 1　　② 6 : 1
③ 6.5 : 1　　④ 10 : 1

33 변속비가 3.5이고 종감속비는 4.5일 때 총 감속비는?
① 10.5 : 1　　② 15.75 : 1
③ 20 : 1　　④ 27.5 : 1

34 클러치 디스크의 구비조건이 아닌 것은?
① 방열이 잘될 것
② 회전 부분의 밸런스가 좋을 것
③ 회전관성이 클 것
④ 동력을 신속하게 차단할 것

35 유압식 클러치 장치에서 동력 차단이 불량한 원인으로 틀린 것은?
① 유압회로 내 에어 유입
② 클러치 릴리스 실린더 불량
③ 클러치 마스터 실린더 불량
④ 클러치 페달 자유간극이 없음

36 자동변속기의 장점으로 틀린 것은?
① 진동 및 충격 흡수가 크다.
② 가속성이 높고 최고속도가 다소 낮다.
③ 기어 변속이 편리하고 엔진 스톨(Engine Stall)이 없다.
④ 토크가 커서 등판 능력이 우수하다.

37 자동변속기에서 토크컨버터 내부의 유체 슬립에 의한 손실을 최소화하기 위한 것은?
① 원웨이 클러치
② 롤러 클러치
③ 댐퍼 클러치
④ 다판 클러치

38 추진축의 자재이음은 무엇에 변화를 일으키는가?
① 회전축의 각도   ② 축의 길이
③ 회전 토크   ④ 회전속도

39 자동변속기에서 라인 압력을 근원으로 하여 항상 라인 압력보다 낮은 압력을 만드는 밸브는?
① 거버너 밸브   ② 체크 밸브
③ 리듀싱 밸브   ④ 매뉴얼 밸브

40 타이어 압력 모니터링 장치(Tire Pressure Monitoring System, TPMS)를 정비할 때 잘못된 것은?
① 타이어를 분리할 때 타이어 압력 센서가 파손되지 않게 한다.
② 타이어 압력 센서의 배터리 수명은 영구적이다.
③ 타이어 압력 센서는 공기 주입 밸브와 일체로 되어 있다.
④ 타이어 압력 센서를 장착할 수 있는 휠은 일반 휠과 다르다.

41 엔진점화장치의 점화 코일에 대한 설명 중 틀린 것은?
① 2차 코일의 유도전압이 1차 코일의 유도전압보다 낮다.
② 2차 코일의 권수가 1차 코일의 권수보다 많다.
③ 2차 코일의 저항이 2차 코일의 저항보다 크다.
④ 2차 코일의 굵기가 1차 코일의 굵기보다 가늘다.

42 전자제어 점화장치에서 점화시기 제어 순서는?
① 파워 트랜지스터 → 점화 코일 → ECU → 각종 센서
② 각종 센서 → ECU → 점화 코일 → 파워 트랜지스터
③ 파워 트랜지스터 → ECU → 각종 센서 → 점화 코일
④ 각종 센서 → ECU → 파워 트랜지스터 → 점화 코일

43 시동모터(Starting Motor)의 형식을 바르게 나열한 것은?
① 직렬식, 복렬식, 병렬식
② 직권식, 복권식, 복합식
③ 직권식, 분권식, 복권식
④ 직렬식, 병렬식, 복합식

44 파워 윈도우 타이머 제어에 대한 설명이 아닌 것은?
① IG OFF에서 파워 윈도우 릴레이를 일정시간 동안 ON한다.
② IG ON에서 파워 윈도우 릴레이를 ON한다.
③ 파워 윈도우 타이머 제어 중 전조등을 작동시키면 출력을 즉시 OFF한다
④ 키를 뺐을 때 창문이 열려 있다면 다시 키를 꽂지 않아도 일정시간 내에 창문을 닫을 수 있는 기능을 말한다.

45 엔진 정지상태에서 시동 스위치를 ON하였을 때 배터리에서 발전기로 전류가 흘렀다면, 그 원인으로 가장 적절한 것은?
① (+)다이오드 단선
② (+)다이오드 단락
③ (-)다이오드 단선
④ (-)다이오드 단락

46 배터리 전해액 비중을 측정하였더니 1.160 이었다. 이 배터리의 방전율(%)은 얼마인가?(단, 완전충전 시 비중은 1.280이고, 완전방전 시 비중은 1.060임)
① 약 40%
② 약 45%
③ 약 50%
④ 약 55%

47 엔진 플라이휠 링기어 잇수가 100개, 시동 모터 피니언 잇수가 10개, 1,300cc급 엔진의 회전저항이 5kgf·m일 때 시동 모터가 필요로 하는 최소 회전 토크는?
① 0.5kgf·m
② 0.7kgf·m
③ 0.9kgf·m
④ 1kgf·m

48 논리회로에서 AND 게이트의 출력이 1이 되는 조건은?
① 한쪽 입력이 1일 때
② 양쪽 입력이 0일 때
③ 양쪽 입력이 1일 때
④ 한쪽 입력이 0일 때

49 쿨롱의 법칙(Coulomb's Law)에서 자극의 강도에 대한 설명으로 틀린 것은?
① 거리에 반비례한다.
② 자석의 양끝을 자극이라 한다.
③ 두 자극 세기의 곱에 비례한다.
④ 자극의 세기는 자기량의 크기에 따라 다르다.

50 교류발전기의 기전력 생성에 대한 설명이 아닌 것은?
① 코일 권수가 많고 도선 길이가 길면 기전력은 커진다.
② 자극 수가 많아지면 여자되는 시간이 짧아져 기전력이 작아진다.
③ 로터 회전이 빠르면 기전력은 커진다.
④ 로터코일을 통해 흐르는 여자 전류가 크면 기전력은 커진다.

51 에어컨 장치에서 고온·고압의 기체 냉매를 냉각시켜 액화시키는 것은?
① 압축기(Compressor)
② 응축기(Condenser)
③ 팽창밸브(Expansion Valve)
④ 증발기(Evaporator)

52 에탁스(Electronic Time Alarm Control System, ETACS)에서 각각의 입출력 요소에 대한 설명으로 틀린 것은?
① INT 스위치 - 와셔 작동 여부 감지
② 핸들 록 스위치 - 키 삽입 여부 감지
③ 열선 스위치 - 열선 작동 여부 감지
④ 도어 스위치 - 도어 잠김 여부 감지

53 큰 구멍을 가공할 때 가장 먼저 해야 하는 작업은?
① 작은 치수의 구멍을 먼저 작업한다.
② 스핀들 속도를 증가시킨다.
③ 금속을 연하게 한다.
④ 강한 힘으로 작업한다.

54 연삭 작업을 할 때 지켜야 할 안전사항으로 틀린 것은?
① 숫돌과 받침대와의 간격은 3mm 이내로 유지한다.
② 숫돌의 표면이 과다하게 변형된 것은 반드시 수정한다.
③ 나무 해머로 숫돌을 가볍게 두들겼을 때 맑은 음이 들리면 정상이다.
④ 연삭기의 받침대는 숫돌차의 중심선보다 낮게 한다.

55 자동차 정비작업에 적절한 작업복 상태는?
① 가급적 소매가 넓어 편한 것
② 가급적 바지가 길고 폭이 넓지 않을 것
③ 가급적 소매가 없거나 짧은 것
④ 가급적 주머니가 많이 붙어 있는 것

56 안전·보건표지의 색채에서 화학물질 취급 장소에서 위험·유해·경고 용도로 사용되는 색채는?
① 검은색　② 빨간색
③ 노란색　④ 녹색

57 화재 분류 기준 중 휘발유로 인해 발생한 화재는 몇 급 화재인가?
① A급 화재　② B급 화재
③ C급 화재　④ D급 화재

58 윤중(Wheel Load)에 대한 정의로 옳은 것은?
① 자동차가 수평상태일 때 공차 중량이 4개 바퀴에 수직으로 걸리는 중량
② 자동차가 수평상태일 때 차량 총 중량이 2개 바퀴에 수직으로 걸리는 중량
③ 자동차가 수평상태일 때 차량 중량이 1개 바퀴에 수평으로 걸리는 중량
④ 자동차가 수평상태일 때 1개 바퀴가 수직으로 지면을 누르는 중량

59 자동차의 전면에 안개등을 설치할 경우 적용되는 기준으로 틀린 것은?
① 후미등이 점등된 상태에서 전조등과 연동하여 점등 또는 소등할 수 있는 구조일 것
② 등광색은 황색 또는 백색으로 할 것
③ 등화의 중심점은 자동차 중심선을 기준으로 좌우가 대칭이 되도록 할 것
④ 안개등을 비추는 방향은 전면 진행 방향을 향할 것

60 압축공기 및 공기압축기 취급에 대한 안전사항이 아닌 것은?
① 전선 및 터미널 등에 접촉할 경우 감전 위험이 크므로 주의한다.
② 공기압축기, 공기 탱크, 관 내부의 압축공기를 완전히 배출한 후 분해한다.
③ 주기적으로 공기 탱크에 고여 있는 수분을 제거한다.
④ 작업 중 작업자의 땀을 식히기 위해 압축공기를 호흡하면 작업효율이 높아진다.

제2회 CBT 실전모의고사 정답 및 해설

1	③	2	③	3	①	4	①	5	②	6	①	7	②	8	②
9	③	10	①	11	③	12	②	13	①	14	①	15	③	16	③
17	②	18	②	19	③	20	③	21	③	22	②	23	①	24	①
25	①	26	④	27	③	28	②	29	④	30	④	31	②	32	②
33	②	34	③	35	④	36	②	37	③	38	①	39	③	40	②
41	①	42	④	43	②	44	③	45	②	46	④	47	①	48	③
49	①	50	②	51	②	52	①	53	①	54	④	55	②	56	②
57	②	58	④	59	①	60	④								

1 ③
- 과소한 냉각수
- ※ 참고
- 엔진이 과열된다는 것은 통상적으로 냉각이 잘 안 된다는 뜻이겠죠? 혹은 비정상적인 연소로 연소열이 과하게 높아도 냉각 성능이 못 따라가 엔진이 과열될 수 있습니다.

2 ③

3 ①
- 연료공기 혼합비를 최적 제어하여 유해 배출가스가 감소한다.

4 ①
- 피에조 하면 압력입니다. 따라서 압력 측정과 관련된 센서를 고르면 되겠죠?

5 ②
- 출력전압의 범위는 약 0~5V이다.

6 ①
- 휠 스피드 센서는 ABS ECU, ECS ECU로 입력되는 센서입니다.

7 ②
문제에 연료소비율 단위가 g/PS·h로 제시되어 있죠?
문제에 PS와 h는 주어졌으므로 g(연료의 질량)만 구하면 됩니다.
문제에 연료의 밀도가 없고 연료의 비중과 체적(ℓ)만 제시되어 있기 때문에 먼저 연료의 밀도를 구해야 합니다.

어떤 물질의 비중 =

$$\frac{\text{어떤 물질의 밀도}}{\text{어떤 물질과 동일한 체적을 가진 4℃상태의 물의 밀도}}$$

문제에 질량의 단위가 g, 체적의 단위가 ℓ로 주어졌으므로 밀도는 g/ℓ 기준으로 구하면 되겠죠?
4℃ 상태의 물의 밀도는 표준물질로서 1kg/ℓ 인데 1kg = 1000g이므로 1000g/ℓ 이 됩니다.
연료의 밀도 = 연료의 비중 × 1000g/ℓ,
= 0.9 × 1000g/ℓ = 900g/ℓ 이므로
연료의 밀도는 900g/ℓ 입니다.
그럼, 연료의 질량을 구해봅시다.
질량[g] = 밀도[g/ℓ] × 체적[ℓ]이죠?
연료의 질량 = 연료의 밀도 × 연료의 체적

$$= (900\frac{g}{l}) \times 330l = 297{,}000g$$

따라서, 연료의 질량은 297,000g입니다.
다시 문제로 돌아가 보면 '140PS 엔진이 24시간동안'이라고 적혀 있는데,
이는 곧 140PS 엔진이 24시간 동안 행한 일 에너지를 구하라는 뜻입니다.
140PS × 24h = 3360 PS·h

$$\text{연료소비율(g/PS·h)} = \frac{297{,}000g}{3360PS·h} \approx 88g/PS·h$$

8 ②

지시 열효율(%)
= 100 - (냉각 손실 + 배기 및 복사에 의한 열 손실)
= 100 - (30 + 35) = 35%
제동 열효율(%) = (지시 열효율×기계 효율)×100
= 0.35 × 0.8 × 100 = 28%

※ 참고
기계 효율(%) = (제동 열효율÷지시 열효율)×100

9 ③

- 초속 1m/s는 시속 3.6km/h와 같다.
- 1kW는 102kgf·m/s의 일률이다.
- 1PS는 75kgf·m/s의 일률이다.

※ 참고

$$1m/s = \frac{1m}{1s} = \frac{\frac{1}{1000}km}{\frac{1}{3600}h} = 3.6km/h$$

10 ①

- 엔진오일은 일정 주행거리마다 교환한다.
- 2행정 사이클 엔진의 인젝션 펌프 회전속도는 크랭크축 회전속도와 같다.
- 가압식 라디에이터 부압 밸브가 열리지 않으면 라디에이터가 손상되는 원인이 된다.

11 ③

- 사바테 사이클 : 열기관에 적용
- 오토 사이클 : 열기관에 적용
- 역 브레이튼 사이클 : 냉동기관에 적용(냉동 사이클)
- 디젤 사이클 : 열기관에 적용

12 ②

- 부식성이 적기 때문이다.
- 연소실 온도를 낮춰 체적효율을 높일 수 있기 때문이다.
- 주철에 비해 열팽창계수가 크기 때문이다.

13 ①

- 실린더 헤드 뿐만 아니라 넓은 면적으로 된 부품 또는 어떤 샤프트를 탈거할 때는 부품의 변형이나 파손을 방지하기 위해 탈거할 때는 바깥쪽에서 안쪽으로 대각선 방향으로 하여 지그재그로 골고루 풀어줍니다. 반대로 조립할 때는 안쪽에서 바깥쪽으로 대각선 방향으로 하여 지그재그로 골고루 조여줍니다.

14 ①

- 냉각수와 직접적으로 접촉하지 않는다. : 건식 라이너(Dry Type Liner)에 대한 설명

15 ③

16 ③

- '배출가스'와 '배기가스'를 구분해서 쓰는 문제가 종종 있습니다. 그럴 때 배출가스는 자동차 및 엔진에서 발생하는 모든 가스, 배기가스는 배기관을 통해 나오는 가스를 말합니다.

17 ②

- 연료 증발 가스(HC)를 억제시키는 장치이다. : 차콜 캐니스터 및 퍼지 컨트롤 솔레노이드 밸브(PCSV)의 기능에 대한 설명

18 ②

- 압축비를 높인다.
- 실린더 벽 온도를 높인다.
- 착화 지연 기간을 줄인다.

19 ③

20 ③

- 연료 분사 노즐의 구비조건 3가지 : 무화, 관통력, 분포

21 ③

- 1lb = 0.45kg
- 1mile = 1.6km
- 1kgf·m = 7.2ft·lbf

22 ②

- (실린더 행정) ÷ (실린더 내경) > 1 : 장행정 엔진(언더 스퀘어 엔진)
- (실린더 행정) ÷ (실린더 내경) < 1 : 단행정 엔진(오버 스퀘어 엔진)
- (실린더 행정) ÷ (실린더 내경) = 1 : 정방형 엔진(스퀘어 엔진)

23 ①

출력 = 상수 × 토크 × 회전수
비토크(Specific Torque) = 토크 ÷ 총 배기량 = 평균유효압력
출력 = 상수×토크×회전수
   = 상수×비토크×총 배기량×회전수
   = 상수×평균유효압력×총 배기량×회전수

$$I_{PS} = \frac{imep \times \left(\frac{\pi d^2}{4} \times l \times n\right) \times N}{75 \times 100 \times 60 \times n_R}$$

(여기서, I_{PS} : 지시마력(PS), $imep$: 지시평균 유효압력(kgf/cm²), d : 실린더 지름(cm), ℓ : 실린더 행정(cm), n : 실린더 수, N : 엔진 회전수(rpm), n_R : 상수(4행정 = 2, 2행정 = 1), 1/75 : 상수(1kgf·m/sec = 1/75PS), 1/60 : 상수(1rps = 1/60rpm), 1/100 : 상수(1kgf·cm/sec=1/100kgf·m/sec), $\frac{\pi d^2}{4} \times l \times n$: 총 배기량

4행정 사이클 엔진은 크랭크축 2회전당 동력행정이 1회 발생하므로 2를 나눠줘야 합니다.
이 문제에서는 4행정 사이클 엔진이므로 n_R = 2가 됩니다.
만약 2행정 사이클 엔진이면 크랭크축 1회전 당 동력행정이 1회 발생하므로 n_R = 1이 되겠죠?
따라서,

$$I_{PS} = \frac{imep \times \left(\frac{\pi d^2}{4} \times l \times n\right) \times N}{75 \times 100 \times 60 \times n_R}$$

$$= \frac{10kgf/cm^2 \times \left(\frac{3.14 \times (10cm)^2}{4} \times 10cm \times 4\right) \times 2000rpm}{75 \times 100 \times 60 \times 2}$$

$$\approx \frac{5233kgf \cdot m/\sec}{75} \approx 70PS$$

24 ③

- 액슬축 고정방식 : 전부동식, 반부동식, 3/4부동식
- 피스톤 핀 고정방식 : 전부동식, 반부동식, 고정식

25 ①

- 카커스(Carcass) : 타이어의 뼈대가 되는 부분
- 트레드(Tread) : 노면과 직접적으로 접촉하는 부분
- 브레이커(Breaker) : 트레드와 카커스의 중간에 위치한 코드 벨트
- 비드(Bead) : 카커스 코드 벨트의 양단이 감기는 철선

26 ④

- 원심력이 발생하면 안 된다.

27 ③

- 트램핑(Tramping) 현상 : 타이어의 상하 진동 현상으로, 바퀴의 정적 평형을 변화시킬 수 있는 부품들은 모두 트램핑 현상과 관계가 있습니다.

28 ②

29 ④

30 ④

- '유압' 하면 파스칼입니다. 베르누이와 혼동하지 마세요.

31 ②
- 흡습성이란 수분을 흡수하는 성질을 말합니다. 알코올 성분이 수분을 흡수하면 비등점 낮아지기 때문에 빨리 끓습니다. 그러면 베이퍼 록(Vapor Lock) 현상 등이 발생하여 브레이크 장치에 치명적일 수 있습니다.

32 ②

$$\text{조향 기어비} = \frac{\text{스티어링 휠이 움직인 각도(°)}}{\text{피트먼 암이 움직인 각도(°)}}$$

따라서, 1회전은 360°이기 때문에

$$\frac{360° \times 2\text{회전}}{120°} = \frac{720°}{120°} = 6$$

33 ②
총감속비 구하는 공식입니다.

$$R_{tot} = R_t \times R_F$$

(여기서, R_{tot} : 총감속비, R_T : 변속비, R_F : 종감속비)

따라서, $R_{tot} = R_T \times R_F = 3.5 \times 4.5 = 15.75$

34 ③
- 회전관성이 작을 것

※ 참고
- 회전 관성이 크면 동력 차단 후 곧바로 다시 동력을 전달할 때 클러치 접촉 충격이 커져서 클러치 디스크의 변형 및 마멸을 초래할 수 있습니다.

35 ④
- 클러치 페달 자유간극이 큼

36 ②

37 ③
- 댐퍼 클러치라는 말이 나오면 '유체 슬립 최소화'와 '직결'입니다.

38 ①
- 자재이음 : 각도 변화
- 슬립이음 : 길이 변화

39 ③
- 거버너 밸브 : 차속에 맞는 오일 압력 형성
- 체크밸브 : 잔압 유지, 역류 방지
- 매뉴얼 밸브 : 변속 레버에 의해 작동되는 수동용 밸브로 각 라인에 오일 압력 유도

40 ②
- 타이어 압력 센서의 배터리 수명은 반영구적이다.

41 ①
- 2차 코일의 유도전압이 1차 코일의 유도전압 보다 높다.

42 ④

43 ③
- 직권식 : 전기자 코일과 계자 코일이 직렬 연결
- 분권식 : 전기자 코일과 계자 코일이 병렬 연결
- 복권식 : 전기자 코일과 계자 코일이 직·병렬 연결

44 ③
- 차에서 키를 뽑아도 얼마 동안은 창문 스위치를 눌렀을 때 창문이 작동하죠? 바로 이것이 파워 윈도우 타이머 제어입니다. 따라서, 전조등과 파워 윈도우는 전혀 상관이 없습니다.

45 ②

46 ④
방전율(%) 구하는 공식입니다.

방전율(%) = (완전충전 비중 - 측정 비중) ÷ (완전충전 비중 - 완전방전 비중) × 100

따라서, $\dfrac{\text{완전충전 비중} - \text{측정 비중}}{\text{완전충전 비중} - \text{완전방전 비중}} \times 100$

$= \dfrac{1.280 - 1.160}{1.280 - 1.060} \times 100 \approx 55\%$

47 ①

감속비 = 링기어 잇수÷구동 피니언 잇수입니다.
엔진 부하 토크(회전저항)가 일정할 때 감속비가 커지면 그만큼 시동 모터의 회전수는 낮아지고 토크는 커질 수 있으므로 시동 모터가 필요로 하는 회전 토크는 감소하게 됩니다.
즉, 엔진 부하 토크가 일정할 때 시동 모터가 필요로 하는 회전 토크와 감속비는 반비례 관계입니다.

$$T_m = \frac{T_e}{R_R} = \frac{T_e}{\frac{1}{\frac{G_r}{G_p}}} = \frac{T_e \times G_p}{G_r}$$

(여기서, T_m : 시동 모터가 필요로 하는 회전 토크(kgf·m), T_e : 엔진 부하 토크(kgf·m), R_R : 감속비, G_r : 링기어 잇수, G_p : 구동 피니언 잇수)
따라서,

$$T_m = \frac{T_e \times G_p}{G_r} = \frac{5 kgf \cdot m \times 10}{100} = 0.5 kgf \cdot m$$

48 ③

- 한쪽 입력이 1일 때 : $1 \times 0 = 0$ 또는 $0 \times 1 = 0$
- 양쪽 입력이 0일 때 : $0 \times 0 = 0$
- 양쪽 입력이 1일 때 : $1 \times 1 = 1$
- 한쪽 입력이 0일 때 : $1 \times 0 = 0$ 또는 $0 \times 1 = 0$

49 ①

- 거리의 제곱에 반비례한다.
- ※ 쿨롱의 법칙

$$f = \frac{m_1 \times m_2}{4\pi \times \mu_0 \times \mu_s \times r^2}$$

(여기서, f : 자극의 강도, m_1, m_2 : 자극의 세기, μ_0 : 자기량(진공투자율), μ_s : 자기량(비투자율), r : 자극간의 거리)

50 ②

- 자극 수가 많아지면 여자되는 시간이 길어져 기전력이 커진다.

51 ②

- 압축기(Compressor) : 증발기에서 받은 기체 냉매를 고온·고압의 기체로 변환
- 응축기(Condenser) : 냉각팬 및 차량 외부 공기로 고온·고압의 기체 냉매를 냉각·응축하여 고온·고압의 액체 냉매로 변환
- 건조기(Receiver Dryer) : 액체 냉매를 팽창 밸브로 보내는 역할
- 팽창밸브(Expansion Valve) : 고온·고압의 액체 냉매를 급격히 팽창시켜 저온·저압의 기체 냉매로 변환
- 증발기(Evaporator) : 주위에서 열을 흡수하여 기체 냉매로 변환
- ※ 냉매 순환 경로 : 압축기 → 응축기 → 건조기 → 팽창 밸브 → 증발기

52 ①

- INT 스위치 - 운전자가 조작한 볼륨 감지

53 ①

- 이런 문제는 보기가 다 맞는 것 같아서 많이 혼동됩니다. 문제에 구멍을 뚫는다는 말이 나오니 보기에서도 구멍 뚫는 것과 관계되는 것을 고르면 되겠죠?

54 ④

- 연삭기의 받침대는 숫돌차의 중심선과 같게 한다.

55 ②

- 가급적 소매가 길면서 폭이 넓지 않은 것
- 가급적 주머니가 없거나 적은 것
- ※ 참고
자동차를 정비할 때는 몸을 보호하기 위해 긴팔, 긴바지를 입어야 합니다.
그러나 드릴, 밀링, 선반작업 등과 같이 어떤 물체가 회전하는 작업들은 소매가 길면 말려들어갈 수 있기 때문에 오히려 부적절하겠죠? 그래서 보기 ②, ③이 은근히 혼동될 수 있습니다.

56 ②

색채	용도	표시 장소
빨간색 (적색)	경고	화학물질 취급장소에서의 유해·위험 경고
	금지	정지신호, 소화설비 및 그 장소, 유해행위의 금지
노란색	경고	화학물질 취급장소에서의 유해·위험 경고 이외의 위험 경고, 주의표지 또는 기계방호
파란색 (청색)	지시	특정행위의 지시 및 사실의 고지
초록색 (녹색)	안내	비상구 및 피난소, 사람 또는 차량의 통행표
백색 (흰색)		파란색 또는 녹색에 대한 보조색
검은색 (흑색)		문자 및 빨간색 또는 노란색에 대한 보조색
보라색 (자주색)		방사능 등의 표시에 사용

57 ②

A급 화재	일반 화재(목재, 종이, 천 등 고체 가연물 화재)
B급 화재	기름 화재(휘발유, 벤젠 등 유류 화재)
C급 화재	전기 화재
D급 화재	금속 화재

58 ④

59 ①

- 후미등이 점등된 상태에서 전조등과 연동하여 점등 또는 소등할 수 없는 구조일 것

60 ④

제3회 CBT 실전모의고사

1 엔진 실린더 내부에서 실제로 발생한 마력을 무엇이라 하는가?
① 정격마력 ② 경제마력
③ 도시마력 ④ 제동마력

2 다음 중 단위 환산으로 틀린 것은?
① -40°F = -40℃ ② 1Nm = 1J
③ 1.42psi = 1kgf/cm² ④ 0K = -273℃

3 4행정 사이클 엔진 대비 2행정 사이클 엔진의 장점은?
① 연료소비율이 적다.
② 엔진오일 소비량이 적다.
③ 단위체적당 출력이 크다.
④ 각 행정의 작동이 확실하여 효율이 좋다.

4 피스톤의 평균속도를 올리지 않으면서 엔진 회전수를 높이고 단위 체적당 출력을 크게 할 수 있는 엔진은?
① 단행정 엔진
② 장행정 엔진
③ 정방형 엔진
④ 고속형 엔진

5 크랭크축 저널베어링의 구비조건이 아닌 것은?
① 피로성이 있을 것
② 하중 부담 능력이 있을 것
③ 내식성이 있을 것
④ 매입성이 있을 것

6 DOHC 엔진의 특징이 아닌 것은?
① 구조가 간단하고 가격이 저렴하다.
② 연소 효율이 높다.
③ 흡입효율이 향상된다.
④ 허용 최고 회전수가 향상된다.

7 피스톤의 구비조건이 아닌 것은?
① 고온강도가 높아야 한다.
② 무게가 작아야 한다.
③ 열팽창계수가 커야 한다.
④ 내마모성이 좋아야 한다.

8 커넥팅로드의 길이가 200mm, 피스톤의 행정이 100mm라면, 커넥팅로드의 길이는 크랭크 회전 반경의 몇 배가 되는가?
① 1.5배 ② 3배
③ 3.5배 ④ 4배

9 흡기다기관의 진공시험 결과 진공 게이지의 바늘이 20~40cmHg 사이에 정지되었다. 가장 올바른 분석은?
① 엔진이 정상이다.
② 밸브 타이밍이 맞지 않는다.
③ 밸브가 소손되었다.
④ 피스톤링이 마멸되었다.

10 엔진이 과열하는 원인이 아닌 것은?
① 냉각수 흐름 저항 감소
② 엔진 과부하
③ 냉각수 내 이물질 유입
④ 냉각 팬 고장

11 자동차 부동액으로 사용되는 화합물로 응고점이 -50℃, 비등점이 197.2℃인 글리콜(Glycol)류 화합물은?
① 에탄올 ② 메탄올
③ 글리세린 ④ 에틸렌글리콜

12 윤활유 역할이 아닌 것은?
① 팽창작용 ② 방청작용
③ 밀봉작용 ④ 냉각작용

13 전자제어 가솔린 엔진에서 엔진 정지 후 연료 라인 압력이 급격히 저하되는 원인으로 가장 적절한 것은?
① 연료 펌프의 릴리프 밸브가 불량할 때
② 연료 리턴 파이프가 막혔을 때
③ 연료 펌프의 체크 밸브가 고장 났을 때
④ 연료 필터가 막혔을 때

14 가솔린 노킹(Gasoline Knocking) 방지 대책으로 틀린 것은?
① 냉각수 온도를 낮춘다.
② 화염 전파 속도를 빠르게 한다.
③ 혼합가스의 와류를 방지한다.
④ 옥탄가가 높은 연료를 사용한다.

15 다음 조건에서 밸브 오버랩(Over Lap) 각도는 얼마인가?

흡기밸브	배기밸브
• 열림 : BTDC 17°	• 열림 : BBDC 53°
• 닫힘 : ABDC 45°	• 닫힘 : ATDC 14°

① 25° ② 27°
③ 29° ④ 31°

16 연료온도가 높아져서 외부에서 불꽃을 가까이 하지 않아도 자연발화하는 최저 온도를 무엇이라 하는가?
① 연소점 ② 착화점
③ 인화점 ④ 비등점

17 기계식 연료분사장치에 비하여 전자제어 연료분사장치의 특징이 아닌 것은?
① 연비가 좋아진다.
② 유해 배기가스 배출이 감소한다.
③ 공기 흐름에 따른 관성 질량이 커서 응답성이 향상된다.
④ 구조가 복잡하고 가격이 비싸다.

18 흡기 라인에 설치되어 칼만 와류(Kar-man Vortex) 현상을 이용하여 흡입 공기량을 직접 계측하는 장치는?
① 대기압 센서
② 공기 유량 센서
③ 스로틀 포지션 센서
④ 흡기 온도 센서

19 전자제어 점화장치에서 전자제어모듈(Electronic Control Module, ECM)에 입력되는 신호가 아닌 것은?
① 냉각 수온 센서
② 엔진오일 압력센서
③ 맵 센서
④ 크랭크각 센서

20 액화석유가스(Liquefied Petroleum Gas, LPG)의 특징 중 틀린 것은?
① 기체 상태의 비중은 1.5~2.0
② 액체 상태의 비중은 0.5
③ 공기보다 가벼움
④ 무색, 무취

21 블로 다운(Blow Down) 현상에 관한 설명 중 옳은 것은?
① 흡·배기 밸브가 동시에 열려 배기 잔류가스를 배출시키는 현상
② 배기행정 시 배압(Back Pressure)에 의해 배기 밸브를 통해서 배기가스가 배출되는 현상
③ 밸브 시트와 밸브 사이에서 가스가 누출되는 현상
④ 압축행정 시 피스톤 간극에서 혼합기가 누출되는 현상

22 디젤엔진의 연소실 형식이 아닌 것은?
① 예연소실식
② 직접분사식
③ 연료실식
④ 와류실식

23 클러치 디스크의 런 아웃(Run Out)이 클 때 발생하는 현상으로 가장 적합한 것은?
① 클러치 페달 유격이 변함
② 클러치 스프링 파손
③ 클러치 단속 불량
④ 주행 중 소음 발생

24 수동변속기에서 기어를 변속할 때 기어의 이중 물림을 방지하는 것은?
① 오버드라이브
② 록킹 볼(Locking Ball)
③ 파킹 브레이크
④ 인터록(Interlock)

25 유성기어 조립체에서 선기어(Sun Gear), 캐리어, 링기어의 3요소 중 2요소를 입력요소로 하면 동력 전달은 어떻게 되는가?
① 직결
② 감속
③ 증속
④ 역전

26 스톨 테스트 방법으로 틀린 것은?
① 브레이크 페달은 밟지 않고 주차 브레이크만 작동한 후 실시한다.
② 주차 브레이크를 작동한 후 브레이크 페달을 밟고 전진 기어를 넣은 다음 실시한다.
③ 주차 브레이크를 작동한 후 브레이크 페달을 밟고 후진 기어를 넣은 다음 실시한다.
④ 바퀴에 고임목을 받치고 실시한다.

27 추진축이 진동하는 원인으로 가장 거리가 먼 것은?
① 밸런스 웨이트가 떨어진 경우
② 플랜지부를 과도하게 조인 경우
③ 중간 베어링이 마모된 경우
④ 요크 방향이 다를 경우

28 종감속장치에 사용하는 하이포이드 기어(Hypoid Gear)의 장점으로 틀린 것은?
① 기어의 접촉 면적이 커져서 강도를 향상시킨다.
② 기어 이빨의 접촉율이 크기 때문에 회전이 정숙해진다.
③ 기어의 편심으로 차체의 전고가 높아진다.
④ 추진축의 높이를 낮출 수 있어 차체의 중심이 낮아져 안정성이 향상된다.

29 타이어의 구성요소 중 노면과 직접 접촉하는 부분은?
① 카커스
② 트레드
③ 숄더
④ 비드

30 마스터 실린더 푸시로드에 작용하는 힘이 150kgf이고 피스톤 단면적이 5cm²일 때 마스터 실린더에서 발생하는 유압은?
① 30kgf/cm²
② 40kgf/cm²
③ 50kgf/cm²
④ 60kgf/cm²

31 현가장치에 사용하는 토션 바 스프링(Torsion Bar Spring)에 대한 설명 중 틀린 것은?
① 진동의 감쇠작용이 없어 쇽업쇼버를 같이 사용한다.
② 구조가 간단하고 가로 또는 세로로 설치가 자유롭다.
③ 스프링 힘은 바의 길이 및 단면적에 반비례한다.
④ 다른 스프링에 비해 단위 중량당 에너지 흡수율이 크며 가볍고 구조가 간단하다.

32 주행 중 고속으로 선회했을 때 차체가 기울어지는 것을 방지하는 기구는?
① 타이어
② 스태빌라이저
③ 타이로드 엔드
④ 프로포셔닝 밸브

33 전자제어 현가장치(Electronic Suspen-sion System, ECS)의 제어 기능이 아닌 것은?
① 안티 다이브(Anti-dive)
② 안티 스쿼트(Anti-squat)
③ 안티 스키드(Anti-skid)
④ 안티 롤(Anti-roll)

34 주행 중 제동 시 조향 핸들이 한쪽으로 쏠리는 원인이 아닌 것은?
① 좌우 타이어의 공기압이 다르다.
② 휠 얼라이먼트가 불량하다.
③ 마스터실린더의 체크 밸브 작동이 불량하다.
④ 좌우 브레이크 라이닝의 간극이 불량하다.

35 유압식 동력조향장치의 구성 부품이 아닌 것은?
① 오일펌프
② 브레이크 스위치
③ 압력 스위치
④ 조향 기어 박스

36 전자제어 동력조향장치(Electronic Power Steering system, EPS)에서 컨트롤 유닛(control unit)의 입력요소에 해당하는 것은?
① 흡기 온도 센서
② 브레이크 스위치
③ 차속 센서
④ 휠 스피드 센서

37 브레이크 장치에 대한 설명 중 틀린 것은?
① 공기식 브레이크 방식에서 제동력을 크게 하기 위해서는 언로더 밸브를 조절해야 한다.
② 마스터 실린더의 푸시로드 길이를 늘이면 라이닝 간극이 커져서 브레이크가 잘 풀린다.
③ 브레이크 페달의 리턴스프링 장력이 약해지면 브레이크 슈 복귀가 지연된다.
④ 브레이크를 반복적으로 작동할 때 드럼과 슈에 마찰열이 누적되어 제동력이 감소하는 것을 페이드 현상이라 한다.

38 최대출력이 70PS인 자동차가 주행 중일 때 변속기 출력축의 회전수가 4,400rpm, 종감속비가 2.2라면, 뒤 액슬의 회전수는 몇 rpm인가?
① 1,500rpm
② 2,000rpm
③ 2,500rpm
④ 3,500rpm

39 제동등 회로에서 12V 배터리에 12W의 전구 2개가 연결되어 점등된 상태라면 합성 저항은?
① 2Ω
② 3Ω
③ 4Ω
④ 6Ω

40 콘덴서(Condenser)의 정전용량(Capacitance)에 대한 설명으로 옳지 않은 것은?
① 금속판 사이 절연물의 절연도에 정비례한다.
② 금속판 사이의 거리에 정비례한다.
③ 가해지는 전압에 정비례한다.
④ 반대편 금속판의 면적에 정비례한다.

41 다음과 같이 LED 테스트 램프를 이용하여 릴레이 회로의 각 단자(30, 87, 86, 85)를 점검하였을 때 LED 테스트 램프의 작동이 틀린 것은?(단, LED 테스트 램프의 접지는 차체 접지이다)

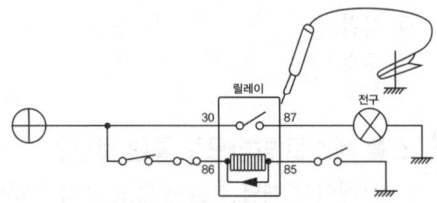

① 30 단자는 점등된다.
② 87 단자는 점등되지 않는다.
③ 86 단자는 점등된다.
④ 85 단자는 점등되지 않는다.

42 힘을 받으면 기전력이 발생하는 반도체 효과는?
① 펠티어효과
② 제백효과
③ 홀효과
④ 피에조효과

43 논리회로에서 OR + NOT 회로에 대한 출력의 진리값으로 옳지 않은 것은?(단, 입력 : A, B, 출력 : C)
① A가 0이고, B가 0이면 C는 0이다.
② A가 1이고, B가 0이면 C는 0이다.
③ A가 0이고, B가 1이면 C는 0이다.
④ A가 1이고, B가 1이면 C는 0이다.

44 자동차에서 배터리의 역할이 아닌 것은?
① 차콜 캐니스터의 작동 전원을 공급한다.
② 기동장치의 전기적 부하를 담당한다.
③ 주행상태에 따른 발전기의 출력과 부하와의 불균형을 조정한다.
④ 컴퓨터를 작동시킬 전원을 공급한다.

45 용량과 전압이 동일한 배터리 2개를 직렬로 연결했을 때의 설명으로 옳은 것은?
① 전압이 2배로 증가한다.
② 용량은 2배로 증가하지만 전압은 같다.
③ 용량은 배터리 2배와 같다.
④ 용량과 전압 모두 2배로 증가한다.

46 '유도기전력은 코일 내 자속의 변화를 방해하는 방향으로 생긴다'는 현상을 설명한 법칙은?
① 뉴튼의 제1법칙
② 키르히호프 제1법칙
③ 앙페르의 법칙
④ 렌쯔의 법칙

47 시동 모터(Starting Motor)가 엔진에 장착된 상태에서 크랭킹 시 시동 모터에 흐르는 전류와 시동 모터의 회전수를 점검하는 시험은?
① 단락시험　② 부하시험
③ 접지시험　④ 단선시험

48 자동차에서 발전기를 구동하는 축은?
① 크랭크축　② 캠축
③ 차축　④ 푸시로드

49 40℃에서 배터리 비중을 측정하였더니 1.272이었다. 표준온도 20℃ 에서 비중은 얼마인가?
① 1.265　② 1.272
③ 1.286　④ 1.293

50 에어백 장치를 정비할 때 올바르지 못한 행동은?
① 배터리 전원을 차단하고 일정 시간이 경과한 후에 정비를 시작한다.
② 인플레이터(Inflater)의 저항은 절대 측정하지 않는다.
③ 조향 휠을 탈거할 때는 에어백 모듈 인플레이터(Inflater) 단자를 반드시 분리한다.
④ 조향 휠을 장착할 때는 클럭 스프링의 중립 위치를 확인한다.

51 배터리가 자동차에 설치된 상태에서 급속충전할 때 주의사항이 아닌 것은?
① 전해액 온도가 약 45℃를 넘지 않도록 한다.
② 배터리 (+), (-)케이블을 확실히 고정한 후 충전한다.
③ 벤트플러그를 모두 열어 놓는다.
④ 배터리 근처에 화기를 접근시키지 않는다.

52 안전 · 보건표지에서 아래 그림이 나타내는 표시는?

① 탑승금지　② 출입금지
③ 사용금지　④ 보행금지

53 안전 · 보건표지의 색채가 잘못된 것은?
① 자주색 - 안전지도
② 녹색 - 피난, 안전, 보호
③ 노란색 - 주의, 경고
④ 청색 - 수리 중, 지시, 유도

54 화물자동차 및 특수자동차의 차량 총 중량은 몇 톤을 초과해서는 안 되는가?
① 10톤　② 20톤
③ 30톤　④ 40톤

55 감전사고 위험이 큰 곳에 전기를 차단하여 수선을 점검할 때 조치해야 할 사항과 관계없는 것은?
① 위험에 대한 방지 장치를 설치한다.
② 필요한 곳에 통전 금지 기간에 관한 사항을 표기한다.
③ 스위치 박스에 통전 장치를 설치한다.
④ 스위치에 안전장치를 설치한다.

56 정비용 기계의 검사·수리·유지에 관한 내용이 아닌 것은?
① 동력차단장치는 작업자 가까이에 설치한다.
② 동력기계에 급유할 때는 기계를 서행한다.
③ 청소할 때는 기계를 정지한다.
④ 동력기계 이동장치에는 동력차단장치를 설치한다.

57 줄 작업에서 줄에 손잡이를 끼우고 사용하는 이유는?
① 중량을 높이기 위해
② 사용자의 손을 보호하기 위해
③ 보관을 편리하게 하기 위해
④ 평형을 유지하기 위해

58 인력으로 중량물을 운반하는 과정에서 발생할 수 있는 재해 유형이 아닌 것은?
① 충돌 ② 요통
③ 급성중독 ④ 협착(압상)

59 안전사고율 중 빈도율(도수율) 공식은?
① (사고 건수 ÷ 연 근로시간 수) × 1000000
② (노동 손실 일수 ÷ 노동 총 시간 수) × 1000
③ (사고 건수 ÷ 노동 총 시간 수) × 1000
④ (연간 사상자 수 ÷ 평균 근로자 수) × 1000

60 산업체에서 안전수칙을 준수하였을 때의 이점으로 틀린 것은?
① 회사 내 질서가 유지된다.
② 인간관계가 개선된다.
③ 기업의 투자 경비가 늘어난다.
④ 직장 신뢰도를 높여준다.

제3회 CBT 실전모의고사 정답 및 해설

1	③	2	③	3	③	4	①	5	①	6	①	7	③	8	④
9	②	10	①	11	④	12	①	13	③	14	③	15	④	16	②
17	③	18	②	19	②	20	③	21	②	22	③	23	③	24	④
25	①	26	①	27	②	28	③	29	②	30	①	31	③	32	②
33	③	34	③	35	②	36	③	37	②	38	②	39	④	40	②
41	④	42	④	43	①	44	①	45	①	46	④	47	②	48	①
49	③	50	③	51	②	52	④	53	①	54	④	55	③	56	②
57	②	58	③	59	①	60	③								

1 ③
- 정격마력 : 정해진 운전 조건에서 일정 시간의 운전을 보증하는 엔진 마력
- 경제마력 : 연료효율이 가장 좋은 상태일 때의 엔진 마력
- 도시마력 : 지시마력을 말한다.
- 제동마력 : 정미마력을 말하며 엔진이 실제로 외부에 출력하는 마력(도시마력_net - 손실마력)

2 ③
- 14.2psi = 1kgf/cm²

3 ③
- 연료소비율이 적다. : 4행정 사이클 엔진의 장점
- 엔진오일 소비량이 적다. : 4행정 사이클 엔진의 장점
- 각 행정의 작동이 확실하여 효율이 좋다. : 4행정 사이클 엔진의 장점

4 ①
- 단행정 엔진 = 오버 스퀘어 엔진, 스트로크(S) < 보어(B), S/B 비 < 1
- 장행정 엔진 = 언더 스퀘어 엔진, 스트로크(S) > 보어(B), S/B 비 > 1
- 정방형 엔진 = 스퀘어 엔진, 스트로크(S) = 보어(B), S/B 비 = 1

5 ①
- 내피로성이 있을 것

6 ①
- 구조가 복잡하고 가격이 비싸다.

7 ③
- 열팽창계수가 작아야 한다.

8 ④

커넥팅로드의 길이를 구하는 공식을 응용하면 됩니다.

$$l_{con.} = \frac{(Ratio_{crank}) \times L}{2},$$

$$Ratio_{crank} = \frac{2 \times l_{con.}}{L} = \frac{2 \times l_{con.}}{2 \times a} = \frac{l_{con.}}{a}$$

(여기서, $l_{con.}$: 커넥팅로드 길이(mm), : 크랭크 회전 반경 비율, L : 피스톤 행정(mm), $2 \times a$: 피스톤 행정(mm), a : 크랭크 회전 반경(mm))

따라서, $Ratio_{crank} = \dfrac{2 \times l_{con.}}{L}$

$= \dfrac{2 \times 200mm}{100mm} = 4$

9 ②
- 엔진이 정상이다. : 45~50cmHg 사이에 정지하거나 조용히 움직인다.
- 밸브가 소손되었다. : 정상보다 5~10cmHg 정도 낮다.

- 피스톤링이 마멸되었다. : 정상보다 다소 낮은 30~40cmHg를 나타낸다.

10 ①
- 냉각수 흐름 저항 증가

11 ④

12 ①
- 윤활유의 역할에는 방청, 밀봉, 냉각작용 외에 응력 분산, 마찰 방지, 세척작용 등이 있습니다.

13 ③
- 엔진 정지 후 연료 압력이 급격히 저하된다는 말은 잔압 유지가 안 된다는 말과 같습니다. 체크 밸브는 잔압을 유지하고 역류를 방지하는 역할을 하므로, 체크 밸브가 고장 나면 연료 라인 압력이 급격히 저하됩니다.

14 ③
- 혼합가스의 와류를 발생시킨다.

15 ④
밸브오버랩 = 흡기밸브 열림 각도 + 배기밸브 닫힘 각도
따라서, 밸브오버랩 = 17° + 14° = 31°

16 ②
- 연소점 : 화염이 지속적으로 유지될 수 있는 최저 온도로, 인화점에 비해 약 10℃ 정도 높다.
- 착화점 : 화염이 유지되면서 최초의 점화원이 없어도 스스로 착화하여 연소가 시작되는 최저 온도이다.
- 인화점 : 가연성 물질의 기체와 산소의 혼합에 의해 형성된 가연 한계 범위 내의 혼합 기체가 점화원에 의해 인화될 때, 화염이 생기는 최저 온도이다.
- 비등점 : 끓는점을 말하며, 액체의 증기압이 외부 압력과 같아지는 온도이다.

※ 인화점 → 연소점 → 착화점 순으로 온도가 높아지면서 연소가 진행됩니다.

17 ③
- 공기 흐름에 따른 관성 질량이 작아서 응답성이 향상된다.

18 ②
- 대기압 센서 : 대기압을 측정하여 연료 분사량 및 점화시기 보정
- 스로틀 포지션 센서 : 스로틀 밸브의 개도량을 검출하여 엔진 부하 산출
- 흡기 온도 센서 : 흡입 공기 온도를 측정하여 연료 분사량 및 점화 시기 보정

19 ②
- 냉각 수온 센서 : 냉각수 온도를 감지하여 연료 분사 시기 및 분사량 보정
- 맵 센서 : 흡기압력을 검출하여 흡입 공기량을 간접 계측
- 크랭크각 센서 : 엔진 회전수를 감지하여(에어플로우 센서와 함께) 연료 기본 분사량 산출에 사용

20 ③
- 공기보다 무거움

21 ②
- 흡·배기 밸브가 동시에 열려 배기 잔류가스를 배출시키는 현상 : 밸브 오버랩(Over lap) 현상에 관한 설명
- 밸브 시트와 밸브 사이에서 가스가 누출되는 현상 : 블로 백 현상에 관한 설명
- 압축행정 시 피스톤 간극에서 혼합기가 누출되는 현상 : 블로 바이 현상에 관한 설명

22 ③
디젤엔진의 연소실 형식
- 예연소실식
- 직접분사식
- 공기실식
- 와류실식

23 ③
- 런 아웃(Run Out)은 흔들림을 뜻합니다.

24 ④
- 인터록 : 이중 물림 방지
- 록킹볼 : 기어 빠짐 방지

25 ①
- 이 문제는 유성 기어 조립체의 구조와 원리를 이해해야 풀 수 있는데 상당히 복잡하므로 수험자에게는 단순 암기가 최고입니다. '유성기어 3요소 중 2요소 입력이면 직결'로 암기하세요.

26 ①

27 ②
- 플랜지부가 과도하게 풀린(이완된) 경우

28 ③
- 기어의 편심으로 차체의 전고가 낮아진다.

29 ②
- 카커스 : 타이어의 뼈대가 되는 부분
- 숄더 : 타이어 트레드와 사이드 월(Side Wall)의 경계 부분
- 비드 : 카커스 코드 벨트의 양단이 감기는 철선

30 ①
마스터 실린더 압력을 구합니다.
$$P_m = \frac{F}{A}$$
(여기서, P_m : 마스터 실린더 유압(kgf/cm²), F : 푸시로드에 작용하는 힘(kgf), A : 피스톤 단면적(cm²))
따라서, $P_m = \frac{F}{A} = \frac{150 kgf}{5 cm^2} = 30 kgf/cm^2$

31 ③
- 스프링 힘은 바의 길이 및 단면적, 재질에 따라 결정된다.

32 ②

33 ③
- 안티 스키드(Anti-skid) : ABS의 제어 기능

34 ③
- 마스터실린더의 체크 밸브 작동이 불량하다. : 베이퍼록 현상 발생 및 브레이크 재작동 시간이 늦어지는 원인

35 ②
- 브레이크 스위치 : 브레이크 장치의 구성 부품

36 ③

37 ②
- 마스터 실린더의 푸시로드 길이를 늘이면 라이닝 간극이 작아져서 브레이크가 잘 풀리지 않는다.

38 ②
변속기 출력축 회전수는 곧 추진축 회전수입니다.
추진축 회전수가 일정할 때 종감속비가 커지면 뒤 액슬 회전수는 그만큼 감소하게 되므로 뒤 액슬 회전수와 종감속비는 반비례 관계입니다.
$$N_{axle} = \frac{N_p}{R_F}$$
(여기서, N_{axle} : 뒤 액슬 회전수(rpm), N_p : 추진축 회전수(rpm), R_F : 종감속비)
따라서, $N_{axle} = \frac{N_p}{R_F} = \frac{4400 rpm}{2.2}$
$= 2000 rpm$

39 ④
직렬 회로인지, 병렬 회로인지 확인해야 합니다.
이 문제는 제동등 회로이므로 각 전구가 병렬로 연결되어 있다고 봐야겠죠?
$$P_E = v \times i$$
(여기서, P_E : 전력(W), v : 전압(V), i : 전류(A))

병렬 회로에서는 전압이 일정하므로
$P_E = v \times i$에서 v는 상수이고 i가 변수입니다.
$i = \dfrac{v}{R}$
(여기서, R : 저항(Ω), v : 전압(V), i : 전류(A))
$i = \dfrac{v}{R}$을 $P_E = v \times i$의 i에 대입하면
$P_E = v \times i = v \times \dfrac{v}{R} = \dfrac{v^2}{R}$,
회로의 합성저항은
$R = \dfrac{v^2}{P_E} = \dfrac{(12V)^2}{12W + 12W} = \dfrac{144V^2}{24W}$
$= \dfrac{6V^2}{1V \cdot I} = \dfrac{6V}{1I} = 6\Omega$

만약 직렬 회로라면 어떻게 될까요?
병렬 회로에서는 전류가 일정하므로
$P_E = v \times i$에서 i는 상수이고 v가 변수입니다.
따라서, $v = i \times R$을 $P_E = v \times i$의 v에 대입하면
$P_E = v \times i = (i \times R) \times i = i^2 \times R$ 입니다.

40 ②
- 금속판 사이의 거리에 반비례한다.

41 ④
- 85 단자는 점등된다.
- ※ 참고
- 위 회로에서 전구는 점등되지 않습니다. 30, 86, 85번 단자는 배터리 (+)선과 직접 연결되어 있고 릴레이 앞쪽의 스위치가 on 되어 있으므로 LED 테스트 램프를 대면 점등됩니다. 하지만 릴레이 내부 스위치(30-87)가 off되어 있으므로 87번 단자까지 배터리 (+)전기가 들어오지 않습니다. 따라서, 87번 단자에는 LED 테스트 램프를 대도 점등되지 않습니다.

42 ④
- 펠티어는 냉각, 제백은 열·저항, 홀은 전자(자기), 피에조는 힘·기전력으로 암기하면 됩니다.

43 ①
- A가 0이고, B가 0이면 C는 1이다.
- ※ 참고
- 컴퓨터는 이진수만 알아듣기 때문에 입력이건 출력이건 무조건 1, 0 밖에 없습니다. 그리고 AND는 ×(곱하기), OR는 +(더하기), NOT은 반대라는 것만 외우면 끝납니다. 'OR + NOT'이라는 것은 OR 회로 다음에 NOT 회로가 붙어 있다는 뜻입니다.
  OR은 +(더하기)이므로 입력 A와 입력 B 중 하나라도 1이면 출력은 1이 나오겠죠? 거기에 NOT 회로가 붙어 있으니 OR 회로에서 나온 출력값의 반대가 OR + NOT 회로의 최종 출력값입니다.

44 ①
- 차콜 캐니스터는 전기부품이 아닙니다. 따라서 배터리가 필요 없습니다.

45 ①
- 직렬 연결하면 용량은 동일하고 전압은 증가하며, 병렬 연결하면 전압은 동일하고 용량은 증가합니다. 이때 '증가'라는 것은 배터리 개수에 비례합니다.
  예를 들어, 동일한 배터리 3개를 병렬 연결하면 전압은 동일하고 용량은 3배 증가합니다.

46 ④
- 자기유도, 자속의 변화, 특히 '방해하는 방향'이 나오면 렌쯔의 법칙입니다.

47 ②
- 시동 모터를 엔진에서 분리해 구동하면서 시동 모터에 흐르는 전류와 시동 모터 회전수를 점검하는 것을 무부하시험이라고 합니다.

48 ①
- 엔진 크랭크축과 발전기 풀리 사이에 벨트가 연결되어 크랭크축 동력으로 발전기를 구동합니다.

49 ③

온도와 압력에 따라 전해액 밀도[kg/ℓ]의 체적[ℓ]이 바뀌므로 비중도 함께 변합니다. 따라서 현재온도에서 측정한 비중을 표준온도(20℃) 상태로 환산하여 기준을 맞춰야 비교가 가능합니다(단, 압력은 대기압(1atm) 상태로 가정하므로 대개 고려하지 않음).

$S_{20} = S_t + 0.0007(t-20)$

(여기서, S_{20} : 표준온도(20℃) 일 때의 비중, S_t : 현재온도(t)에서 측정한 비중, t : 현재온도(℃))

따라서, $S_{20} = S_t + 0.0007(t-20)$
$= 1.272 + 0.0007(40-20) = 1.286$

50 ③

- 조향 휠을 탈거할 때는 에어백 모듈 인플레이터(Inflater) 단자를 분리하면 안 된다.

※ 참고

- 인플레이터(Inflater)는 부풀게 하는 것으로, 에어백 가스 발생장치를 말합니다. 따라서, 에어백 문제가 나왔을 때는 '인플레이터는 건들면 안 된다' 라고 생각하고 답을 찾으면 됩니다.

51 ②

- 배터리 (+), (-)케이블을 단자에서 분리한 후 충전한다.

52 ④

출입금지	사용금지	금연	화기금지
보행금지	탑승금지	차량통행금지	물체이동금지

53 ①

- 자주색 - 방사능 위험

54 ④

55 ③

56 ②

- 동력기계에 급유할 때는 기계를 정지한다.

57 ②

58 ③

59 ①

60 ③

제4회 CBT 실전모의고사

1 전자제어 분사방식을 적용하는 목적으로 거리가 먼 것은?
① 연료소비율 저감
② 신속한 응답성
③ 배출가스 저감
④ 고속 회전수 향상

2 엔진 회전수를 감지하는 센서는?
① 맵 센서
② 스로틀 포지션 센서
③ 노크 센서
④ 크랭크각 센서

3 실린더 압축압력이 규정압력보다 높을 때의 원인은?
① 옥탄가가 지나치게 높음
② 연소실 내 카본 퇴적
③ 압축비가 작아짐
④ 연소실 내 돌출부가 없어짐

4 실린더 마멸량이란?
① 실린더 안지름의 최대 마멸량과 최소 마멸량의 평균값
② 실린더 안지름의 최대 마멸량
③ 실린더 안지름의 최대 마멸량과 최소 마멸량의 차이값
④ 실린더 안지름의 최소 마멸량

5 사용 중인 라디에이터에 물을 넣으니 총 15ℓ가 들어갔다. 이 라디에이터의 신품 용량이 25ℓ라고 할 때 코어 막힘율은 몇 %인가?
① 30%
② 35%
③ 40%
④ 45%

6 6기통 4행정 사이클 엔진에서 점화 순서가 1-5-3-6-2-4인 엔진의 3번 실린더가 흡입 행정 중간이라면 2번 실린더는 어떤 행정인가?
① 흡입 중
② 폭발 초
③ 배기 말
④ 배기 초

7 엔진의 성능에 영향을 미치는 인자에 대한 설명으로 옳은 것은?
① 냉각수 온도, 마찰은 제외한다.
② 점화 시기는 엔진의 성능에 영향을 미치지 못한다.
③ 압축비는 엔진 성능에 영향을 미치지 못한다.
④ 흡입효율, 체적효율, 충전효율이 있다.

8 크랭크축과 캠축의 타이밍 전동방식이 아닌 것은?
① 벨트 전동방식
② 체인 전동방식
③ 유압 전동방식
④ 기어 전동방식

9 디젤엔진의 예열장치에서 연소실 내 압축공기를 직접 예열하는 방식은?
① 흡기 히터 방식
② 흡기 가열 방식
③ 히터 레인지 방식
④ 예열 플러그 방식

10 터보 차저(Turbo Charger)가 적용된 엔진에 장착된 센서로, 급속 및 증속에서 ECU로 신호를 보내주는 것은?
① 수온 센서
② 노크 센서
③ 부스트 센서
④ 산소 센서

11 에어 크리너(Air Cleaner)가 막혔을 때 배기가스 색깔은?
① 백색
② 무색
③ 청색
④ 흑색

12 지르코니아 산소 센서에 대한 설명으로 옳은 것은?
① 배기가스가 농후하면 센서 출력전압은 0.45V 이하이다.
② 300℃ 이하에서도 작동한다.

③ 공연비를 피드백 제어하기 위해 사용된다.
④ 배기가스가 희박하면 센서 출력전압은 0.45V 이상이다.

13 윤활유 점도지수 또는 점도에 대한 설명 중 틀린 것은?
① 온도 변화에 따른 점도의 변화가 적을수록 점도지수가 높다.
② 점도지수는 온도 변화에 대한 점도의 변화를 표기한 것이다.
③ 점도란 윤활유의 끈적끈적한 정도를 나타내는 척도이다.
④ 추운지역에서는 점도가 높을수록 좋다.

14 가솔린 엔진 연소실 설계 시 고려사항으로 옳지 않은 것은?
① 연소실의 표면적이 최대가 되게 한다.
② 압축행정에서 혼합기의 와류를 일으키게 한다.
③ 가열되기 쉬운 돌출부를 두지 않는다.
④ 화염 전파에 소요되는 시간을 가능한 한 짧게 한다.

15 산소 센서에 대한 설명으로 옳은 것은?
① 촉매 전방, 후방 산소 센서에서 서로 같은 기전력이 발생하는 것이 정상이다.
② 광역 산소 센서에서 히팅코일 접지선과 시그널 접지선의 전압은 항상 0V이다.
③ 산소 센서 내부에는 배기가스와 같은 성분의 가스가 봉입되어 있다.
④ 배기가스가 농후하면 센서 내부에서 외부로 산소이온이 이동한다.

16 가솔린 엔진 장치에서 배기가스 중 CO, HC, NOx를 CO_2, H_2O, N_2 등으로 변환하는 장치는?
① 삼원촉매장치
② EGR 장치
③ PCV 밸브
④ 차콜 캐니스터

17 가솔린 엔진의 이론공연비(Stoichio-metric Air-fuel Ratio)는?
① 11.7 : 1
② 12.7 : 1
③ 13.7 : 1
④ 14.7 : 1

18 엔진에서 블로바이 가스(Blow-by Gas)의 주성분은?
① O_2
② NOx
③ HC
④ CO

19 이소옥탄이 65%, 노멀헵탄이 35%인 표준 연료를 사용했을 때 옥탄가는 몇인가? (여기서, %는 체적비율임.)
① 40
② 55
③ 65
④ 75

20 167°F는 몇 °C인가?
① 75
② 80
③ 143
④ 156

21 고속 디젤 엔진의 기본 사이클에 해당하는 것은?
① 정적 사이클
② 정압 사이클
③ 복합 사이클
④ 디젤 사이클

22 실린더 블록이나 실린더 헤드의 평면도 측정에 알맞은 게이지는?
① 필러게이지와 직각자
② 버니어캘리퍼스
③ 다이얼 게이지
④ 마이크로미터

23 엔진의 냉각장치에 대한 설명으로 틀린 것은?
① 냉각회로에 물때가 많이 끼면 엔진 과열 원인이 된다.
② 엔진이 과열되면 라디에이터 캡을 즉시 열고 냉각수를 보충한다.
③ 주로 강제 순환식이 사용된다.
④ 서모스탯에 의해 냉각수 흐름이 조절된다.

24 윤활유의 구비조건이 아닌 것은?
① 인화점 및 발화점이 낮을 것
② 비중이 적당할 것
③ 카본 생성이 적고 강한 유막을 형성할 것
④ 점성과 온도 관계가 양호할 것

25 ABS(Anti lock Brake System)에서 4센서 4채널 방식에 대한 설명으로 틀린 것은?
① 톤 휠 회전에 의해 전압이 변한다.
② 휠 스피드 센서의 출력 주파수는 차량속도에 반비례한다.
③ ABS 작동 시 각 휠을 별도로 제어한다.
④ 각 휠마다 휠 스피드 센서가 1개씩 설치되어 있다.

26 ABS(Anti lock Brake System) 장치의 구성요소로 틀린 것은?
① 크랭크 앵글 센서
② 휠 스피드 센서
③ ABS 컨트롤 유닛
④ 하이드로릭 유닛

27 전자제어 조향장치(Electronic Power Steering system, EPS)에서 차속 센서의 기능은?
① 점화 시기 제어
② 공연비 제어
③ 조향력 제어
④ 공전속도 제어

28 유압식 조향장치와 대비해서 전동식 조향장치의 특징으로 옳지 않은 것은?
① 유압으로 제어하지 않으므로 오일펌프가 필요없다.
② 유압식 조향장치에 비해 연비를 향상시킬 수 없다.
③ 유압식 조향장치에 비해 부품 수가 적다.
④ 유압으로 제어하지 않으므로 오일이 필요 없다.

29 앞바퀴를 위에서 아래로 보았을 때 앞쪽이 뒤쪽보다 좁은 상태를 무엇이라 하는가?
① 캠버
② 킹핀 경사각
③ 캐스터
④ 토인

30 조향장치에서 조향 기어비(Steering Gear Ratio)를 나타낸 것으로 옳은 것은?
① 조향 기어비 = (피트먼 암 선회각도) × (조향 휠 회전각도)
② 조향 기어비 = (피트먼 암 선회각도) - (조향 휠 회전각도)
③ 조향 기어비 = (피트먼 암 선회각도) ÷ (조향 휠 회전각도)
④ 조향 기어비 = (조향 휠 회전각도) ÷ (피트먼 암 선회각도)

31 뒤차축에 1,400kgf의 하중이 작용할 때 뒤차축에 타이어 2개를 장착했을 시 타이어 1개당 받는 하중은?
① 300kgf
② 400kgf
③ 700kgf
④ 900kgf

32 스프링 상수가 4kgf/mm의 자동차 코일스프링을 2cm 압축하려면 필요한 힘은?
① 8kgf
② 80kgf
③ 800kgf
④ 8000kgf

33 클러치 작동기구 중 솔벤트로 세척하면 안 되는 부품은?
① 클러치 스프링
② 릴리스 포크
③ 릴리스 베어링
④ 클러치 커버

34 변속보조장치 중 도로 조건이 불량한 곳에서 운행되는 자동차가 더 많은 견인력을 공급하기 위해 앞 차축에도 구동력을 전달하는 장치는?
① 트랜스퍼 케이스
② 동력변속 증감장치(POVS)
③ 동력인출장치(PTO)
④ 주차보조장치

35 자동변속기의 토크컨버터 내에 있는 댐퍼 클러치의 작동조건이 아닌 것은?
① 브레이크 페달을 밟지 않았을 때
② 1단 및 후진 시
③ 변속 레버가 D레인지이며 차속이 일정 속도(약 70km/h) 이상일 때
④ 냉각수 온도가 충분히(약 75℃ 정도) 올랐을 때

36 자동변속기에서 오일의 흐름으로 옳은 것은?
① 토크컨버터 → 밸브바디 → 오일펌프
② 토크컨버터 → 오일펌프 → 밸브바디
③ 오일펌프 → 토크컨버터 → 밸브바디
④ 오일펌프 → 밸브바디 → 토크컨버터

37 타이어의 구조에 해당하지 않는 것은?
① 카커스(Carcass)
② 트레드(Tread)
③ 라이닝
④ 브레이커(Breaker)

38 전자제어 현가장치(Electronic Suspension System, ECS)의 장점으로 가장 적절한 것은?
① 운전자가 희망하는 쾌적한 공간을 제공하는 최신 시스템이다.
② 운전자 의지에 따라 조향 능력을 유지하는 시스템이다.
③ 울퉁불퉁한 노면을 주행할 때 흔들림이 적은 평행한 승차감을 실현한다.
④ 차속 및 조향 상태에 따라 적절한 조향 특성을 얻을 수 있다.

39 전자제어 현가장치(Electronic Control Suspension system, ECS)의 출력부가 아닌 것은?
① 고장코드
② 액추에이터
③ 지시등, 경고등
④ TPS

40 자동차의 종합경보 제어장치에 포함되지 않는 기능은?
① 엔진 경고등 지시 제어
② 도어 열림 경고 제어
③ 감광식 룸 램프 제어
④ 도어록 제어

41 자동차 에어컨 시스템의 순환과정으로 옳은 것은?
① 압축기 → 응축기 → 건조기 → 팽창 밸브 → 증발기
② 압축기 → 응축기 → 팽창 밸브 → 건조기 → 증발기
③ 압축기 → 팽창 밸브 → 건조기 → 응축기 → 증발기
④ 압축기 → 건조기 → 팽창 밸브 → 응축기 → 증발기

42 계기판의 충전 경고등 점등 시기는?
① 배터리 전압이 14.5V 이상일 때
② 배터리 전압이 10.5V 이하일 때
③ 발전기에서 충전전압이 높을 때
④ 발전기에서 충전이 안 될 때

43 다음 중 교류발전기(Alternator)의 구성부품과 거리가 먼 것은?
① 스테이터　② 로터
③ 컷 아웃 릴레이　④ 슬립링

44 발전기 원리에 응용되는 법칙은?
① 플레밍의 왼손법칙
② 가속도 법칙
③ 옴의 법칙
④ 플레밍의 오른손법칙

45 시동 모터(Starting Motor)에서 오버러닝 클러치의 종류가 아닌 것은?
① 전기자식　② 다판 클러치 방식
③ 롤러 방식　④ 스프래그 방식

46 ECU(Electronic Control Unit) 내 마이크로컴퓨터의 구성요소로서, 산술연산 또는 논리연산을 위해 데이터를 일시 보관하는 기억장치는?
① 인터페이스 ② 레지스터
③ FET 구동회로 ④ A/D컨버터

47 병렬연결 회로의 설명으로 옳은 것은?
① 각 회로의 저항이 동일하므로 전압은 다르다.
② 합성저항은 각 저항의 합과 같다.
③ 전압은 1개일 때와 같으며 전류도 같다.
④ 각 회로에 동일한 전압이 가해지므로 입력 전압은 일정하다.

48 주어진 회로에서 합성저항(Ω)은 얼마인가?

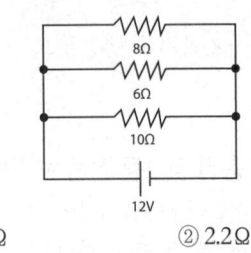

① 1.2Ω ② 2.2Ω
③ 2.5Ω ④ 4.1Ω

49 다음 그림에서 $I_1 = 2A$, $I_3 = 4A$, $I_4 = 7A$, $I_5 = 5A$이다. I_2에 흐르는 전류는 얼마인가?

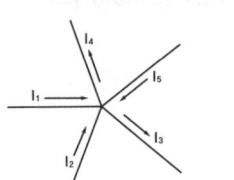

① 2A
② 3A
③ 4A
④ 10A

50 배터리 충·방전에 대한 화학반응이 아닌 것은?
① 충전 시 (+) 극판의 황산납($PbSO_4$)은 과산화납(PbO_2)으로 변한다.
② 충전 시 (+) 극판에 수소, (-) 극판에 산소가 발생한다.
③ 방전 시 (+) 극판의 과산화납(PbO_2)은 황산납($PbSO_4$)으로 변한다.
④ 충전 시 물($2H_2O$)은 묽은 황산($2H_2SO_4$)으로 변한다.

51 하이브리드 자동차(Hybrid Vehicles)의 고전압 배터리를 취급할 때 유의사항이 아닌 것은?
① 12V 배터리 접지선을 분리한다.
② 반드시 안전 플러그(Safety Plug)를 연결한다.
③ 절연장갑을 착용한다.
④ 키 스위치는 OFF한다.

52 산소용접을 할 때 지켜야 할 안전수칙으로 옳은 것은?
① 산소 밸브를 먼저 연다.
② 기름이 묻은 복장으로 작업한다.
③ 역화 시 아세틸렌 밸브를 빨리 잠근다.
④ 아세틸렌 밸브를 먼저 연다.

53 관리감독자의 업무내용 및 점검대상이 아닌 것은?
① 보호구 착용 및 관리실태 여부
② 산업재해 발생 시 보고 및 응급조치
③ 안전 관리자 선임 여부
④ 안전수칙 준수 여부

54 안전표시의 종류를 바르게 나열한 것은?
① 사용표시, 권장표시, 주의표시, 지시표시
② 경고표시, 주의표시, 금지표시, 사용표시
③ 지시표시, 금지표시, 권장표시, 경고표시
④ 경고표시, 금지표시, 안내표시, 지시표시

55 자동차 적재함 밖으로 물건이 돌출된 상태로 운반할 경우 위험표시는 무슨 색깔로 하는가?
① 적색 ② 흰색
③ 청색 ④ 흑색

56 연소의 3요소에 해당되지 않는 것은?
① 가연물 ② 점화원
③ 산소 ④ 물

57 다이얼게이지를 취급할 때 유의사항이 아닌 것은?

① 다이얼 지시기에 충격을 가하면 안 된다.
② 측정할 때는 스핀들을 측정 대상에 직각으로 설치한 후 가급적 접촉하지 않는다.
③ 작동이 불량할 때는 스핀들에 주유하거나 그리스를 도포한다.
④ 분해하여 청소하거나 조정하지 않는다.

58 연료탱크의 주입구 및 가스 배출구는 노출된 전기단자로부터 (a)mm, 배기 관의 끝으로부터 (b)mm 떨어져 있어야 한다. (   )안에 알맞은 것은?

① a : 300, b : 200
② a : 200, b : 300
③ a : 200, b : 250
④ a : 250, b : 200

59 차량 총중량이 3.5톤 이상인 화물자동차 등의 후부안전판 설치기준에 대한 설명이 아닌 것은?

① 가장 아랫부분과 지상과의 간격은 550mm 이내일 것
② 모서리부의 곡률반경은 2.5mm 이상일 것
③ 너비는 자동차너비의 100% 미만일 것
④ 차량 수직방향의 단면 최소 높이는 100mm 이하일 것

60 오픈렌치 사용 방법으로 틀린 것은?

① 오픈렌치를 작업자 앞으로 잡아당기면서 사용한다.
② 오픈렌치를 해머 대신에 사용해서는 안 된다.
③ 오픈렌치와 너트의 크기가 맞지 않으면 쐐기를 넣어 사용한다.
④ 오픈렌치에 파이프를 끼우거나 해머로 두들겨서 사용하지 않는다.

제4회 CBT 실전모의고사 정답 및 해설

1	④	2	④	3	②	4	③	5	③	6	④	7	④	8	③
9	④	10	③	11	④	12	③	13	④	14	①	15	④	16	①
17	④	18	②	19	③	20	①	21	③	22	①	23	②	24	①
25	②	26	①	27	③	28	②	29	③	30	④	31	③	32	②
33	③	34	①	35	②	36	④	37	③	38	③	39	④	40	①
41	①	42	④	43	③	44	②	45	①	46	②	47	③	48	④
49	③	50	②	51	②	52	④	53	③	54	④	55	①	56	④
57	③	58	②	59	④	60	③								

1 ④
- '전자제어'는 전자화를 뜻합니다. 제어라는 말이 들어가면 더 정밀해 보이고, 차도 잘 나갈 것 같고, 연비도 좋고, 배출가스도 적게 나올 것 같은 느낌이 들지 않나요?

2 ④
- 맵 센서 : 흡기 압력을 검출하여 흡입 공기량을 간접 계측
- 스로틀 포지션 센서 : 스로틀 밸브의 개도량을 검출하여 엔진 부하 산출
- 노크 센서 : 노킹을 감지

3 ②
- 옥탄가가 지나치게 높음 : 실린더 압축압력 점검할 때는 연료를 분사하지 않으므로 관계없다.
- 압축비가 작아짐 : 압축비가 작아지면 압축압력이 낮아진다.
- 연소실 내 돌출부가 없어짐 : 돌출부 형성은 연소실 내 와류 형성과 관계가 있다.
※ 참고
- 실린더 마모, 헤드개스킷 찢어짐, 밸브시트 밀착불량 등이면 압축압력이 낮아집니다.

4 ③
- 실린더 마멸량 = 실린더 최대 안지름 - 실린더 신품 상태 안지름

5 ③
코어 막힘율(%) 공식을 암기하세요.
참고로 코어 막힘율이 20% 이상이면 신품 라디에이터로 교환해야 합니다.

6 ④
6기통 점화 문제가 나오면 일단 '피자판'을 그립니다! 그리고 숫자를 제외한 나머지 부분을 그림 (1)과 같이 그린 다음 문제를 보세요. 이번 문제는 "3번 실린더가 흡입 행정 중간일 때 2번 실린더는?" 하고 묻고 있습니다. 따라서, 그림 (2)와 같이 '3'을 '흡입 중'에 표기합니다. 그리고 반시계 방향으로 한 칸씩 띄우면서 점화 순서대로 씁니다. 이 문제에서는 점화 순서가 '1-5-3-6-2-4'이니 3 다음에 한 칸 띄우고 6, 그 다음에 한 칸 띄우고 2, 4, 1, 5를 씁니다. 그렇게 써넣고 나서 문제에서 묻는 것을 찾아서 쓰면 됩니다.

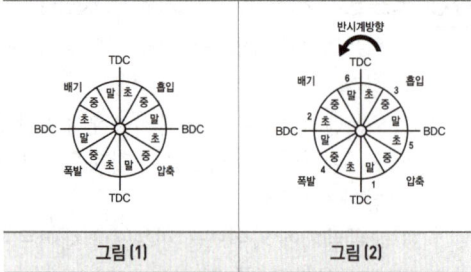

7 ④
- 냉각수 온도, 마찰을 포함한다.
- 점화 시기는 엔진의 성능에 영향을 미친다.
- 압축비는 엔진 성능에 영향을 미친다.

8 ③

9 ④
- '직접적'으로 예열한다는 말이 나오면 예열 플러그 방식입니다.

10 ③
- 수온 센서 : 냉각수 온도를 감지하여 연료 분사 시기 및 분사량 보정
- 노크 센서 : 연소 때 발생하는 엔진 진동 감지
- 부스트 센서 : 흡기 매니폴드 압력을 측정하여 연료 분사 시기 및 분사량 보정
- 산소 센서 : 배기가스 중 산소 농도를 감지하여 이론 공연비 제어를 위한 피드백 신호 제공

11 ④
- 백색 : 연소실에 엔진오일이 유입되어 같이 연소했을 때
- 무색 : 정상
- 청색 : 정상(옅은 청색)
  ※ 참고
- 우윳빛 : 오일에 냉각수가 유입됐을 때

12 ③
- 배기가스가 농후하면 센서 출력전압은 1V에 가깝다.
- 300℃ 이상에서 작동한다.
- 배기가스가 희박하면 센서 출력전압은 0.45V 이하이다(0V에 가까움).

13 ④
- 추운지역에서는 점도가 낮을수록 좋다.
  ※ 참고
- 점도가 높으면 뻑뻑하고 점도가 낮으면 묽습니다. 그리고 점도지수가 높을수록 점도는 잘 변하지 않습니다.

14 ①
- 연소실의 표면적이 적절하게 되게 한다.
- 압축행정에서 혼합기의 와류를 일으키게 한다. : 압축행정에서 혼합기의 와류는 혼합기 믹싱(Mixing)을 위함이다.
- 가열되기 쉬운 돌출부를 두지 않는다. : 가열되기 쉬운 돌출부에 비정상적인 열점이 형성될 수 있다.
- 화염 전파에 소요되는 시간을 가능한 한 짧게 한다. : 화염 전파에 소요되는 시간을 가능한 한 짧게 하여 노킹을 방지한다(말단 가스 자발화 방지).
  ※ 참고
- 연소실 표면적이 너무 커서 방열되는 열이 많아지면 실화(Misfire)가 발생하고 열손실이 커집니다. 그러나 표면적이 너무 작아도 문제입니다. 적절하게 방열돼야 열적 부하가 누적되는 것을 방지할 수 있습니다.

15 ④
- 촉매 전방, 후방 산소 센서에서 서로 다른 기전력이 발생하는 것이 정상이다(전방 산소 센서 출력전압이 후방 산소 센서 출력전압보다 높은 것이 정상이다).
- 광역 산소 센서에서 히팅코일 접지선과 시그널 접지선의 전압은 항상 0V가 아니다.
- 산소 센서 내부에는 구멍을 통해 대기 중의 산소가 유입된다.
  ※ 참고
- 일단 '항상'이란 말이 들어가면 틀린 답일 확률이 높습니다. 광역 산소 센서의 히팅코일 제어는 (-) 컨트롤 방식이므로 차체(GND)를 기준으로 히팅코일 접지선 전압을 측정하면 히팅코일이 작동할 때 0V, 작동하지 않을 때 해당 전원전압이 뜹니다. 따라서 항상 0V라는 것은 오류로 상정합니다. 또한 히팅코일과 센서가 작동할 때 차체(GND)를 기준으로 히팅코일 및 센서 시그널 접지선 전압을 측정할 때 완전한 0V는 이론상 또는 회로가 끊어진 경우에만 해당합니다. 실제로는 접지 전위차가 있어 20~30mV 정도의 전압은 늘 존재하기 때문에 항상 0V라는 것은 오류입니다.

16 ①

17 ④

18 ③
- 블로바이 가스의 주성분은 미연 탄화수소입니다.

19 ③
- 옥탄가는 노크가 발생하기 쉬운 노멀헵탄(C_7H_{16})과 노크가 발생하지 않은 이소옥탄(C_8H_{18})을 혼합하여 동등의 앤티 노크성(anti knock quality)을 가지는 표준연료를 만들어 그때의 이소옥탄의 체적비율(%)로 표기합니다.

$$옥탄가(\%) = \frac{이소옥탄(\%)}{이소옥탄(\%)+노멀헵탄(\%)} \times 100$$
$$= \frac{65}{65+35} \times 100 = 65(\%)$$

20 ①
$c = (f-32) \div 1.8$
여기서, c : 섭씨온도(℃), f : 화씨온도(℉)

따라서, $c = (167-32) \div 1.8 = 75(℃)$
※ 참고
- $f = (c \times 1.8) + 32$
- $k = c + 273.15$

여기서, c : 섭씨온도(℃), f : 화씨온도(℉), k : 켈빈온도(K)

21 ③
- 정적 사이클 : 오토 사이클, 가솔린 기관의 표준 사이클
- 정압 사이클 : 디젤 사이클, 저속 디젤 기관의 표준 사이클
- 복합 사이클 : 사바테 사이클, 고속 디젤 기관의 표준 사이클
- 디젤 사이클 : 정압 사이클, 저속 디젤 기관의 표준 사이클

22 ①
- 필러게이지 = 시그니스 게이지 = 간극 게이지입니다.

23 ②
- 엔진이 과열되면 라디에이터 캡을 충분히 식힌 후에 열고 냉각수를 보충한다.

24 ①
- 인화점 및 발화점이 높을 것

25 ②
- 휠 스피드 센서의 출력 주파수는 차량속도에 비례한다.

26 ①
- 크랭크 앵글 센서 : 엔진 장치의 구성요소

27 ③
- 보기 ①, ②, ④는 모두 전자제어 엔진장치와 관련된 기능입니다.
- 차속 센서의 신호는 조향력을 제어하는 기준 신호로 이용됩니다. 즉, 저속에서는 조향력을 작게 하고 고속에서는 조향력을 크게 합니다.

28 ②
- 유압식 조향장치에 비해 연비를 향상시킬 수 있다.
※ 참고
- 전동식이니 전자화란 의미이므로 언뜻 보기에도 더 정밀하고, 성능이 우수하고, 연비도 좋아 보이지 않나요?

29 ④
- 캠버
  ㉠ 정(+)의 캠버 : 앞바퀴의 아래쪽이 위쪽보다 좁은 것
  ㉡ 부(-)의 캠버 : 앞바퀴의 위쪽이 아래쪽보다 좁은 것

- 킹핀 경사각 : 앞바퀴를 앞쪽에서 보았을 때 킹핀의 윗부분이 안쪽으로 경사지게 설치되어 있는데, 이때 킹핀 축 중심과 노면에 대한 수직선이 이루는 각도
- 캐스터
  ㉠ 정(+)의 캐스터 : 자동차를 측면에서 보았을 때 킹핀의 위쪽이 휠 허브를 지나 노면에 수직인 직선의 뒤쪽으로 기울어져 있는 상태
  ㉡ 부(-)의 캐스터 : 자동차를 측면에서 보았을 때 킹핀의 위쪽이 휠 허브를 지나 노면에 수직인 직선의 앞쪽으로 기울어져 있는 상태
- 토우
  ㉠ 토인 : 앞바퀴를 위에서 아래로 보았을 때 앞쪽이 뒤쪽보다 좁은 상태
  ㉡ 토아웃 : 앞바퀴를 위에서 아래로 보았을 때 뒤쪽이 앞쪽보다 좁은 상태

30 ④

31 ③

(해당) 차축의 하중
= 타이어 1개당 받는 하중 × 해당 차축의 타이어 개수

타이어 1개당 받는 하중 = $\dfrac{(해당)\ 차축의\ 하중}{(해당)\ 차축의\ 타이어\ 개수}$

따라서,

타이어 1개당 받는 하중 = $\dfrac{(뒤)\ 차축의\ 하중}{(뒤)\ 차축의\ 타이어\ 개수}$

= $\dfrac{1400 kgf}{2}$ = 700kgf

32 ②

스프링 반력 구하는 공식입니다.
F = k × L
(여기서, F : 스프링 반력(kgf), k : 스프링 상수(kgf/mm), L : 스프링 압축 길이(mm))
따라서, 4kgf/mm × 20mm = 80kgf

33 ③

- 릴리스 베어링은 영구 주유방식으로 내부에 그리스가 들어가 있으므로 세척하면 안 됩니다.

34 ①

- 동력변속 증감장치(POVS) : 자동변속기에서 입력축의 회전력을 이용하여 변속시킬 때 토크 컨버터의 동력 손실을 막기 위해 기어를 변속할 때마다 펌프를 구동시키는 장치이다.
- 동력인출장치(PTO) : 엔진 동력을 자동차에 장착된 부수 장비에 공급하기 위한 장치로 윈치, 유압 펌프 등에 쓰인다.
- 주차보조장치 : 주차와 관련된다.
  ※ 참고
- 트랜스퍼 케이스는 동력을 주행 목적에 사용하고, 동력인출장치(P.T.O)는 동력을 주행 외 목적에 사용합니다.

35 ②

< 댐퍼클러치 비작동조건 >
1. 변속 레버가 N레인지일 때
2. 1단(발진) 및 후진할 때
3. 엔진 회전수가 약 800rpm 이하일 때
4. 엔진 브레이크가 작동할 때
5. 냉각수 온도가 약 50℃ 이하일 때
6. 자동변속기 오일 온도가 약 60℃ 이하일 때
7. 3단에서 2단으로 시프트 다운될 때
※ 1~7번 중 한 가지라도 해당되면 작동하지 않습니다.

36 ④

37 ③

- 카커스(Carcass) : 타이어의 뼈대가 되는 부분
- 트레드(Tread) : 노면과 직접적으로 접촉하는 부분
- 브레이커(Breaker) : 트레드와 카커스의 중간에 위치한 코드 벨트

38 ③

39 ④
- TPS는 ECS의 입력부입니다.

40 ①
- 종합경보 제어장치란 에탁스(Electronic Time Alarm Control System, ETACS)를 말합니다. 주로 편의장치의 작동 및 작동 시간을 제어하는 컴퓨터죠. 엔진 경고등 지시는 엔진과 관련된 것이니 엔진 ECU에서 하는 것이겠죠?

41 ①

42 ④
- 충전 경고등이니 당연히 충전이 안 되면 점등하겠죠?
더 정확하게 말하면 발전기의 L 단자에서 올라오는 발전기 충전전압이 배터리 전압보다 낮으면 충전 경고등이 점등됩니다. 전위차를 이용하는 것입니다.

43 ③
- 컷 아웃 릴레이 : 직류발전기(Generator)의 구성부품

44 ④
- 플레밍의 왼손법칙 : 모터(전동기)의 원리에 응용되는 법칙
- 플레밍의 오른손법칙 : 발전기의 원리에 응용되는 법칙

45 ①

46 ②

47 ④
- 각 회로의 전압이 동일하므로 전류는 다르다.
- 합성저항의 역수는 각 저항의 역수의 합과 같다.
- 전압은 1개일 때와 같으며 전류는 다르다.

48 ③
병렬회로의 합성저항을 구하는 공식입니다!

$$\frac{1}{R_{tot}} = \frac{1}{R_1} = \frac{1}{R_2} \cdots + \frac{1}{R_n}$$

(여기서, R_{tot} : 합성저항(Ω), $R_1, R_2 \cdots R_n$: 각각의 저항(Ω))
따라서,

$$\frac{1}{R_{tot}} = \frac{1}{8} + \frac{1}{6} + \frac{1}{10} = \frac{15}{120} + \frac{20}{120} + \frac{12}{120}$$

$$= \frac{15 + 20 + 12}{120} = \frac{47}{120} \approx 0.4,$$

$$R_{tot} = \frac{1}{0.4} = 2.5$$

49 ③
키르히호프 전류법칙(1법칙)이므로 들어오는 전류의 합과 나가는 전류의 합은 같습니다.
들어오는 전류의 합 = $I_1 + I_2 + I_5$ = 2 + I_2 + 5 = 7 + I_2(A)
나가는 전류의 합 = $I_3 + I_4$ = 4 + 7 = 11(A)
따라서, 7 + I_2(A) = 11(A), I_2 = 4(A)

50 ②
- 충전 시 (+) 극판에 산소, (-) 극판에 수소가 발생한다.
※ 참고
- 충전 과정에서 물($2H_2O$)이 전기 분해되면서 (+) 극판에 산소 가스(O_2), (-) 극판에 수소 가스($2H_2$)가 발생합니다.

(+)극판	전해액	(-)극판		(+)극판	전해액	(-)극판
$PbSO_4$	$2H_2O$	$PbSO_4$	충전 ⇌ 방전	PbO_2	$2H_2SO_4$	Pb
[황산납]	[물]	[황산납]		[과산화납]	[묽은 황산]	[해면상납]

51 ②
- 반드시 안전 플러그(Safety Plug)를 분리한다.

52 ④
- 밸브를 열 때 : 아세틸렌 밸브를 먼저 연다.
- 밸브를 잠글 때 : 산소 밸브를 먼저 잠근다.

53 ③

54 ④

55 ①

56 ④

57 ③
- 작동이 불량할 때는 주유하거나 그리스를 도포하면 안 된다.

58 ②

59 ④
- 차량 수직방향의 단면 최소 높이는 100mm 이상일 것

60 ③
- 오픈렌치와 너트의 크기가 맞지 않으면 쐐기를 넣어 사용하면 안 된다.

제5회 CBT 실전모의고사

1 가솔린(Gasoline)은 주로 어떤 원소로 구성되어 있는가?
① 탄소와 4-에틸 납 ② 탄소와 수소
③ 산소와 수소 ④ 탄소와 황

2 가솔린 노킹(Gasoline Knocking) 방지 대책에 대한 설명으로 틀린 것은?
① 압축비를 낮춘다.
② 착화지연을 짧게 한다.
③ 화염전파 거리를 짧게 한다.
④ 냉각수의 온도를 낮춘다.

3 흡입 공기량을 계측하는 센서는?
① 대기압 센서 ② 크랭크각 센서
③ 에어플로센서 ④ 흡기온도 센서

4 아날로그 신호(Analog Signal)가 출력되는 센서가 아닌 것은?
① 스로틀 포지션 센서
② 냉각수 온도 센서
③ 크랭크각 센서(옵티컬 방식)
④ 흡기 온도 센서

5 전자제어 가솔린 엔진에서 급감속 시 일산화탄소(CO) 배출량을 감소시키고 시동이 꺼지는 것을 방지하는 기능은?
① 킥다운 ② 패스트 아이들 제어
③ 퓨얼 커트 ④ 대시포트

6 전자제어 가솔린 엔진의 인젝터(Injector)에서 연료가 분사되지 않는 원인으로 틀린 것은?
① ECU 불량 ② 크랭크각 센서 불량
③ 파워 TR 불량 ④ 인젝터 불량

7 다음 그림은 엔진 공회전 상태에서 측정한 인젝터 파형의 정상파형을 나타낸 것이다. 본선의 접촉 불량 시 나올 수 있는 파형으로 옳은 것은?

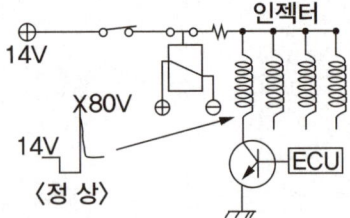

① ×100V
② ×80V
③ ×60V
④ ×60V

8 실린더 1개당 총 마찰력이 6kgf, 피스톤의 평균속도가 15m/sec일 때 마찰로 인한 엔진 손실마력은?
① 1.2PS ② 2.4PS
③ 4.0PS ④ 8PS

9 V6 4행정 사이클 엔진에서 6개의 실린더가 모두 1회씩의 연소·팽창행정을 완료하였다면 크랭크축이 몇 회전하였는가?
① 1회전 ② 2회전
③ 3회전 ④ 6회전

10 제동마력(BHP)을 지시마력(IHP)로 나눈 값은?
① 체적효율 ② 전달효율
③ 열효율 ④ 기계효율

11 질소산화물은 (a)의 화합물이며 일반적으로 (b)에서 쉽게 반응한다. ( ) 안에 들어갈 말로 옳은 것은?

① a : 질소와 산소, b : 저온
② a : 질소와 산소, b : 고온
③ a : 일산화질소와 질소, b : 저온
④ a : 일산화질소와 산소, b : 고온

12 바이너리(Binary) 출력 방식의 산소 센서를 점검할 때 유의사항이 아닌 것은?

① 출력전압을 측정할 때 디지털 멀티미터를 사용해야 한다.
② 센서의 내부저항을 측정하면 안 된다.
③ 유연 휘발유를 사용해야 한다.
④ 출력전압을 단락시키면 안 된다.

13 자동차용 LPG(Liquefied Petroleum Gas) 연료에 대한 설명이 아닌 것은?

① 연료는 탱크 용량의 약 85% 정도로 충전한다.
② 주변온도에 따라 봄베 내부 압력이 변한다.
③ 기체상태는 공기보다 무겁다.
④ 탱크에 기체 상태로 저장한다.

14 액화석유가스(Liquefied Petroleum Gas, LPG) 엔진에서 연료를 저장하기 위한 내압성 고압 용기는?

① 믹서
② 슬로우 컷 솔레노이드
③ 베이퍼라이저
④ 봄베

15 LPI(Liquefied Petroleum Injection system) 엔진에서 연료의 부탄(Butane)과 프로판(Propane)의 비율을 결정하는 데 기준 신호를 제공하는 센서는?

① 캠각 센서, 크랭크각 센서
② 연료 압력 센서, 연료 온도 센서
③ 흡기 온도 센서, 산소 센서
④ 냉각 수온 센서, 공기 유량 센서

16 실린더 내경의 규정값이 75mm인 실린더를 실린더 보어 게이지로 측정한 결과 0.45mm가 마모되었다. 실린더 내경을 얼마로 수정해야 하는가?

① 실린더 내경을 75.35mm로 수정
② 실린더 내경을 75.50mm로 수정
③ 실린더 내경을 75.75mm로 수정
④ 실린더 내경을 75.90mm로 수정

17 커먼레일(Common Rail Direct Injection, CRDI) 디젤엔진에서 기계식 저압펌프의 연료공급 경로 순서가 맞는 것은?

① 연료탱크 → 저압펌프 → 연료필터 → 커먼레일 → 고압펌프 → 인젝터
② 연료탱크 → 저압펌프 → 연료필터 → 고압펌프 → 커먼레일 → 인젝터
③ 연료탱크 → 연료필터 → 저압펌프 → 고압펌프 → 커먼레일 → 인젝터
④ 연료탱크 → 연료필터 → 저압펌프 → 커먼레일 → 고압펌프 → 인젝터

18 디젤엔진의 분사 노즐에 관한 설명으로 옳은 것은?

① 직접분사식의 분사 개시 압력은 약 $100 \sim 120 kgf/cm^2$이다.
② 분사 개시 압력이 높으면 노즐의 후적이 생기기 쉽다.
③ 분사 개시 압력이 낮으면 연소실 내에 카본 퇴적이 생기기 쉽다.
④ 연료 공급 펌프의 공급 압력이 저하하면 분사 압력이 저하한다.

19 연료의 저위발열량이 10,250kcal/kgf일 때 제동 연료소비율은?(단, 제동 열효율은 26%)

① 약 275gf/PS·h
② 약 237gf/PS·h
③ 약 220gf/PS·h
④ 약 250gf/PS·h

20 라디에이터 압력식 캡의 장점과 거리가 먼 것은?
① 라디에이터를 소형화할 수 있다.
② 라디에이터 무게를 크게 할 수 있다.
③ 냉각장치의 압력을 약 0.3~1.05kgf/cm² 정도로 올릴 수 있다.
④ 비등점을 올려 냉각 효율을 높일 수 있다.

21 엔진이 과열되는 원인이 아닌 것은?
① 전동팬 릴레이의 고장
② 써모스탯이 열린 상태로 고장
③ 라디에이터 코어 막힘
④ 냉각수 부족

22 기계식 밸브 리프트에 대비해서 유압식 밸브 리프트의 장점은?
① 오일펌프와 상관없다.
② 엔진 웜업 전 밸브간극 조정이 필요하다.
③ 구조가 간단하다.
④ 밸브 간극 조정이 필요 없다.

23 밸브스프링의 서징(Surging)현상에 대한 설명으로 옳은 것은?
① 엔진이 고속에서 저속으로 변할 때 밸브 스프링의 장력 차가 발생하는 현상
② 밸브 스프링의 고유 진동수와 캠 회전수가 공명에 의해 밸브 스프링이 공진하는 현상
③ 밸브가 열릴 때 천천히 열리는 현상
④ 흡·배기 밸브가 동시에 열리는 현상

24 다음 그림과 같은 브레이크 마스터 실린더의 푸시로드에 작용하는 힘(kgf)은 얼마인가?

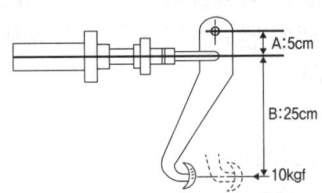

① 60kgf ② 70kgf
③ 80kgf ④ 90kgf

25 20m/s는 몇 km/h인가?
① 72km/h ② $\frac{1}{3.6}$ km/h
③ $\frac{1}{36}$ km/h ④ 3.6km/h

26 전자제어 현가장치(Electronic Control Suspension system, ECS)의 구성요소가 아닌 것은?
① 맵 센서
② 차고 센서
③ 페달 포지션 센서
④ 전자제어 현가장치 지시등

27 ECS(Electronic Control Suspension) 장치에서 사용하는 센서가 아닌 것은?
① 냉각수 온도 센서 ② 스로틀 포지션 센서
③ 차고 센서 ④ 차속 센서

28 스프링 위 무게 진동과 관련된 항목이 아닌 것은?
① 요잉 ② 바운싱
③ 피칭 ④ 휠 트램프

29 타이어에 표기된 '205 60R 16'에서 205가 의미하는 것은?
① 림 경 ② 편평비
③ 타이어 폭 ④ 마찰계수

30 프로펠러 샤프트의 스플라인이 과다하게 마모되었을 때 나타나는 현상으로 옳은 것은?
① 주행 중 소음이 발생하고 프로펠러 샤프트가 진동한다.
② 차동기의 구동 피니언과 링기어 치합이 불량해진다.
③ 동력 전달 시 충격 흡수가 잘 된다.
④ 차동기의 구동 피니언 베어링의 조임이 헐거워진다.

31 자동변속기 제어와 관련된 센서가 아닌 것은?
① 차고 센서 ② 유온 센서
③ 입력축 속도 센서 ④ 스로틀 포지션 센서

32 토크 컨버터(Torque Converter)의 토크 변환율은?
① 0.1~1배 ② 2~3배
③ 4~5배 ④ 6~7배

33 자동변속기의 밸브바디에서 매뉴얼 밸브(Manual Valve)의 역할은?
① 유성 기어를 엔진 부하 또는 차속에 따라 변환한다.
② 변속 레버의 각 레인지 위치를 TCU로 전달한다.
③ P, R, N, D 등으로 변속 레버의 각 레인지 위치를 변환할 때 유로를 변경한다.
④ 오일펌프에서 발생한 유압을 엔진 부하와 차속에 따라 적절한 압력으로 조정한다.

34 주행 중 브레이크가 작동할 때 편제동이 발생하는 원인이 아닌 것은?
① 휠 실린더에서 오일이 누출되었다.
② 마스터실린더의 리턴포트가 막혔다.
③ 브레이크 드럼이 편마모되었다.
④ 브레이크 라이닝이 접촉 불량이거나 오일이 묻었다.

35 변속비가 1.2, 링기어 잇수가 35, 구동 피니언 잇수가 5인 자동차를 왼쪽 바퀴만 들어서 회전하도록 하였을 때 왼쪽 바퀴의 회전수는?(단, 프로펠러 샤프트 회전수는 2,100rpm)
① 300rpm ② 400rpm
③ 600rpm ④ 700rpm

36 스프링 정수가 3kgf/mm인 코일을 2cm 압축하는 데 필요한 힘은?
① 20kgf ② 40kgf
③ 60kgf ④ 90kgf

37 ABS 시스템(Anti lock Brake system)의 주요 구성부품이 아닌 것은?
① ECU
② 휠 스피드 센서
③ 차고 센서
④ 하이드로릭 유닛

38 ABS 장치(Anti lock Brake System)에서 제동 시 타이어 슬립율(%) 공식은?
① $\dfrac{\text{차륜속도} - \text{차체속도}}{\text{차체속도}} \times 100$
② $\dfrac{\text{차체속도} - \text{차륜속도}}{\text{차체속도}} \times 100$
③ $\dfrac{\text{차륜속도} - \text{차체속도}}{\text{차륜속도}} \times 100$
④ $\dfrac{\text{차체속도} - \text{차륜속도}}{\text{차륜속도}} \times 100$

39 공기식 제동장치의 구성요소로 틀린 것은?
① 릴레이 밸브 ② EGR 밸브
③ 브레이크 챔버 ④ 언로더 밸브

40 마스터 실린더에서 피스톤 1차 컵의 역할은?
① 유압 발생 ② 오일 누유 방지
③ 베이퍼록 방지 ④ 잔압 형성

41 베이퍼 록(Vapor Lock)의 원인이 아닌 것은?
① 비등점이 높은 브레이크액을 사용했을 때
② 브레이크 슈 리턴 스프링 파손에 의한 잔압 저하
③ 긴 내리막길에서 과도한 브레이크 사용
④ 드럼과 라이닝의 끌림에 의한 가열

42 킹핀 경사각과 함께 앞바퀴에 복원력을 주어 직진 상태로 쉽게 돌아올 수 있게 하는 앞바퀴 정렬과 가장 관련이 큰 것은?
① 캐스터 ② 셋백
③ 토우 ④ 캠버

43 배터리의 전해액 온도가 상승하면 자기방전율은 어떻게 되는가?
① 낮아진다.
② 낮아진 상태로 일정하게 유지된다.
③ 일정하게 유지된다.
④ 높아진다.

44 오버러닝 클러치가 장착된 시동 모터(Starting Motor)에서 엔진 시동 후에도 계속해서 키 스위치를 작동시키면 어떤 현상이 발생하는가?
① 시동 모터의 아마추어는 무부하 상태로 공회전한다.
② 시동 모터의 아마추어가 정지한다.
③ 시동 모터의 아마추어가 엔진 회전보다 더 고속으로 회전한다.
④ 시동모터의 아마추어가 열을 받아서 파손된다.

45 주행 중 조향 휠이 한쪽으로 쏠리는 원인이 아닌 것은?
① 좌우 캠버가 다를 경우
② 허브 너트를 과도하게 조인 경우
③ 좌우 타이어 공기압이 다른 경우
④ 상하 컨트롤 암이 휜 경우

46 배선에 표기된 기호와 색의 연결이 틀린 것은?
① Y - 노랑
② Gr - 보라
③ B - 검정
④ G - 녹색

47 도어 잠김 제어에 대한 설명 중 옳은 것은?
① 점화스위치 OFF일 때 도어 중 어느 하나라도 잠김 상태이면 모든 도어를 잠근다.
② 도어 잠김 상태에서 주행하다 충돌하면 에어백 ECU로부터 에어백 전개 신호를 입력받아 모든 도어를 연다.
③ 도어 열림 상태일 때 주행하다 충돌하면 충돌센서로부터 충돌 정보를 입력받아 승객의 안전을 위해 모든 도어를 잠김으로 한다.
④ 점화 스위치 ON에서만 도어를 열림으로 제어한다.

48 저항에 12V를 가했더니 전류계에 3A로 나타났다. 이때 저항값은?
① 1Ω
② 2Ω
③ 3Ω
④ 4Ω

49 옴의 법칙(Ohm's law)으로 맞는 것은?(단, I : 전류, V : 전압, R : 저항)
① $I = R/V$
② $V = 2R/I$
③ $I = VR$
④ $V = IR$

50 반도체의 장점이 아닌 것은?
① 소형에 경량이다.
② 내부 전력 손실이 매우 적다.
③ 고온에서 안정적으로 작동한다.
④ 예열 시간이 불필요하다.

51 폐자로형 코일에 대한 설명 중 틀린 것은?
① 1차·2차 코일은 서로 연결되어 있다.
② 코일의 방열을 위해 내부에 절연유가 들어있다.
③ 전자유도작용에 의해 형성되는 자속이 외부로 빠져나가지 않는다.
④ 1차 코일을 굵게 하면 큰 전류가 흐를 수 있다.

52 점화 플러그의 표시기호가 'BP6ES'였다면, 이 표시기호에서 열가를 나타내는 것은?
① P
② 6
③ E
④ S

53 렌치 사용 방법에 대한 설명으로 틀린 것은?
① 스패너 자루가 짧을 때 긴 파이프를 연결할 것
② 스패너를 사용할 때는 앞으로 당길 것
③ 스패너는 조금씩 돌리며 사용할 것
④ 파이프 렌치는 주로 둥근 물체를 조립할 때 사용할 것

54 화재가 발생했을 때 소화 방법으로 틀린 것은?
① 가연물질의 공급을 차단한다.
② 점화원을 발화점 온도 이하로 낮춘다.
③ 산소 공급을 차단한다.
④ 유류화재일 경우 물을 뿌린다.

55 제3종 유기용제의 취급 장소를 표시한 색깔은?
① 빨강 ② 노랑
③ 녹색 ④ 파랑

56 머플러(Muffler) 교환 시 유의사항이 아닌 것은?
① 장착 완료 후 다른 부품과 접촉하는지 확인한다.
② 분해 전에 촉매를 정상온도로 높인다.
③ 조립 시 개스킷은 신품으로 교환한다.
④ 배기가스가 누출되지 않도록 조립한다.

57 자동차 시험기기를 취급할 때 유의사항으로 틀린 것은?
① 깨끗한 곳이면 아무 곳에나 기기를 보관해도 된다.
② 기기의 누전 여부를 점검한다.
③ 기기 전원 및 용량을 확인한 후 전원을 연결한다.
④ 정기적으로 기기의 0점을 조정한다.

58 멀티미터를 사용할 때 주의사항으로 틀린 것은?
① 지침은 정면에서 읽는다.
② 직류전압을 측정할 때 선택 스위치는 ACV에 놓는다.
③ 0점 조정 후 측정한다.
④ 고온·다습한 환경 및 직사광선을 피한다.

59 드릴링 머신을 사용할 때 유의사항으로 틀린 것은?
① 가공물에 구멍을 뚫을 때 바이스에 가공물을 고정하고 작업한다.
② 드릴 회전 중에는 손으로 칩을 털거나 불어내지 않는다.
③ 드릴을 회전시킨 후 머신 테이블을 조정한다.
④ 솔로 절삭유를 바를 때는 위에서 바른다.

60 산업안전보건법상의 안전·보건표지의 종류와 형태에서 다음 그림이 나타내는 표시는?

① 출입금지 ② 차량통행금지
③ 보행금지 ④ 직진금지

제5회 CBT 실전모의고사 정답 및 해설

1	②	2	②	3	③	4	③	5	④	6	③	7	④	8	①
9	②	10	④	11	②	12	③	13	④	14	④	15	②	16	③
17	③	18	③	19	②	20	②	21	②	22	④	23	②	24	①
25	①	26	①	27	①	28	④	29	①	30	①	31	①	32	②
33	③	34	②	35	③	36	③	37	③	38	①	39	①	40	①
41	①	42	①	43	④	44	①	45	②	46	②	47	②	48	④
49	④	50	③	51	②	52	②	53	①	54	①	55	④	56	②
57	①	58	②	59	③	60	③								

1 ②
- 가솔린뿐 아니라 디젤, LPG 등도 탄소와 수소로 구성되어 있으며, 모든 화석연료가 탄화수소계 연료로서 C_nH_m 구조입니다.

2 ②
- 착화지연을 짧게 한다. : 디젤 노크(Diesel Knock) 방지 대책에 대한 설명
  ※ 참고
- 보기 ①, ③, ④를 반대로 하면 가솔린 노킹 발생 조건이 되겠죠? 한 가지만 알아두면 나머지는 자동으로 외워지니 암기할 때 훨씬 수월합니다. 다소 공학적이지 못한 표현이지만 디젤 노크를 방지하려면 불이 빨리 붙어야 하고, 가솔린 노킹을 방지하려면 불이 늦게 붙어야 합니다.

3 ③
- 대기압 센서 : 대기압을 측정하여 연료 분사량 및 점화시기를 보정
- 크랭크각 센서 : 엔진 회전수를 감지하여 에어플로센서와 함께 연료 기본 분사량 산출에 사용
- 흡기온도 센서 : 흡입 공기 온도를 측정하여 연료 분사량 및 점화 시기 보정

4 ③
- 크랭크각 센서(옵티컬 방식) : 디지털 신호 (Digital Signal)
  ※ 참고
- 아날로그 신호는 주로 가변저항, 써미스터를 응용한 센서라고 보면 됩니다.

5 ④
- 가속 페달을 밟아 스로틀 밸브를 연 상태에서 주행하다가 갑자기 가속 페달을 떼면 스로틀 밸브도 같이 닫히겠죠? 그럼 흡입 공기가 못 들어와서 시동이 꺼지거나 출력이 확 떨어질 수 있는데, 이런 현상을 방지하는 것이 공회전 속도 조절장치의 대시포트입니다. 흔히 공회전 속도 조절장치는 시동 직후 공회전 유지에만 쓰이는 것으로 알고 있는데, 대시포트 기능도 함께 합니다. 공회전 속도조절장치의 방식에는 ISA, ISC, 스텝모터, 전자 스로틀 시스템 등이 있으며 역할은 모두 같습니다.

6 ③
- 파워 TR은 점화 1차 전류를 제어하는 것으로 인젝터와는 관계가 없습니다. 참고로 파워 TR과 일반 TR은 다릅니다.

7 ④
- 인젝터 코일을 기준으로 본선(+)에서 접촉 불량이 생기면 보기 ④와 같이 서지전압만 낮아집니다. 반대로 접지선(-)에서 접촉 불량이 생기면 보기 ③과 같이 서지전압이 낮아지고 동시에 TR ON 구간도 0V보다 높아집니다.

8 ①

출력 = 상수 × (토크 × 회전수) = 상수 × (힘 × 속도)입니다.

$$L_{PS} = \frac{F \times \bar{S}}{75} = \frac{(\mu \times W) \times \bar{S}}{75}$$

(여기서, L_{PS} : 손실마력(PS), F : 총 마찰력(kgf), μ : 마찰계수, W : 수직항력(kgf), $\bar{S}$: 피스톤 평균속도(m/sec), 1/75 : 상수(1kgf·m/sec = 1/75PS)

문제에 마찰계수(μ)와 수직항력(W)이 따로 주어지지 않고 총 마찰(F)이 바로 주어졌으므로

따라서, $L_{PS} = \frac{F \times \bar{S}}{75} = \frac{6kgf \times 15m/sec}{75} = 1.2PS$

9 ②

- 기통 수와 상관없이 '4행정이냐, 2행정이냐'가 중요합니다.
- 4행정은 크랭크축 2회전에 1사이클 완료, 2행정은 크랭크축 1회전에 1사이클 완료입니다.

10 ④

- 제동마력 = 지시마력 × 기계효율
- 기계효율(%) = (제동마력 ÷ 지시마력) × 100

11 ②

12 ③

- 무연 휘발유를 사용해야 한다.
- ※ 참고
- 바이너리(Binary) 뜻을 몰라서 틀리면 안 됩니다. 바이너리는 2진수로 표시되는 데이터로, 지르코니아 산소 센서의 출력방식을 말합니다. 농후하면 1V, 희박하면 0V으로 1과 0이니 이진수 맞죠?

13 ④

- 탱크에 액체 상태로 저장한다.

14 ④

- 믹서 : 베이퍼라이저에서 기화된 연료를 공기와 혼합하여 연료실에 공급하는 장치
- 슬로우 컷 솔레노이드 : 냉시동 시 연료량을 늘려 시동성 저하 및 시동 꺼짐을 방지하는 장치
- 베이퍼라이저 : 봄베에서 공급되는 액상 연료를 기화하는 장치

15 ②

16 ③

실린더 내경 최대 측정값은 75+0.45 = 75.45(mm)입니다. 여기서 실린더 내경의 규정값이 70mm 이상이므로
수정 한계값은 최대 측정값 + 0.2mm, 즉 75.45 + 0.2 = 75.65(mm)입니다.
그리고 실린더를 깎으면 내경이 커지니 피스톤도 더 큰 것으로 바꿔야겠죠?
피스톤도 규격이 정해져서 나옵니다.
실린더 내경 수정값이 75.65mm이므로 피스톤 오버사이즈 규격에 맞추려면 한 치수 큰 것으로 3단계(0.75mm)를 적용하면 됩니다.
따라서, 최종적인 실린더 내경 수정값은 75.75mm입니다.

수정 한계값		오버사이즈 한계값		피스톤 오버사이즈 규격			
실린더 지름	수정 한계값	실린더 지름	수정 한계값	1단계	0.25mm	4단계	1.00mm
70mm 이상	0.20mm	70mm 이상	1.50mm	2단계	0.50mm	5단계	1.25mm
70mm 이하	0.15mm	70mm 이하	1.25mm	3단계	0.75mm	6단계	1.50mm

17 ③

- 가솔린 직분사(Gasoline Direct Injection, GDI) 엔진도 동일한 레이아웃을 갖고 있습니다. 단, '커먼레일' 대신 '연료분배파이프'가 들어가겠죠?

18 ③

- 직접분사식의 분사 개시 압력은 200~300kgf/cm² 이다.
- 딜리버리 밸브 밀착이 불량하면 노즐의 후적이 생기기 쉽다.

- 분사노즐 내 스프링 장력이 저하되면 분사 압력이 저하된다.

19 ②
열효율 = 유효한 일 ÷ 공급열량입니다.
공급열량을 연료의 발열량으로 봐도 되겠죠?

$$\eta_e = \frac{632.3 \times B_{PS}}{H_r \times G} \times 100 = \frac{632.3}{H_r \times B_e} \times 100$$

(여기서, η_e : 제동 열효율(%), 632.3 : 상수(1PS = 632.3kcal/h), B_{PS} : 제동마력(PS), H_r : 단위 중량당 연료 저위발열량(kcal/kgf), G : 단위 시간당 연료 소비량(kgf/h), B_e : 제동 연료소비율(kgf/PS·h))
제동 연료소비율(B_e) 유도 과정입니다.

$$\frac{1}{B_e} = \frac{B_{PS}}{G},\ B_e = \frac{G}{B_{PS}}[kgf/PS\cdot h]$$

$$\left(\because \frac{B_{PS}}{G} \to \frac{PS}{\frac{1}{kgf}} = \frac{PS\cdot h}{kgh}\right)$$

제동 연료소비율(B_e)을 구하는 문제이므로
$B_e = \dfrac{632.3 \times 100}{\eta_e \times H_r}$ 이 됩니다.

따라서, $B_e = \dfrac{632.3 \times 100}{\eta_e \times H_r} = \dfrac{632.3 \times 100}{26 \times 10250}$
$\approx 0.237(kgf/PS\cdot h)$
$= 237(gf/PS\cdot h)$

20 ②
- 라디에이터 무게를 작게 할 수 있다.
  ※ 참고
- 라디에이터 압력식 캡은 냉각장치의 압력을 높여서 냉각수 비등점을 올리는 것입니다. 보기 ①에 따르면 압력식 캡으로 인해 라디에이터를 소형화할 수 있으니 무게 또한 줄일 수 있겠죠?

21 ②
- 써모스탯이 열린 상태로 고장 : 엔진이 과냉되는 원인
  ※ 참고

- 엔진이 과열된다는 것은 냉각이 잘 안 되거나 비정상적인 연소로 연소열이 과하게 높아도 냉각 성능이 못 따라가서 엔진이 과열될 수 있습니다.

22 ④
- 오일펌프와 상관있다.
- 엔진 웜업 전 밸브간극 조정이 필요 없다.
- 구조가 간단하다. : 기계식 밸브 리프트의 장점에 대한 설명
  ※ 참고
- 유압식 밸브 리프트는 제로 래시 어저스터(Zero Lash Adjuster) 또는 오토 래시 어저스터(Auto Lash Adjuster)라고 합니다. 엔진이 작동하여 오일펌프가 돌고 엔진 오일 압력이 발생하면 밸브간극을 항상 0으로 유지합니다.

23 ②
- 밸브 서징현상 방지방법 : 부등 피치 스프링, 2중 스프링, 원뿔 스프링 사용

24 ①
팬던트형 지렛대 비를 구합니다.
$(A + B) : A = x : 1$
(여기서, A : 고정핀에서부터 푸시로드까지 거리(cm), B : 푸시로드에서부터 페달 중심까지 거리(cm), x : 지렛대 비)
따라서, $(5 + 25) : 5 = x : 1$,
$5x = 30$,
$x = 6$
푸시로드에 작용하는 힘 = 지렛대 비 × 페달 밟는 힘입니다.
따라서, $6 \times 10kgf = 60kgf$

25 ①
1km = 1000m이므로 1m = 1/1000km, 1h = 3600s이므로 1s = 1/3600h입니다.

$$20m/s = \frac{20m}{1s} = \frac{\left(20 \times \dfrac{1}{1000}\right)km}{\left(\dfrac{1}{3600}\right)h} = 72km/h$$

26 ①
- 냉각수 온도 센서 : 냉각수 온도를 검출하여 엔진 연료 분사량과 점화 시기 제어·보정
- 스로틀 포지션 센서 : 스로틀 밸브 개도량 검출
- 차고 센서 : 자동차의 높이 변화와 차축, 차체(Body)의 위치 감지
- 차속 센서 : 자동차의 속도 검출

27 ①
- 맵 센서 : 흡기압력을 검출하여 흡입 공기량을 간접 계측

28 ④
- 요잉 : 스프링 위 무게 진동, z축을 중심으로 차체가 좌우로 회전하는 진동 현상
- 바운싱 : 스프링 위 무게 진동, z축을 따라 차체가 전체적으로 균등하게 상하 직선 운동하는 진동 현상
- 피칭 : 스프링 위 무게 진동, y축을 중심으로 차체가 앞뒤로 회전하는 진동 현상
- 휠 트램프 : 스프링 아래 무게 진동, 고속 주행 시 바퀴가 상하로 진동하는 현상

29 ③
- 205 : 타이어 폭 · 60 : 편평비
- R : 레이디얼 타이어 · 16 : 림의 지름(단위는 inch)

30 ①
- 문제에 '프로펠러 샤프트'를 언급했으니 차동기까지 갈 필요가 없겠죠?

31 ①
- 차고 센서 : ECS 장치에 사용된다.
- 유온 센서 : 자동변속기 오일 온도를 검출하여 댐퍼클러치 작동 시기 및 변속 시 유압을 제어하는 데 기준 신호를 보낸다.
- 입력축 속도 센서 : 펄스제네레이터 A 라고 하며, 변속기 입력축의 속도를 검출하여 출력축 속도 센서와 함께 변속 시기를 결정하는 데 기준 신호를 보낸다.
- 스로틀 포지션 센서 : 엔진 부하를 산출하여 변속 시기를 결정한다.

32 ②

33 ③

34 ②
- 마스터실린더의 리턴포트가 막혔다. : 제동이 풀리지 않는 원인

35 ③
프로펠러 샤프트 회전수가 주어졌으니 프로펠러 샤프트 이전은 신경 쓸 필요가 없으므로 이 문제에서 변속비는 없어도 됩니다. 종감속비를 구합니다.

$$R_F = \frac{G_r}{G_P} = \frac{35}{5} = 7$$

(여기서, R_F : 종감속비, G_r : 링기어 잇수, G_p : 구동 피니언 잇수)

왼쪽 바퀴만 들어서 회전시켰으므로 오른쪽 바퀴 회전수는 0rpm입니다. 이때 왼쪽 바퀴는 오른쪽 바퀴가 회전하지 못하는 만큼 더 돌게 되므로, 왼쪽 바퀴 회전수를 구하는 것은 양쪽 바퀴 회전수를 구하는 공식과 같습니다.

프로펠러 샤프트 회전수가 일정할 때 종감속비가 커지면 바퀴 회전수는 그만큼 감소하게 되므로, 바퀴 회전수와 종감속비는 반비례 관계입니다.

$$N_{tot} = \left(\frac{N_P}{R_F}\right) \times 2 = \left(\frac{2100 rpm}{7}\right) \times 2 = 600 rpm$$

(여기서, N_{tot} : 양쪽 바퀴 회전수(rpm), N_P : 프로펠러 샤프트 회전수(rpm), $\frac{N_P}{R_F}$: 한쪽 바퀴 회전수(rpm))

36 ③

스프링 반력 구하는 공식입니다.
F = k × L
(여기서, F : 스프링 반력(kgf), k : 스프링 상수(kgf/mm), L : 스프링 압축 길이(mm))
따라서, F = k × L = 3kgf/mm × 20mm = 60kgf/mm

37 ③

- 차고 센서 : ECS의 구성부품

38 ②

39 ②

- EGR 밸브 : 엔진 배기가스 재순환 장치의 구성요소
- EGR(Exhaust Gas Recirculation) 밸브는 엔진 배기가스 재순환장치를 말합니다.

40 ①

- 오일 누유 방지 : 피스톤 2차 컵의 역할
- 베이퍼록 방지 : 체크 밸브의 역할
- 잔압 형성 : 체크 밸브의 역할

41 ①

- 비등점이 낮은 브레이크액을 사용했을 때
- 브레이크 슈 리턴 스프링 파손에 의한 잔압 저하 : 증기압이 낮아지면 비등점이 낮아지는 원리에 대한 설명

42 ①

43 ④

- 온도가 높아지면 전해액 물질의 자유도(Degree of Freedom)가 커지므로 운동에너지가 증가하여 화학적 반응이 더 활발해집니다. 따라서 온도가 높아질수록 자기방전량도 커집니다.

44 ①

- 쉽게 말하면 아마추어가 헛도는 것이죠? 오버러닝 클러치는 원웨이 클러치이므로 동력이 한쪽 방향으로만 전달됩니다(시동모터 → 엔진). 만약 오버러닝 클러치가 없다면 시동 모터 피니언이 플라이휠 링기어를 돌려 엔진 시동을 건 이후부터 엔진이 시동 모터를 돌리게 됩니다(엔진 → 시동 모터). 그러면 시동 모터가 직류 발전기가 되어서 전류가 역으로 흐릅니다.

45 ②

46 ②

- Gr - 회색
- Blue(L)와 Black(B), Green(G)과 Gray(Gr)처럼 혼동하기 쉬운 것만 주의하세요.

47 ②

- 점화스위치가 OFF일 때 운전석 도어가 잠김 상태이면 모든 도어를 잠근다.
- 도어 잠김 상태일 때 주행하다 충돌하면 충돌 센서로부터 충돌 정보를 입력받아 승객의 안전을 위해 모든 도어를 열림으로 한다.
- 점화 스위치 OFF에서만 모든 도어를 열림으로 제어한다.

48 ④

직렬 회로인지, 병렬 회로인지 확인해야 합니다. 문제에 저항이 1개이므로 직렬 회로가 되겠죠? 따라서, 바로 옴의 법칙을 적용하여 저항값을 구할 수 있습니다.
옴의 법칙 : $v = R \cdot i$
(여기서, v : 전압, R : 저항, i : 전류)
따라서, $R = \dfrac{v}{i} = \dfrac{12V}{3A} = 4Ω$

49 ④

옴의 법칙
V = IR
(여기서, V : 전압, R : 저항, I : 전류)

50 ③
- 반도체는 온도가 오르면 저항값이 떨어지는 부특성 서미스터(NTC) 디바이스입니다. 고온에서는 저항값이 많이 떨어지기 때문에 전류가 높아져서 과열되므로 고온에서는 취약합니다.

51 ②
- 코일의 방열을 위해 내부에 절연유가 들어있다.
 : 개자로형 코일에 대한 설명

52 ②
- B : 점화 플러그 나사 지름
- P : 자기돌출형 플러그 또는 P형 플러그
    (Projected Core Nose Plug)
- 6 : 열가
- E : 점화 플러그 나사 길이
- S : 표준형

53 ①
- 스패너 자루가 짧을 때 긴 파이프를 연결하면 안 된다.

54 ④
- 유류화재일 경우 모래 혹은 흙을 뿌린다.

55 ④
- 빨강 : 제1종 유기용제
- 녹색 : 해당없음
- 노랑 : 제2종 유기용제
- 파랑 : 제3종 유기용제

56 ②

57 ①
- 깨끗한 곳이면 아무 곳에나 기기를 보관해도 된다. : 자동차 시험기기를 취급할 때는 습기와 온도 등도 함께 고려해야 한다.

58 ②
- 직류전압을 측정할 때 선택 스위치는 DCV에 놓는다.
- 직류는 DC, 교류는 AC입니다.

59 ③
- 드릴을 정지시킨 후 머신 테이블을 조정한다.

60 ③

출입금지	사용금지	금연	화기금지
보행금지	탑승금지	차량통행금지	물체이동금지

제6회 CBT 실전모의고사

1 밸브 스프링 자유높이의 감소는 표준값에 대하여 몇 % 이내이어야 정상인가?
① 3% ② 8%
③ 12% ④ 15%

2 냉각수의 비등점을 올리기 위한 라디에이터 캡 방식으로 옳은 것은?
① 밀봉캡식 ② 순환캡식
③ 압력캡식 ④ 진공캡식

3 전동식 냉각팬의 장점이 아닌 것은?
① 주행 중 엔진 온도를 균일하게 유지
② 자동차 정차 및 서행 시 냉각 성능 향상
③ 엔진 최고출력 향상
④ 냉각수 정상온도 도달 시간 단축

4 탄소 1g이 완전 연소하는 데 필요한 산소의 양은?
① 약 2.67g ② 약 3.67g
③ 약 1.89g ④ 약 2.56g

5 전자제어 가솔린 엔진의 흡입공기량 계측 방식 중 출력신호가 디지털 펄스(Pulse) 신호인 것은?
① 핫 와이어 방식
② 베인 방식
③ 맵 센서 방식
④ 칼만 와류 방식

6 전자제어 엔진에서 흡입 공기량을 직접 계측하는 방식이 아닌 것은?
① 베인식 ② 칼만와류식
③ 맵 센서식 ④ 열선(막)식

7 전자제어 가솔린 엔진에서 냉간 시 점화 시기 및 연료 분사량을 제어하는 센서는?

① ATS ② BPS
③ WTS ④ AFS

8 액화석유가스(Liquefied Petroleum Gas, LPG) 엔진 중 피드백 믹서(Feed-back Mixer) 방식의 특징이 아닌 것은?
① 대기오염이 적다.
② 경제적이다.
③ 엔진오일 수명이 길다.
④ 연료 분사펌프가 있다.

9 LPG(Liquefied Petroleum Gas) 엔진에서 연료 공급 경로는?
① 솔레노이드 밸브 → 봄베 → 믹서 → 베이퍼라이저
② 봄베 → 솔레노이드 밸브 → 베이퍼라이저 → 믹서
③ 봄베 → 솔레노이드 밸브 → 믹서 → 베이퍼라이저
④ 믹서 → 봄베 → 솔레노이드 밸브 → 베이퍼라이저

10 디젤엔진에서 플런저의 유효행정(Available Stroke)을 크게 했을 때 일어나는 현상은?
① 연료 송출압력이 작아진다.
② 연료 송출압력이 커진다.
③ 연료 송출량이 작아진다.
④ 연료 송출량이 많아진다.

11 총 배기량이 800cc, 연소실 체적이 160cc 인 단기통 엔진의 압축비는?
① 5 : 1 ② 6 : 1
③ 7 : 1 ④ 8 : 1

12 엔진이 2500rpm에서 20kgf·m의 토크를 낼 때 엔진의 출력은 41.87PS이다. 엔진의 출력을 일정하게 하고 엔진 회전수를 3000rpm으로 하였을 때 약 얼마 정도의 토크가 발생하는가?
① 10kgf·m
② 20kgf·m
③ 35kgf·m
④ 40kgf·m

13 배기가스가 삼원촉매(3way-converter)를 통과하여 산화·환원되어 나오는 물질로 옳은 것은?
① H_2, N_2
② H_2O, CO_2, N_2
③ CO, N_2
④ O_2, N_2

14 경유의 발화촉진제로 적당하지 않은 것은?
① 아질산아밀($C_5H_{11}NO_2$)
② 아황산에틸($C_2H_5SO_3$)
③ 질산아밀($C_5H_{11}NO_3$)
④ 질산에틸($C_2H_5NO_3$)

15 디젤엔진 연소실의 구비조건이 아닌 것은?
① 열효율이 높을 것
② 디젤노크 발생이 없을 것
③ 연소시간이 짧을 것
④ 평균유효압력이 낮을 것

16 피스톤 핀 고정방식에 해당하지 않는 것은?
① 전부동식
② 3/4부동식
③ 반부동식
④ 고정식

17 라디에이터(Radiator)의 코어 튜브 파손 원인으로 옳은 것은?
① 써모스탯이 제 기능을 발휘하지 못할 때
② 오버플로 파이프가 막혔을 때
③ 물 펌프에서 냉각수가 누수될 때
④ 팬 벨트가 헐거울 때

18 각 실린더의 연료분사량을 측정하여 최소분사량이 54cc, 평균분사량이 62cc, 최대분사량이 71cc였다면 분사량의 (+)불균율은?
① 약 15%
② 약 20%
③ 약 25%
④ 약 27%

19 다음 중 PCV(Positive Crankcase Ventilation) 밸브에 대한 설명으로 옳은 것은?
① 흡기다기관 부압 시 크랭크케이스에서 로커암커버를 통해 에어크리너로 유입된다.
② 로커암커버 내의 블로바이 가스는 부하와 관계없이 서지탱크로 흡입되어 연소된다.
③ 블로바이 가스를 대기 중으로 방출하는 시스템이다.
④ 고부하 시 블로바이 가스가 에어크리너에서 새로운 공기와 함께 로커암커버로 유입된다.

20 배기가스 재순환장치(Exhaust Gas Recirculation, EGR)와 관계있는 배기가스는?
① CO
② HC
③ H_2O
④ NOx

21 전자제어 가솔린 엔진에서 연료 탱크 내장형 연료 펌프 어셈블리의 구성품이 아닌 것은?
① 발광 다이오드
② 직류 모터
③ 릴리프 밸브
④ 체크 밸브

22 각종 센서 내부 구조 및 원리에 대한 설명으로 거리가 먼 것은?
① 스로틀밸브 위치 센서 - 가변저항을 이용한 전압의 변화
② 냉각수 온도 센서 - NTC를 이용한 써미스터 전압의 변화
③ 지르코니아 산소 센서 - 온도에 의한 전류의 변화
④ 맵 센서 - 진공으로 저항(피에조)의 변화

23 주행 중 선회할 때 조향각도를 일정하게 유지해도 선회 반지름이 커지는 현상을 무엇이라 하는가?
① 언더 스티어링
② 오버 스티어링
③ 토크 스티어링
④ 파워 스티어링

24 조향유압계통에 고장이 발생했을 때 조향 휠을 수동으로 조작할 수 있도록 하는 장치는?
① 볼 조인트
② 밸브 스풀
③ 오리피스
④ 유압펌프

25 사이드슬립 시험기의 측정값이 3m/km라면 1km 주행에 대한 앞바퀴의 슬립량은 얼마인가?
① 3mm
② 3cm
③ 30cm
④ 3m

26 엔진 회전수가 3,600rpm이고 변속비가 2.5, 종감속비가 3.5일 때, 오른쪽 바퀴가 400rpm이면 왼쪽 바퀴 회전수는?
① 230rpm
② 423rpm
③ 253rpm
④ 368rpm

27 ABS(Anti lock Brake System) 장치의 구성요소가 아닌 것은?
① 하이드롤릭 유닛
② 휠 스피드 센서
③ 프리뷰 센서
④ 하이드롤릭 모터

28 ABS(Anti lock Brake System)의 특징으로 맞는 것은?
① 제동거리를 증가시켜 안정성 유지
② 바퀴가 잠기는 것을 방지하여 조향 안정성 유지
③ 스핀 현상을 일으켜 안정성 유지
④ 제동 시 한쪽 쏠림 현상을 일으켜 안정성 유지

29 변속기의 오버드라이브(Over Drive) 장치에 대한 설명 중 틀린 것은?
① 엔진 회전수가 동일할 때 오버드라이브 장치가 설치된 자동차의 속도가 더 빠르다.
② 엔진의 수명이 길어지고 운전이 정숙해진다.
③ 엔진 회전수를 일정 수준 낮추어도 주행속도를 유지한다.
④ 엔진 출력 및 회전수가 증가하여 엔진오일과 연료소비량이 증가한다.

30 수동변속기에서 싱크로메시(Synchro Mesh)의 작용 시기는?
① 클러치 페달을 놓을 때
② 변속 기어가 물릴 때
③ 클러치 페달을 밟을 때
④ 변속 기어가 물려있을 때

31 타이어 공기압에 대한 설명으로 옳은 것은?
① 좌우 바퀴의 공기압이 차이가 나면 제동력 편차가 발생할 수 있다.
② 공기압이 높으면 트레드 양단이 마모된다.
③ 빗길 주행 시 공기압을 15% 정도 낮춘다.
④ 모랫길 등 바퀴가 빠질 우려가 있을 때는 공기압을 15% 정도 높인다.

32 클러치 페달을 밟았을 때 페달 답력이 크고 페달 유격이 없으면 나타나는 현상으로 틀린 것은?
① 엔진이 과냉된다.
② 등판 성능이 저하된다.
③ 연료 소비량이 증가한다.
④ 주행 중 가속 페달을 밟아도 가속이 되지 않는다.

33 고속 주행 시 바퀴가 상하로 진동하는 현상을 무엇이라 하는가?
① 요잉(Yawing)
② 시미(Shimmy)
③ 롤링(Rolling)
④ 트램핑(Tramping)

34 앞 차륜의 좌우(옆) 흔들림으로 인해 조향 핸들의 회전축 주위에 진동이 발생하는 현상은?
① 바우킹
② 킥 업
③ 휠 플러터
④ 시미

35 EPS(Electronic Power Steering) 장치의 설명으로 틀린 것은?
① 차속 감응 방식과 엔진 회전수 감응 방식이 있다.
② 급조향 시 조향 방향으로 잡아당기는 현상을 방지한다.
③ 저속 주행 시 핸들 조작력을 무겁게 하고 고속 주행 시 가볍게 한다.
④ 저속 주행 시 핸들 조작력을 가볍게 하고 고속 주행 시 무겁게 한다.

36 디스크 브레이크와 대비하여 드럼 브레이크의 특징으로 옳은 것은?
① 편 제동 현상이 적다.
② 자기작동 효과가 크다.
③ 구조가 간단하다.
④ 페이드 현상이 잘 일어나지 않는다.

37 브레이크 슈 리턴스프링의 기능이 아닌 것은?
① 슈의 위치를 확보한다.
② 브레이크액이 휠 실린더에서 마스터 실린더로 되돌아가게 한다.
③ 슈와 드럼의 간극을 유지한다.
④ 페달력을 보강한다.

38 자동 변속기의 밸브 바디 내에 있는 매뉴얼 밸브(Manual Valve)의 역할은?
① 오일 압력을 부하에 알맞은 압력으로 조정한다.
② 변속 레버 위치에 따라 유로를 변경한다.
③ 변속단수 위치를 컴퓨터로 전달한다.
④ 차속과 엔진 부하에 따라 변속단수를 결정한다.

39 자동변속기의 토크컨버터(Torque Converter) 내에 있는 스테이터(Stator)의 기능은?
① 펌프의 토크를 증가시킨다.
② 터빈의 토크를 감소시킨다.
③ 바퀴의 토크를 감소시킨다.
④ 터빈의 토크를 증가시킨다.

40 구동바퀴가 자동차를 미는 힘을 구동력이라 한다. 구동력의 단위는 무엇인가?
① kgf·m
② kgf
③ PS
④ kgf·m/sec

41 어떤 물체가 15m/s로 바닥면에 미끄러진다면 몇 m를 진행하다가 멈추는가?(단, 물체와 바닥면 사이의 마찰계수는 0.5)
① 15m
② 18m
③ 20m
④ 23m

42 무배전기 점화(Distributor Less Ignition, DLI) 방식에 사용되지 않는 것은?
① 점화 코일
② 원심진각장치
③ 크랭크각 센서
④ 파워 TR

43 에어컨 냉매 R-134a(신냉매)의 특징이 아닌 것은?
① 액화 및 증발되지 않아서 오존층이 보호된다.
② 무미·무취이다.
③ 화학적으로 안정되고 내열성이 좋다.
④ 온난화지수가 냉매 R-12(구냉매)보다 낮다.

44 전자동 에어컨(Full Automatic Temperature Control, FATC) 장치의 컨트롤 유닛에 입력되는 센서가 아닌 것은?
① 일사 센서
② 차고 센서
③ 실내온도 센서
④ 외기온도 센서

45 주어진 회로에서 12V 배터리에 저항 3개를 직렬로 연결하였을 때 전류는 얼마인가?

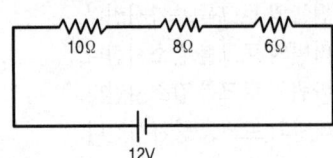

① 0.5A ② 1A
③ 2.5A ④ 3A

46 비중이 1.280(20℃)인 묽은 황산 1ℓ에 75%(질량 기준)의 황산이 포함되어 있다면 물의 질량(g)은 얼마인가?

① 270g ② 310g
③ 320g ④ 430g

47 발광 다이오드의 특징이 아닌 것은?
① 가시광선으로부터 적외선까지 다양한 빛이 발생한다.
② 역방향으로 전류를 흐르게 하면 빛이 발생한다.
③ 빛이 발생할 때는 0.01A 정도의 전류가 필요하다.
④ 배전기의 크랭크각 센서 등에 사용된다.

48 콘덴서의 정전용량(Capacitance)에 대한 관계식으로 틀린 것은?(C : 콘덴서 용량, Q_C : 전하량, v : 인가전압)

① $C = Q_C \cdot v$ ② $Q_C = C \cdot v$
③ $C = \dfrac{Q_C}{v}$ ④ $v = \dfrac{Q_C}{C}$

49 배터리 극판의 작용물질이 동일하다고 가정했을 때 비중이 감소되면 용량은 어떻게 되는가?
① 감소 ② 증가
③ 관계없음 ④ 변화

50 배터리에 대한 설명으로 틀린 것은?
① 극판 수가 늘어나면 배터리 용량은 커진다.
② 전해액 온도가 올라가면 자기방전량이 커진다.
③ 전해액 온도가 올라가면 비중은 떨어진다.
④ 전해액 온도가 낮아지면 황산의 확산이 빨라진다.

51 점화코일에서 고전압 유도 공식으로 옳은 것은?

- V_1 : 1차 코일에 유도된 전압
- V_2 : 2차 코일에 유도된 전압
- N_1 : 1차 코일의 유효권수
- N_2 : 2차 코일의 유효권수

① $V_2 = N_1 \times N_2 \times V_1$
② $V_2 = N_2 + (N_1 \times V_1)$
③ $V_2 = \dfrac{N_1}{N_2} V_1$
④ $V_2 = \dfrac{N_2}{N_1} V_1$

52 플레밍의 왼손법칙 원리를 응용한 것은?
① 모터 ② 교류발전기
③ 직류발전기 ④ 충전기

53 교류발전기에서 배터리 전류의 역류를 방지하는 컷 아웃 릴레이가 없는 이유는?
① 전압 릴레이가 있어서
② 다이오드가 있어서
③ 트랜지스터가 있어서
④ 점화 스위치가 있어서

54 작업장 환경을 개선했을 때 나타나는 현상이 아닌 것은?
① 기계 소모가 많고 동력 손실이 크다.
② 작업 능률을 향상시킬 수 있다.
③ 피로를 경감할 수 있다.
④ 좋은 품질의 생산품을 얻을 수 있다.

55 작업현장의 안전표시 색채에서 재해 및 상해가 발생하는 장소의 위험표시로 사용되는 색채는?
① 주황색
② 보라색
③ 파란색
④ 녹색

56 일반 가연성 물질 화재로서 물 또는 소화기를 이용하여 소화하는 화재는 몇 급인가?
① A급
② B급
③ C급
④ D급

57 보안경을 반드시 착용해야 하는 작업은?
① 스로틀 포지션 센서 점검
② 인젝터 파형 점검
③ 클러치 탈거·조립
④ 전조등 점검

58 배터리를 충전할 때 올바른 방법이 아닌 것은?
① 환기가 잘 되는 곳에서 충전한다.
② 과충전 및 과방전을 피한다.
③ 자동차에서 배터리를 분리할 때는 (+)단자를 먼저 분리한다.
④ 전해액 온도가 45℃ 이상 넘지 않도록 한다.

59 FF 방식(Front engine Front drive type) 자동차에서 등속 조인트를 정비할 때의 유의사항이 아닌 것은?
① 등속 조인트를 탈거할 때마다 오일 씰(Oil Seal)을 교환한다.
② 탈거 공구를 최대한 깊이 끼워서 사용한다.
③ 등속 조인트의 고무 부트 주위에 그리스가 누유되어 있는지 점검한다.
④ 등속 조인트를 탈거한 후에는 변속기 케이스의 등속 조인트 장착 구멍을 마개로 막는다.

60 드릴 작업을 할 때 지켜야 할 안전사항으로 틀린 것은?
① 머리가 길 때는 단정하게 하여 작업모를 착용한다.
② 장갑을 끼고 작업한다.
③ 공작물을 단단히 고정해서 같이 돌지 않게 한다.
④ 쇳가루를 입으로 불어서는 안 된다.

제6회 CBT 실전모의고사 정답 및 해설

1	①	2	③	3	③	4	①	5	④	6	③	7	③	8	④
9	②	10	④	11	②	12	①	13	②	14	②	15	④	16	②
17	②	18	①	19	②	20	④	21	①	22	③	23	①	24	②
25	④	26	②	27	③	28	②	29	④	30	②	31	①	32	①
33	④	34	④	35	③	36	②	37	④	38	②	39	①	40	④
41	④	42	②	43	①	44	②	45	①	46	②	47	②	48	①
49	①	50	④	51	④	52	①	53	②	54	①	55	①	56	①
57	③	58	③	59	②	60	②								

1 ①
- 자유높이 : 표준값의 3% 이내이면 정상
- 장력 : 표준값의 15% 이내이면 정상
- 직각도 : 자유길이 100mm당 3mm 이내이면 정상

2 ③
- 비등점은 액체의 증기압이 외부 압력과 같아지는 온도로, 외부 압력에 따라 변합니다. 그러니 외부 압력이 높아지면 비등점도 높아지겠죠? 고산지대에서 밥을 할 때 냄비 뚜껑 위에 돌을 올려놓는 것과 같은 원리입니다.

3 ③
- 전동식 냉각팬을 적용하면 냉각효율이 높아져 연비가 향상되고 실린더 웜업과 냉각수 웜업이 개선됩니다. 엔진 출력 향상에도 직·간접적으로 영향을 줄 수 있겠지만, 거의 없다고 보는 것이 맞습니다. 따라서 엔진 최고출력 향상과는 관계가 없습니다.

4 ①
$C + O_2 \rightarrow CO_2$
위 식은 탄소(C) 1몰과 산소(O_2) 1몰이 만나서 완전연소하면 이산화탄소(CO_2) 1몰이 생성됨을 의미합니다. 탄소(C) 1몰의 원자량은 약 12g이고, 산소원자(O) 1몰의 원자량은 약 16g이므로 산소(O_2) 1몰의 분자량은 약 32g($\because 16 \times 2 = 32$) 입니다.

따라서, 탄소(C) 1g이 완전연소 하는데 산소(O_2)는 약 2.67g($\because 32 \div 12 ≒ 2.67$) 필요합니다.

5 ④

6 ③
- 맵 센서식 : 흡입 공기량을 간접 계측하는 방식

7 ③
- 문제에 '냉간 시', '연료 분사량'이란 말이 나오면 거의 냉각 수온 센서(WTS)가 답이라고 보면 됩니다.

8 ④
- 연료 분사펌프가 있다. : 연료 분사 펌프는 기계식 디젤엔진에 적용되는 부품이다.

9 ②

10 ④
- 연료 송출량이 작아진다. : 플런저의 유효행정을 작게 했을 때 연료 송출량이 작아진다.
  ※ 참고
- 플런저의 유효행정을 변화시켜도 연료 송출압력은 변하지 않습니다.

11 ②

압축비 구하는 공식입니다.

$$\varepsilon = \frac{V_c + V_d}{V_c} = 1 + \frac{V_d}{V_c}$$

(여기서, ε : 압축비, V_c : 연소실 체적, V_d : 행정 체적)

행정체적은 곧 배기량이죠?
배기량 = 총 배기량 ÷ 실린더 수입니다.
이 문제는 단기통 엔진이므로 행정체적과 총 배기량 = 배기량입니다.
따라서,

$$\varepsilon = \frac{V_c + V_d}{V_c} = 1 + \frac{V_d}{V_c} = 1 + \frac{800cc}{160cc} = 6$$

12 ①

엔진 회전수가 3000rpm일 때 토크를 묻는 문제이니 2500rpm은 필요 없습니다.
그리고 엔진 출력을 일정하게 한다고 했으니 2500rpm일 때 출력인 41.87PS를 그대로 쓰면 되겠죠?
따라서, 이 문제를 푸는 데 필요한 인자는 41.87PS와 3000rpm입니다.
출력 = 상수 × 토크 × 회전수 입니다.

$$B_{PS} = \left(\frac{2\pi}{75 \times 60}\right) \times T \times N = \frac{2\pi \times T \times N}{75 \times 60}$$

(여기서, B_{PS} : 축출력(PS), 2π : 상수(1rev = 360° = 2π), T : 토크(kgf·m), N : 엔진 회전수(rpm), 1/75 : 상수(1kgf·m/sec = 1/75PS), 1/60 : 상수(1rps = 1/60rpm))

엔진 1회전은 360° 회전한다는 뜻이죠?
180°(degree) = π(radian)이므로 **degree를 radian**으로 변환하기 위해 2π를 곱해주는 것입니다.
또한, 이 문제는 토크를 묻는 문제이니 토크 = 출력 ÷ 회전수 ÷ 상수가 됩니다.
따라서,

$$T = \frac{\frac{B_{PS}}{N}}{\frac{2\pi}{75 \times 60}} = \frac{B_{PS} \times 75 \times 60}{2\pi \times N} = \frac{41.87 \times 75 \times 60}{2 \times 3.14 \times 3000}$$

$$\approx 10 kgf \cdot m$$

13 ②

- 촉매의 정화를 거치고 나오는 물질들은 모두 답입니다.
  (CO, THC, NOx) → 삼원촉매 → (CO_2, H_2O, H_2, N_2, O_2)

14 ②

- 연료에는 황 성분이 많으면 안 된다는 점을 떠올리면서 암기하세요. 반대로 '질산'이라는 말이 들어간 것은 다 발화촉진제 성분이라고 생각하면 외우기 쉽습니다.

15 ④

- 평균유효압력이 높을 것

16 ②

- 피스톤 핀 고정방식 : 전부동식, 반부동식, 고정식
- 액슬축 고정방식 : 전부동식, 반부동식, 3/4부동식

17 ②

- 써모스탯이 제 기능을 발휘하지 못할 때 : 닫힌 채로 고장 나면 엔진 과열 및 오버히트 현상, 열린 채로 고장 나면 엔진 과냉이 발생한다.
- 물 펌프에서 냉각수가 누수될 때 : 냉각수가 누수되면 냉각회로 압력이 낮아진다.
- 팬 벨트가 헐거울 때 : 팬 벨트가 헐거우면 펌프 유량이 작아져서 냉각회로 압력이 낮아진다.
  ※ 참고
- 코어 튜브는 라디에이터 및 냉각회로 압력이 과도하게 높을 때 파손됩니다.

18 ①

- 최소분사량 = 각 노즐 분사량 중 가장 적은 분사량
- 평균분사량 = $\dfrac{\text{각 실린더 분사량의 합}}{\text{실린더 수}}$

- 최대분사량 = 각 노즐 분사량 중 가장 많은 분사량
- (+)불균율[%] = $\dfrac{\text{최대분사량} - \text{평균분사량}}{\text{평균분사량}} \times 100$
- (−)불균율[%] = $\dfrac{\text{평균분사량} - \text{최소분사량}}{\text{평균분사량}} \times 100$

따라서, (+)불균율[%] = $\dfrac{71cc - 62cc}{62cc} \times 100 \approx 15\%$

19 ②
- 고부하(PCV 밸브 미작동) 시 크랭크케이스에서 로커암커버를 통해 에어크리너로 유입된다.
- 블로바이 가스(Blow-by Gas)를 흡기계통으로 재순환하는 시스템이다.
- 경·중부하(PCV 밸브 작동) 시 블로바이 가스가 에어크리너에서 새로운 공기와 함께 로커암커버로 유입된다.

20 ④
- 배기가스 재순환장치(EGR)의 목적은 배기가스 재순환을 통해 연소온도를 떨어뜨려 NOx를 낮추는 것입니다.

21 ①
- 릴리프 밸브 : 연료 라인 내 연료 압력이 과도하게 상승하는 것을 방지
- 체크 밸브 : 연료 라인 내 잔압 유지, 역류 방지

22 ③
- 지르코니아 산소 센서 - 산소 분압에 의한 전압의 변화
  ※ 참고
- 지르코니아 산소 센서 : 배기가스 내 산소농도와 대기 중의 산소농도 차이에 의해 전압이 발생하는 원리
- 티타니아 산소 센서 : 온도와 산소 분압에 따라 저항값이 변하는 원리

23 ①

- 언더스티어링 : 주행 중 선회할 때 조향각도를 일정하게 유지해도 선회 반지름이 커지는 현상
- 오버스티어링 : 주행 중 선회할 때 조향각도를 일정하게 유지해도 선회 반지름이 작아지는 현상

24 ②

25 ④
원래 측정값에 in, out 또는 +, − 도 함께 표기해야 합니다.
이 문제는 단위만 표기했습니다.
사이드슬립 시험에서 측정값의 단위는 m/km와 mm/m가 있습니다.
따라서, 3m/km = 3mm/m입니다.

26 ②
추진축 회전수를 구해야 합니다.
엔진 → 변속기 → 추진축 → 종감속 기어 순이니 엔진 회전수와 변속비만 있으면 되겠죠? 엔진 회전수가 일정할 때 변속비가 커지면 추진축 회전수는 그만큼 감소하게 되므로, 추진축 회전수와 변속비는 반비례 관계입니다.

$$N_P = \dfrac{N_e}{R_T}$$

(여기서, N_P : 추진축 회전수(rpm), N_e : 엔진 회전수(rpm), R_T : 변속비)

따라서, $N_P = \dfrac{N_e}{R_T} = \dfrac{3600 rpm}{2.5} = 1440 rpm$

추진축 회전수가 일정할 때 종감속비가 커지면 바퀴 회전수는 그만큼 감소하게 되므로, 바퀴 회전수와 종감속비는 반비례 관계입니다.

$$N_{tot} = \left(\dfrac{N_P}{R_F}\right) \times 2$$

(여기서, N_{tot} : 양쪽 바퀴 회전수(rpm), $\dfrac{N_P}{R_F}$: 한쪽 바퀴 회전수(rpm), R_F : 종감속비)

$N_{tot} = \left(\dfrac{N_P}{R_F}\right) \times 2 = \left(\dfrac{1440 rpm}{3.5}\right) \times 2 \approx 823 rpm$

따라서, 왼쪽 바퀴 회전수는

$N_{tl} = N_{tot} - N_{tr} = 823 - 400 = 423 rpm$
(여기서, N_{tl} : 왼쪽 바퀴 회전수(rpm), N_{tr} : 오른쪽 바퀴 회전수(rpm))

27 ③
- 프리뷰 센서 : ECS 장치의 구성요소
- 프리뷰 센서 : 프론트 범퍼 내측 좌우에 장착되어 초음파로 전방 노면 돌기 검출

28 ②
- 제동거리를 감소시켜 안정성 유지

29 ④
- 엔진의 여유출력을 이용하기 때문에 엔진 회전수보다 추진축의 회전수가 증가하여 연료소비량이 감소한다.

30 ②
- 싱크로메시는 동기물림 변속 기어입니다. 즉, 변속할 때 속도가 다른 두 기어를 마찰로 조절하여 두 기어의 속도가 일치되었을 때 서로 맞물리게 하는 기구를 말합니다.

31 ①
- 공기압이 낮으면 트레드 양단이 마모된다.
- 빗길 주행 시 공기압을 10~15% 정도 높인다.
- 모랫길 등 바퀴가 빠질 우려가 있을 때는 공기압을 10~15% 정도 낮춘다.

32 ①
- 페달 답력이 크다는 것은 페달을 밟는 데 힘이 많이 들기 때문에 동력 차단을 신속하게 할 수 없다는 뜻이고, 페달 유격이 없다는 것은 동력 전달이 불량하다는 뜻입니다.

33 ④
- 요잉(Yawing) : 자동차의 z축 방향을 중심으로 차체가 회전하는 진동

- 시미(Shimmy) : 앞바퀴의 좌우 흔들림 현상
- 롤링(Rolling) : 자동차의 x축 방향을 중심으로 차체가 회전하는 진동

34 ④

35 ③
- 저속 주행 시 핸들 조작력을 가볍게 하고 고속 주행 시 무겁게 한다.

36 ②
디스크 브레이크의 장점
- 편 제동 현상이 적다.
- 구조가 간단하다.
- 페이드 현상이 잘 일어나지 않는다.

37 ④
- 페달력을 보강한다. : 배력장치에 대한 설명

38 ②
- 매뉴얼 밸브는 역할 면에서 많은 밸브들 중 가장 메인이기 때문에 문제에 나올 확률이 큽니다.

39 ④

40 ②
- kgf·m : 모멘트의 단위·kgf : 힘의 단위
- PS : 일률의 단위
- kgf·m/sec : 일률의 단위

41 ④
운동에너지를 구합니다.
$$E = \frac{1}{2}Mv^2$$
(여기서, E : 운동에너지, M : 질량, v : 속도(m/s))
따라서,
$$E = \frac{1}{2}Mv^2 = \frac{1}{2} \times M \times (15m/s)^2 = 112.5M$$
마찰력을 구합니다.

$F = \mu M g$

(여기서, F : 마찰력, M : 질량, μ : 물체와 바닥면 사이의 마찰계수, g : 중력가속도(9.8m/s²))

따라서, $F = \mu M g = 0.5 \times M \times 9.8 m/s^2$
$= 4.9M$

마찰 에너지를 구합니다.

$E_f = F \times S$

(여기서, E_f : 마찰에너지, F : 마찰력, S : 거리(m))

따라서, $E_f = F \times S = 4.9M \times S = 4.9MS$
운동 에너지와 마찰 에너지가 같아지는 거리, 즉 물체가 멈추는 거리는, $112.5M = 4.9MS$,
$112.5 = 4.9S$,
$S \approx 23m$

따라서, 물체는 23m 진행하다가 멈춥니다.

42 ②
- 원심진각장치 : 배전기 방식에 사용되는 것

43 ①
- 염소(Cl)가 없어서 오존층이 보호된다.

44 ②
- 일사 센서 : 일광량을 검출하여 일광량의 증가에 따른 차량 실내온도 상승을 방지하는 제어에 사용된다.
- 차고 센서 : 자동차의 높이 변화와 차축, 차체(Body)의 위치를 감지하는 센서로, ECS 장치에 사용된다.
- 실내온도 센서 : 차량 실내의 공기를 흡입한 후 온도를 감지하여 실내 온도 제어에 사용된다.
- 외기온도 센서 : 차량 외부 온도를 검출한다.

45 ①
문제에 '직렬'이라고 적혀 있죠?
전체 회로에 대한 합성저항을 구합니다.
$R_{tot} = 10\Omega + 8\Omega + 6\Omega = 24\Omega$
(여기서, R_{tot} : 합성저항)
옴의 법칙 : $v = R \cdot i$

(여기서, v : 전압, R : 저항, i : 전류)

따라서, $i = \dfrac{v}{R} = \dfrac{12V}{24\Omega} = 0.5A$

46 ③
1ℓ의 묽은 황산은 물과 황산의 혼합물을 뜻합니다.
여기서 질량 비율이 황산이 75% 라고 했으니 물은 25%입니다.
따라서, 묽은 황산 혼합물의 질량을 구하기만 하면 답을 구할 수 있습니다.
질량(g) 구하는 공식은 밀도(g/ℓ) × 체적(ℓ)인데, 문제에 밀도는 없고 비중과 체적만 있기 때문에 먼저 묽은 황산의 밀도를 구해야 합니다.

어떤 물질의 비중 =
$\dfrac{\text{어떤 물질의 밀도}}{\text{어떤 물질과 동일한 체적을 가진 4℃상태의 물의 밀도}}$

어떤 물질의 밀도 = 어떤 물질의 비중 × 어떤 물질과 동일한 체적을 가진 4℃ 상태 물의 밀도

문제에 질량의 단위가 g, 체적의 단위가 ℓ로 주어졌으므로
밀도는 g/ℓ 기준으로 구하면 되겠죠?
묽은 황산의 밀도는 묽은 황산의 비중 × 1000g/ℓ 가 됩니다.
따라서, 1.280 × 1000g/ℓ = 1280g/ℓ 이므로 묽은 황산의 밀도는 1280g/ℓ 입니다.

그럼 묽은 황산의 질량을 구해볼까요?
묽은 황산의 질량
= 묽은 황산의 밀도 × 묽은 황산의 체적
= $1280 \dfrac{g}{\ell} \times 1 \ell = 1280g$

묽은 황산의 질량은 1280g입니다.

따라서, 물의 질량은 $1280g \times \dfrac{25}{100} = 320g$이며,

황산의 질량은 $1280g \times \dfrac{75}{100} = 960g$ 입니다.

47 ②
- 순방향으로 전류를 흐르게 하면 빛이 발생한다.

48 ①
콘덴서의 정전용량(capacitance) 관계식입니다.
$$Q_c = C \cdot v = \varepsilon \frac{A}{d}$$
(여기서, Q_c : 전하량(C), C : 콘덴서 용량(F), v : 인가전압(V), ε : 평행판 사이 유전율(F/m), : 평행판 면적(m^2), d : 평행판 사이 거리(m))

49 ①
- 온도와 압력이 일정할 때 배터리의 비중, 용량, 단자전압은 비례입니다.

50 ④
- 전해액 온도가 낮아지면 황산의 확산이 느려진다.

※ 참고
비중(Specific Gravity)은 밀도 ÷ 밀도로서, 무차원입니다.
질량[kg]이 일정하다고 가정할 때, 온도가 상승하면 밀도[kg/ℓ]는 작아집니다.
왜 그럴까요? 온도가 상승하면 체적[ℓ]이 커지기 때문입니다.
분자(질량)가 일정할 때 분모(체적)가 커지면 값(밀도)이 작아지므로, 온도가 상승하면 비중은 감소합니다.
또한, 온도가 높아지면 전해액 물질의 자유도(Degree of Freedom)가 커지므로 운동에너지가 증가하여 화학적 반응이 더 활발해집니다. 따라서, 온도가 높아질수록 자기방전량도 커집니다.

51 ④

52 ①
- 플레밍 왼손 법칙 : 모터
- 플레밍 오른손 법칙 : 교류발전기, 직류발전기

53 ②
- 일반적으로 다이오드는 역류 방지, 정류! 라고 암기하세요. 다이오드(Diode)는 정방향으로 연결했을 때만 전류가 흐르게 하고, 역방향으로 연결했을 때는 전류가 흐르지 못하게 하는 반도체 소자입니다.

54 ①

55 ①

색채	용도	표시 장소
빨간색 (적색)	경고	화학물질 취급장소에서의 유해·위험 경고
	금지	정지신호, 소화설비 및 그 장소, 유해행위의 금지
노란색	경고	화학물질 취급장소에서의 유해·위험 경고 이외의 위험경고, 주의표지 또는 기계방호
파란색 (청색)	지시	특정행위의 지시 및 사실의 고지
초록색 (녹색)	안내	비상구 및 피난소, 사람 또는 차량의 통행표
백색 (흰색)		파란색 또는 녹색에 대한 보조색
검은색 (흑색)		문자 및 빨간색 또는 노란색에 대한 보조색
보라색 (자주색)		방사능 등의 표시에 사용

56 ①

A급 화재	일반 화재(목재, 종이, 천 등 고체 가연물 화재)
B급 화재	기름 화재(휘발유, 벤젠 등 유류 화재)
C급 화재	전기 화재
D급 화재	금속 화재

57 ③
- 보안경은 하체작업이나 쇳가루 등 잔해물이 발생하는 작업을 할 때 착용해야 합니다.

58 ③
- 자동차에서 배터리를 분리할 때는 (-)단자를 먼저 분리한다.

59 ②

60 ②
- 드릴 작업 또는 밀링·선반작업을 할 때 장갑을 끼면 장갑이 말려들어가므로 손이 다칠 위험이 크겠죠?

자동차정비기능사 필기
CBT 총정리문제

발 행 일	2024년 1월 5일 개정4판 1쇄 인쇄
	2024년 1월 10일 개정4판 1쇄 발행
저 자	윤흥수
발 행 처	 http://www.crownbook.com
발 행 인	李尙原
신고번호	제 300-2007-143호
주 소	서울시 종로구 율곡로13길 21
공 급 처	(02) 765-4787, 1566-5937
전 화	(02) 745-0311~3
팩 스	(02) 743-2688, 02) 741-3231
홈페이지	www.crownbook.co.kr
I S B N	978-89-406-4781-3 / 13550

저자협의
인지생략

특별판매정가 20,000원

이 도서의 판권은 크라운출판사에 있으며, 수록된 내용은 무단으로 복제, 변형하여 사용할 수 없습니다.
Copyright CROWN, ⓒ 2024 Printed in Korea

이 도서의 문의를 편집부(02-744-4959)로 연락주시면 친절하게 응답해 드립니다.

저자 윤 홍 수

학력
- 명지대학교 대학원 보안경영공학 박사

저서
- 『자동차정비산업기사 필기시험문제』(크라운출판사, 2018) 외 다수